ILUZJA WIEDZY

Międzynarodowe dane katalogowe w publikacji (CIP)
Angelica Ilacqua CRB-8/7057

Katcher, Harold
    Iluzja wiedzy : zmiana paradygmatu w badaniach nad starzeniem się, która wskazuje drogę do odmłodzenia człowieka / Harold Katcher ; przełożył Adam Frąk. — Wydanie I — Valinhos, SP : NTZ , 2022.
    251 s.

ISBN 978-85-54106-13-3
Tytuł oryginału: The Illusion of Knowledge

1. Biologia 2. Starzenie się komórek 3. Odmładzanie I. Tytuł II. Frąk, Adam

22-5215   CDD 611.018

Indeksy do katalogu systematycznego:

1. Biologia

Wydane przez NTZ
www.ntzplural.com
Valinhos/SP – Brazylia

Wydanie pierwsze

ILUZJA WIEDZY

Zmiana paradygmatu w badaniach nad starzeniem się, która wskazuje drogę do odmłodzenia człowieka

DR HAROLD KATCHER

Przekład
Adam Frąk

NTZ

2022

Spis treści

Przedmowa

Niedawne odkrycie przez naszą grupę[1] zdolności zamiany starych szczurów z powrotem w młode przekonuje nas, że starzenie się ssaków — a to oznacza również starzenie się ludzi — można odwrócić w procesie znanym jako „odmładzanie" (*ang.* *"rejuvenation"*, *"re-youthening"* - dosłownie powrót do młodości). Widzę to jako kolejny krok w ewolucji człowieka i jak większość jej etapów, wiąże się on ze wzrostem naszych sił — nie poprzez ewolucję biologiczną, która jest o wiele za wolna, ale poprzez wiedzę przełożoną na technologię. I chociaż każda starsza osoba chciałaby być znowu młoda — mądrzejsza, silniejsza, bardziej witalny lub płodna — jaka może być rzeczywista korzyść dla całego społeczeństwa? Ucząc *biologii starzenia się* przez lata, wiem, że większość moich studentów nie postrzega odmładzania jako korzyści, ale jako ciężar, bo z pewnością, jeśli można odmłodzić ludzi, można by dodać im dziesiątki lat życia, a potem na pierwszy plan wysuwa się zagadnienie, które niepokoi nas najbardziej: przeludnienie. Większość moich studentów, zapisując się na kurs z biologii starzenia, interesowała się tym tematem, a nawet medycyną przeciwstarzeniową, ale ich pragnieniem nie była fizyczna nieśmiertelność i wieczna młodość (choć niektórzy faktycznie mieli takie marzenie) — po prostu chcieli żyć przez około 100 lat, co jest aktualnie uznawane za długie, zdrowe życie, i na końcu spokojnie umrzeć we śnie.

W momencie pisania tego tekstu jestem nadal stosunkowo blisko początku XXI wieku. Ogromny „wyż demograficzny", który nastąpił, gdy żołnierze wrócili do domu po zakończeniu II wojny światowej, spowodował duży wzrost liczby ludności na całym świecie. Osoby urodzone w tym czasie są określane jako „pokolenie wyżu demograficznego" lub z angielskiego „Baby Boomers" albo po prostu „Boomers". Ci ludzie, stanowiący dużą i stosunkowo zamożną warstwę społeczeństwa, weszli właśnie w okres starzenia się i część z nich zdaje sobie sprawę, że komfort, jaki przyniosły im pieniądze i status zdobyte w życiu, nie potrwa już długo. Ze zdumieniem odkryli, że obiecywane im „złote lata" (nagroda za całe życie ciężkiej pracy i osiągnięć) były kłamstwem. Z ich osiągnięć i doświadczeń życiowych nie pozostało już nic poza miłymi (choć być może zanikającymi już) wspomnieniami. A dlaczego to kłamstwo? Ponieważ teraz, kiedy masz w końcu czas dla siebie, nie masz już energii. Twoje „złote lata" to okres, w którym umysł i ciało stają się źródłem bólu i zmartwień, a w przyszłości będzie już tylko gorzej i tak do samego końca.

Chociaż poszukiwanie nieśmiertelności zawsze było zajęciem tych, którzy mają wszystko inne (ponieważ powszechnie wiadomo, że „nie można tego zabrać ze sobą"), nasze względne bogactwo stworzyło dziś inny obraz, bo nawet biedni w większości krajów mają rozrywkę (przez telefony komórkowe, telewizory itp.), której cesarz Aleksander nie mógł sobie wyobrazić, a w najbogatszych państwach nawet najmniej zamożni często mają klimatyzację i w czasie zaledwie kilku godzin są w stanie odbyć podróż, która Aleksandrowi zajęłyby tygodnie lub miesiące. Ten wzrost naszego bogactwa i możliwości jest wynikiem naszej rosnącej wiedzy — naszej nauki.

Powszechne zainteresowanie zdrowiem starzejących się boomerów doprowadziło przemysł farmaceutyczny do stworzenia rozchwytywanych „przebojowych" leków takich jak statyny, metformina i inhibitory ACE. Używa się ich z powodzeniem do leczenia chorób związanych z wiekiem, ale wymagają stosowania przez całe życie. Jako że samo „starzenie się" nie jest uznane za „chorobę" przez Food and Drug Administration (FDA) w USA (i przez równoważne organy rządowe na całym świecie), poza głównym nurtem medycyny utworzył się cały przemysł „suplementów" lub „nutraceutyków", oparty na aktualnie popularnych „teoriach starzenia się". Multiwitaminy, a w szczególności przeciwutleniacze (niektóre całkowicie bezwartościowe, jak dysmutaza ponadtlenkowa (SOD z ang. SuperOxide Dismutase), enzym, który po spożyciu jest trawiony jak każde inne białko), przeznaczone do leczenia przeciwstarzeniowego, nie są regulowane w USA przez FDA, ponieważ te „suplementy" są generalnie uważane za bezpieczne.

Na szczęście przemysł farmaceutyczny produkuje już prawdziwe leki, które łagodzą lub opóźniają deficyty i choroby związane z wiekiem — są to substancje oparte na wynikach rzetelnych badań naukowych. Uzyskano już pewne osiągnięcia: zmniejszono ryzyko różnych chorób związanych ze starzeniem się; niektóre nowotwory, kiedyś nieuleczalne, teraz mają wysoki wskaźnik remisji; statyny i inhibitory ACE obniżają odpowiednio „zły" cholesterol i ciśnienie krwi, zapobiegając lub łagodząc choroby serca i tętnic; mamy metforminę, która pomaga w cukrzycy typu 2 i zapewnia jej użytkownikom dłuższy niż przeciętny czas życia.

Niemniej jednak współczesna nauka nie przyniosła znaczącego wzrostu długości życia człowieka, chociaż przeciętny czas życia został znacznie wydłużony, ponieważ na przełomie XIX i XX ludzie w USA żyli średnio około 40 lat, a obecnie zbliżamy się do 80 lat. Dzieje się tak, ponieważ przeciętna długość życia obejmuje wszystkie te zgony z powodu chorób bakteryjnych, niegdyś naszych głównych zabójców (dżuma i gruźlica), które zostały, w większości, wyeliminowane już przez dużo lepsze warunki sanitarne, a nie antybiotyki jak powszechnie się uważa. Jednak, jak omówię w dalszej części tej książki, naukowcom udało się o znaczną część wydłużyć życie ssaków innych niż naczelne i nawet kilkukrotnie wydłużyć życie niektórych bezkręgowców.

Obecnie, być może po raz pierwszy w historii, uzyskaliśmy leki, które mogą polepszyć i wydłużyć nasze życie, choć z pewnymi skutkami ubocznymi. Nawet jeśli głównie łagodzą i przedłużają one nasz proces starzenia, ponieważ są na ogół stosowane przez osoby, które osiągnęły już lub zbliżają się do podeszłego wieku, to zwiększają także naszą przeciętną długość życia, jednak tylko nieznacznie. Mimo to dla wielu życie jest cenne samo w sobie, bez względu na jego jakość.

Wyjaśnienia, jakie większość biologów podaje na temat procesów kontrolujących starzenie się i długość życia, opierają się na latach błyskotliwych prac teoretycznych i eksperymentalnych prowadzonych od połowy do końca XX wieku. Rezultatem tych niezliczonych wysiłków było zdroworozsądkowe wyjaśnienie starzenia się, wcześniej tajemniczego i niepoznanego atrybutu życia, który teraz mógł być zrozumiany przez każdego: „Rzeczy się rozpadają…"; lub w bardziej naukowym języku: entropia. W kontekście starzenia się entropia oznacza nieuniknioną akumulację losowych (*stochastycznych* - to „wymyślne" słowo często stosowane w tym znaczeniu) uszkodzeń, które stopniowo zaburzają zdolność naszych komórek do ich naprawy, co w konsekwencji powoduje starzenie się i ich obumieranie. Możemy tutaj użyć analogii, że twoje ciało jest jak twój samochód: mimo, że dobrze o niego dbasz, to może pojawić się kamień, którego nie będziesz widział, a który uszkodzi skrzynię biegów, lub rdza rozprzestrzeniająca się pod farbą na drzwiach, nie wspominając już o ciągłym zużyciu tłoków i cylindrów. Teoretycznie mógłbyś wymienić każdą uszkodzoną i niesprawną część, gdybyś miał zamienniki i fundusze na ich zakup, ale byłoby to tylko trwonieniem pieniędzy, których potrzebujesz na inne wydatki, a pozyskanie tych nowych „części" byłoby niezmiernie drogie. Najlepsze, co możesz zrobić, to zapobiegać uszkodzeniom i naprawiać je, gdy tylko się pojawią, bo wiemy, że szkody te są nieuniknione.

Aby dalej poszerzyć tę analogię, im lepiej zbudowano twój samochód (twoja genetyka) i im lepiej zadbano o niego (twoja dieta, reżim ćwiczeń i ogólna ostrożność), tym dłużej będzie on funkcjonował. Kontynuując naszą metaforę współczesna nauka opracowała specjalne dodatki do paliwa, odpowiednie syntetyczne smary i uszczelniacze chłodnic, aby stary silnik nie zużył się zbyt szybko, ale perspektywa znacznego przedłużenia żywotności jest niewielka i dla większości ledwo warta wysiłku (nie tylko ja tak myślę, zgadza się z tym nawet Leonarda Hayflick, człowieka, który przekonał nas, że same komórki są śmiertelne — przynajmniej gdy są hodowane in vitro [„w szkle", a nie „in vivo" – w żywych zwierzętach]) [2]. Niektóre odważne (lub aroganckie) dusze podjęły jednak wyzwanie „naprawienia" wadliwego mechanizmu natury, aby pokazać jej, co może osiągnąć ludzka pomysłowość (za taką osobę uznaję Aubreya de Gray) [3]. Ich pogląd na starzenie się nadal opiera się na tak zwanych teoriach starzenia się „ze zużycia" (ang. „wear and tear"), czyli przypadkowego występowania i akumulacji uszkodzeń żywotnych struktur komórkowych, które są nienaprawiane lub nienaprawialne przez organizm, jednak mają oni niewiele dowodów na potwierdzenie słuszności tej koncepcji. Powód tego jest prosty — te teorie mają coś wspólnego z najbardziej zdroworozsądkowymi teoriami opisującymi funkcjonowanie świata (jak np. to, że „Słońce okrąża Ziemię raz dziennie"): są błędne.

Do końca tej książki ujawnię poznane przeze mnie sekrety starzenia się; część z nich ukrywała się na widoku, a część z nich nasza grupa odkryła we własnych laboratoriach. Udało nam się odwrócić proces starzenia u szczurów tak, że eksperymentalnie leczone stare szczury wykazywały (pod względem wieku biologicznego) mniej niż połowę wieku chronologicznego, będących i rówieśnikami (stare nieleczone zwierzęta, miały taki sam wiek metrykalny jak szczury poddane terapii), osobników z grupy kontrolnej. Pomiarów dokonaliśmy zgodnie ze „złotym standardem" biologicznego określania wieku (w oparciu o testy „zegarowe" wieku DNAm Steve'a Horvatha opracowane specjalnie dla szczurów Sprague Dawley, których używaliśmy) i ponad 30 różnymi „biomarkerami starzenia" (wymiernymi cechami, takimi jak obecność stanów zapalnych, siła, zdolności poznawcze i zdrowie narządów, które zmieniają się wraz z wiekiem). Naszym ostatecznym celem jest oczywiście odmłodzenie człowieka. Pytanie brzmi, czy społeczeństwo jest gotowe na największą zmianę w historii ludzkości, być może tak fundamentalną jak odkrycie ognia? Podobnie jak z ogniem, jestem pewien, że znajdziemy nowe sposoby jego wykorzystania i podobnie jak ogień zmieni to nasze życie na lepsze.

Oczywistym jest, że wielu ludzi ma obecnie przed sobą więcej życia, niż pomysłów na to, co z nim zrobić — marnują czas, który został im dany na rozrywki; „narkotyki, seks i rock and roll" lub cokolwiek co jest współczesnym odpowiednikiem pozbywania się nadmiaru czasu. Dla wielu na tym świecie życie jest już zbyt uciążliwe i są gotowi zrezygnować z niego dla każdej wyobrażonej „słusznej przyczyny" — jednak wierzę, że biologiczna nieśmiertelność człowieka nie tylko doprowadzi do lepszego świata, ale także do lepszych *światów*. Podczas gdy prędkość światła nadal nakłada ograniczenia na nasze podróże, ludzkość potrzebuje długości życia rzędu stuleci, tysiącleci lub większej, aby stworzyć cywilizację pangalaktyczną.

Moje podejście w tej książce polega na łączeniu biologii zarówno z historią obiektywną, jak i osobistą, a także z historiami i mitologiami przeszłości i teraźniejszości, aby uzyskać pełniejszy obraz potencjalnych korzyści i niedostatków płynących z technologii odmłodzenia ludzi. To jest do pewnego stopnia moje osobiste dążenie do biologicznej nieśmiertelności (nie żebym się bał śmierci, uważam ją za „Wielką Przygodę", a jeśli nie ma tam nic, to nie rozczaruję się, jednak wiem, że zawsze byłam dobrym i wiernym sługa, więc nie lękam się niczego). Zajmę się również kilkoma szczegółami dotyczącymi przeszłych i obecnych teorii starzenia się oraz leżącym u ich podstaw zagadnieniom z biologii i biochemii, które wspierają (a czasem zaprzeczają) tym ideom.

Odmłodzenie, niegdyś „niemożliwy sen", temat związany bardziej z magią niż nauką, zostało zademonstrowane kilka razy w ciągu ostatnich paru lat (choć nigdy w takim stopniu, jaki niedawno pokazaliśmy). Omówimy zarówno „Dlaczego" oraz „Jak" w odniesieniu do odmładzania człowieka, ponieważ zmieniło się ono z niemożliwego marzenia w nową rzeczywistość, która, mam nadzieję, zostanie wdrożona za życia większości czytelników tej książki (w tym mnie jak przepowiedział mój sen, który zostanie opisany w dalszej części).

Starożytni, nie mniej niż my, zajmowali się życiem i śmiercią (co zaskakujące, mieli wskazówki dotyczące procesu odmładzania), więc zacznijmy od tego, w co starożytni ludzie wierzyli (i wielu nadal wierzy) na temat życia, śmierci i nieśmiertelności. Przekonamy się, że część tej starożytnej wiedzy była bliższa prawdzie niż „mądrość" współczesnych biologów.

1

Narodziny śmierci

Smutek i żałoba wśród ssaków i ptaków były anegdotycznie notowane wiele razy, ale czy mamy jakieś przesłanki wskazujące na to, że zwierzęta wiedzą o tym, że mierzą się ze starzeniem się i śmiercią? Drobne zmiany w naszej wiedzy powodują duże zmiany w naszym zachowaniu — spekuluje się, że odkrycie związku między uprawianiem seksu a prokreacją dziewięć miesięcy później odwróciło względne statusy mężczyzn i kobiet, gdy magiczna moc kobiety do spłodzenia dziecka została zredukowane do tego, że jest jedynie podatną glebą dla męskiego nasienia (oczywiście żadne z tych stwierdzeń nie jest prawdą).

Nie wiadomo, kiedy ludzie po raz pierwszy odkryli, że starzenie się i śmierć są nieuniknione (prawdopodobnie zdarzało się to wiele razy w wielu miejscach), ale w wielu kulturach powszechne było przekonanie, że istniał jakiś rodzaj życia pozagrobowego (zaprzeczanie śmierci jako kresu osobowości). Dowody wskazują na możliwość, że od samego początku istniały społeczeństwa, które obawiały się śmierci jako nienaturalnej i przypadkowej oraz inne, które postrzegały śmierć jako część życia. Spośród tych ostatnich, Pigmeje z lasów afrykańskich uważają się za części samego lasu i wierzą, że wracają do niego po śmierci. Dla tych ludzi śmierć jest czymś naturalnym — nawet celowo zapominają imiona zmarłych i nigdy więcej ich nie używają. Jednak dla większości ludzkości w czasie przeważającej części historii cywilizacji zaprzeczenie śmierci było źródłem wyższej kultury i podstawą religii. Ponieważ wszyscy ludzie są prześladowani przez uświadomienie sobie własnej śmiertelności –niemożność uwierzenia w to, że oni jako jednostki umrą, doprowadziła do koncepcji życia pozagrobowego i „duszy".

Mezopotamia

Pierwsza opowieść o dążeniu do nieśmiertelności — prawdopodobnie pierwsza historia, jaka kiedykolwiek została napisana, została utrwalona na glinianych tabliczkach, zaznaczona kropkami i ukośnikami pisma klinowego starożytnego Sumeru, pierwszej ludzkiej cywilizacji („cywilizacja" pochodzi os łacińskiego *civitas*, czyli miasta) — nazywa się *Epos o Gilgameszu*. Podobnie jak w wielu dzisiejszych systemach wierzeń, ani Sumerowie, ani Akadyjczycy, którzy ich później zastąpili, nie wierzyli w śmierć osobistą, ale raczej w to, że śmierć stanowiła przejście do innej fazy życia — takiej, która ma miejsce w zlokalizowanych po drugiej stronie Ziemi „Zaświatach", gdzie bóg słońca Szamasz (to jego imię w języku akadyjskim) spędzał każdą noc wymierzając sprawiedliwość przebywającym tam zmarłym (to było tylko jedno z jego zadań). Ale Zaświaty były mroczną i ponurą krainą, gdzie duchy jadły kurz i piły słonawą wodę, chyba że jedzenie i picie były zapewniane przez żyjących krewnych – w rzeczywistości istniały rury prowadzące do grobów, gdzie można było wlewać libacje –

gdyż duchy zmarłych nadal wymagały utrzymania i nadal mogły ingerować w sprawy żywych (działały na ich szkodę, jeśli nie zostały odpowiednio udobruchane). Biorąc pod uwagę liczbę znalezionych figur wotywnych, religia była wówczas głównym przemysłem.

Gilgamesz z *Eposu o Gilgameszu* był królem bogatego Uruk — sumeryjskiego państwa-miasta leżącego w dzisiejszym Iraku — oraz zaciekłym i potężnym władcą, który rozgniewał swój lud, używając swojego *droit du seigneur* *, by posiąść każdą nową poślubioną pannę na jej weselu. W odpowiedzi na błagania obywateli Uruk, bogowie stworzyli Gilgameszowi przyjaciela, dorównującego mu siłą, dzikiego człowieka Enkidu. Enkidu został zwabiony z życia na wolności przy pomocy piwa i kobiet (a konkretnie przez świątynną prostytutkę Szamhat) i sprowadzony do Uruk. W końcu, gdy Enkidu dowiaduje się, co Gilgamesz robi młodym narzeczonym, sam także pojawia się na weselu i walczy z Gilgameszem o honor panny młodej i chociaż przegrywa z Gilgameszem, obaj stają się nierozłącznymi przyjaciółmi, a zaciekły Gilgamesz zmienia swoją postawę i zostaje bohaterem swojego miasta.

W swoich epickich przygodach Enkidu zabija półboga Humbabę i wielkiego Byka Niebios i w odwecie zostaje zgładzony przez bogów. Gilgamesz jest teraz sam i widzi, do czego śmierć sprowadziła jego przyjaciela, i bardzo się tego boi. W ten sposób rozpoczyna swoją podróż na wyspę na krańcu świata, aby znaleźć jedynego nieśmiertelnego mężczyznę (który żył ze swoją równie nieśmiertelną żoną): Utnapisztima (jest on również wzorem dla człowieka znanego jako Noe w Biblii hebrajskiej, jednego z niewielu, którzy przeżyli Wielki Potop). Podróż, jak można sobie wyobrazić, była pełna cudów (podążają drogą, którą używa bóg słońca, pod górami i obok okrytych klejnotami drzew w królestwie bogów), ale kiedy Gilgamesz w końcu spotyka Utnapisztima, nieśmiertelny przekonuje go, że jego poszukiwanie na nic się zdało bo sami Bogowie zasiali ziarno śmierci w każdym stworzeniu, mimo to oferuje Gilgameszowi wyzwanie, które zapewni mu nieśmiertelność, jeśli zostanie spełnione: nie zasnąć przez sześć dni — niestety to mu się nie udaje.

Gdy Gilgamesz nie zdał testu, Utnapisztim mówi mu, że powinien cieszyć się przyjemnościami życia i nie marnować czasu na to bezużyteczne dążenie. Gilgamesz jest niepocieszony, a żona Utnapisztima, z litości, każe

---

* *Droit du seigneur* („Prawo pierwszej nocy") było domniemanym prawem w średniowiecznej Europie, które pozwalało panom feudalnym na utrzymywanie stosunków seksualnych z podwładnymi sobie kobietami, dotyczyło ono, w szczególności, przywileju do spędzenia pierwszej nocy ze świeżo poślubioną żoną każdego ze swoich poddanych.

mężowi powiedzieć Gilgameszowi o roślinie znajdującej się na dnie oceanu, która sprawi, że znów będzie młody. Gilgamesz podróżuje tam, przywiązując do stóp ciężkie kamienie, znajduje roślinę młodości i wydobywa ją na powierzchnię. Podejrzliwy Gilgamesz (według jednej z wersji tej historii), postanawia wrócić do Uruk i wypróbować roślinę młodości na starym człowieku, zanim użyje jej na sobie (przywilej bycia królem), ale w drodze do domu, podczas gdy on i jego kapitan zatrzymują się, by przespać się na wyspie, wąż zjada roślinę młodości i odtąd regeneruje się, zrzucając co roku skórę (ot „taka" historyjka) – i Gilgamesz pogrążą się w rozpaczy.

Na co zmarnował swoje życie? Szukając dłuższego życia, roztrwonił tę odrobinę, którą otrzymał. W końcu po kilku dniach żeglugi wyłaniają się przed nimi wielkie mury Uruk, a Gilgamesz z dumą pokazuje kapitanowi łodzi swoje miasto i jego osiągnięcia. Mimo wszystko pozostaje on, wielki król (w dwóch trzecich człowiek i w jednej trzeciej bóg, ale nie pytaj mnie o jego genetykę) w takiej samej sytuacji, w jakiej się my obecnie znajdujemy.

Starożytni, nie mniej niż my, zajmowali się życiem i śmiercią (to wielka mądrość, w której jest wielki smutek) i wydaje się, że w odniesieniu do tych tematów niewiele się zmieniło w ciągu ostatnich 4000 lat! Czy więc nadal marnujemy czas na szukanie dłuższego życia, zamiast cieszyć się tym, co nam dano? Dlaczego nie zaakceptować naszego przeznaczenia i nie cieszyć się życiem, które mamy? Gdyby zadano mi to samo pytanie nawet dziesięć lat temu, powiedziałbym, że *epos o Gilgameszu* to „opowieść ostrzegawcza", zawierająca przekaz: „nie wyrzucaj tego, co jest ci dane, w nieuzasadnionym oczekiwaniu na więcej". Teraz jednak moja opinia się zmieniła (zobaczysz dlaczego) i wierzę, że możemy osiągnąć biologiczną „nieśmiertelność" i wieczną młodość (z uznaniem, że nic co fizyczne nie jest wieczne i nawet nasz wszechświat może mieć kiedyś kres).

W mezopotamskich mitach i legendach śmierć nie istniała, chyba że jako zmiana stanu, która wymagała ciągłego brzemienia dla żyjących polegającego na dostarczaniu zmarłym (i kapłanom) pożywienia i napojów przez całą wieczność. Tak więc w Zaświatach jest teraz wiele głodnych duchów, ponieważ mieszkańcy Uruk, Ur i Eridu już nie istnieją, i nie są w stanie zapewnić im jedzenia i picia.

Epos zawiera jeszcze dwie historie pełne nadziei, aby pomóc nam zaakceptować nasz los. Enkidu przed śmiercią przeklina myśliwego i świątynną prostytutkę Szamhat, którzy zwabili go z dziczy, ale gdy wspomina przygody z Gilgameszem i przyjemności cywilizowanego życia (piwo i seks?), cofa klątwę i wychwala tych dwoje. Chociaż był dzikim człowiekiem, nie wiedział nic o starzeniu się i śmierci, to, to czego doświadczył od tamtej pory, było warte tego wszystkiego. Gilgamesz zaś, nie osiągnąwszy fizycznej nieśmiertelności, znajduje mniejszą satysfakcję w fakcie, że jego imię i czyny nie zginą. Minęło ponad 4000 lat, a Gilgamesz i Enkidu wciąż do nas przemawiają, więc przynajmniej to mu się udało.

Hebrajczycy

<u>Judaizm</u>

Judaizm powstał w Mezopotamii jako ruch zwolenników radykalnego „niszczenia bożków" na chwałę niewidzialnego Boga. Najpierw był to tylko Bóg plemienny, jeden z wielu („Elohim", słowo używane w Biblii hebrajskiej, które zwykle odnosi się do jednego bóstwa, oznacza *bogów* – ma końcówkę liczby mnogiej „im", która działa jak „s" w angielskich słowach), jednak finalnie ich Bóg, Jahwe, stał się jedynym Bogiem, Królem Wszechświata. Ten niewidzialny Bóg, którego „myśli nie są jak nasze myśli, a czyny przekraczają nasze wyobrażenia", nie był już wyolbrzymionym mężczyzną lub kobietą, z pożądliwościami i innymi ludzkimi pragnieniami. Oznaczało to wielkie przejście od panteonów konkretnych bogów wyrzeźbionych z kamienia popularnych w starożytnym świecie — istot wyobrażanych jako gigantyczne i potężne ekstrapolacje mężczyzn i kobiet — do niewidzialnego, jedynego Boga, istoty, która jako jedyna kontroluje cały wszechświat (taki jak był wtedy znany).

Jednak inne głębokie rozróżnienie oddzielało judaizm i potomków Abrahama od otaczających ich podobnych ludów (sam Abraham był synem bałwochwalcy z chaldejskiego miasta Ur): rozumieli śmierć jako ostateczny koniec życia. „Życie pozagrobowe" lub „Zaświaty" nie istniały w żydowskim światopoglądzie — śmierć była ostateczna. Narodziła się śmierć jako ostateczny koniec świadomości. Dopiero później, poprzez kontakty ze starożytnymi Grekami, część z ich metafizycznych koncepcji weszła do judaizmu tak, że teraz nawet niektórzy Żydzi, którzy uważają się za „ortodoksyjnych", wierzą w życie pozagrobowe i nieśmiertelne dusze, ale nigdzie nie pojawia się to w „Starym Testamencie".

Nie należy lekceważyć wpływu w judaizmie perskiej religii zoroastryjskiej, która zakładała nieśmiertelną duszę i trójdzielnego Boga, Ahura

Mazdę, z którego powstały dwa duchy, podobnie jak Yin i Yang w taoizmie. Był to symbol dwóch przeciwieństw tworzących całość; światło i
ciemność, ducha i materię, „budowniczego" i „niszczyciela", i pozostał w
wierzeniach Abrahamowych jako Dobro i Zło, Bóg i Diabeł, na wzór Ahura Mazdzy i Arymana. Co więcej, ponieważ dusza zmarłego jest osądzana i
skazana, w oparciu o jego uczynki i cnoty, a nie ceremonie pogrzebowe lub
łapówki dla bogów, albo na rozkoszne albo na straszne życie pozagrobowe
koncepcje Nieba i Piekła, są tak samo fundamentalne, i podobnie zdefinio-
wane w wyznaniach chrześcijańskich i muzułmańskich i również pochodzą
z religii zoroastryjskiej. Ponadto aniołowie i inne istoty duchowe również
wywodziły się z tej wciąż istniejącej, choć obecnie jednej z najmniejszych
religii świata.

W Biblii Hebrajskiej stworzenie świata kończy się stworzeniem człowieka Adama z czerwonej gliny (samo słowo „Adam" nawiązuje do hebraj-
skich słów oznaczających kolor czerwony lub ziemię, rolę), w którą Bóg
tchnie życie. Człowiek, w tym momencie bez kobiecej reprezentacji, był nieśmiertelny. A Bóg, chcąc dać mężczyźnie towarzystwo, stworzył kobietę z
jednego z jego żeber. Oboje byli nieśmiertelni * i mieszkali w Raju i mogli
bezpośrednio rozmawiać z Bogiem [4].

W pierwszych „zapisanych" (choć Adam, nie znając pisma, nie mógł
ich zapisać) słowach Boga skierowanych do ludzkości, Adamowi i Ewie powiedziano, że mogą jeść z każdego drzewa w Ogrodzie, z wyjątkiem „Drzewa poznania dobra i zła", które rosło w jego centrum, i że jeśli to zrobią,
niechybnie umrą. Teraz prawie wszyscy znają resztę opowieści; wąż przekonuje Ewę, by jadła z „Drzewa poznania dobra i zła", mówiąc jej, że z
pewnością nie umrze i zdobędzie wiedzę o naturze dobra i zła taką jaką ma
Bóg. Ewa przekonuje Adama, by zrobił to samo. I razem, jedząc owoc, tracą
swoją niewinność i zakrywają swoją nagość, pokazując w ten sposób Bogu,
że poznali dobro i zło i że jedli z zakazanego drzewa [4].

Kara jaka ich spotyka jest dosyć ciężka, zostają wygnani z ogrodu, a
następnie Biblia mówi nam, że „Po czym Pan Bóg rzekł: Oto człowiek stał
się taki jak My: zna dobro i zło; niechaj teraz nie wyciągnie przypadkiem ręki,
aby zerwać owoc także z drzewa życia, by zjeść go i żyć na wieki. Dlatego
Pan Bóg wydalił go z ogrodu Eden, aby uprawiał tę ziemię, z której został
wzięty. Wygnawszy zaś człowieka, Bóg postawił przed ogrodem Eden che-

---

* Uświadomiłem sobie, że Adam i Ewa nie mogli być nieśmiertelni, ponieważ z opisu w Biblii jasno
wynika, że Bóg obawiał się, że będą jeść z „Drzewa Życia" i sami staną się bogami. To owoc Drzewa
Życia dawał życie wieczne, a oni nie mogli go spożywać, więc Adam i Ewa musieli być śmiertelni.

rubów i połyskujące ostrze miecza, aby strzec drogi do drzewa życia." (Księga Rodzaju 2:4-3:24) [4]

Cóż, wygląda na to, że ten zakaz został właśnie usunięty.

Historia ta zawiera strasznie wiele wątków i pozostawia równie wiele pytań. Dlaczego Bóg umieścił „Drzewo poznania dobra i zła" pośrodku ogrodu i dlaczego w ogóle umieścił je w ogrodzie? A jeśli Adam i Ewa nie mieli wiedzy o dobru i złu, dlaczego mieliby sądzić, że nieposłuszeństwo Bożym poleceniom było złe? Czy to trochę jak z twoim psem, kiedy mówisz „siad", a on nie wykonuje polecenia? I wreszcie, Bóg naprawdę odgrywa rolę Boga zazdrosnego, w jakiś sposób obawiającego się, że człowiek, wiedząc to, co wiedzą bogowie, może zjeść z Drzewa Życia i uzyskać nieśmiertelność. Co więcej, Bóg mówi, że człowiek stał się „jak jeden z nas", sugerując, że jest więcej bogów (istot, które różnią się od nas, ponieważ mają nieśmiertelność?)

Czy zatem możemy przyjąć, że przed „Upadkiem" ludzie nieznający dobra i zła byli jak inne zwierzęta, dla których „dobro" i „zło" nic nie znaczą? Brak wiedzy, że nie można sprzeciwiać się Bogu, implikuje znajomość dobra i zła (ponieważ Adam i Ewa są ukarani za nieposłuszeństwo, ale skąd mają wiedzieć, że nieposłuszeństwo jest złem?) Jednak seksualność wydaje się mieć związek z „dobrem" i „złem" (odkrywają swoją nagość i ubierają się w liście figowe ze wstydu) i być źródłem śmierci. Jako biolog wierzę, że to prawda, ponieważ rozmnażanie płciowe jest podstawą różnorodności, a śmierć na skutek starzenia się jest naturalną zasadą pozwalającą na preferowanie najlepiej przystosowanych osobników, biorąc pod uwagę naturalne zalety formy, a u wyższych ssaków nawet wiedzę pokolenia rodziców.

W żydowskiej Biblii (Starym Testamencie) pojawia się coś jeszcze, co ma szczególne znaczenie dla naszych zainteresowań dotyczących życia i śmierci. Dla mnie dwa cytaty mają szczególne znaczenie:

1. „Życie nasze trwa lat siedemdziesiąt, A gdy sił stanie, lat osiemdziesiąt; A to, co się ich chlubą wydaje, to tylko trud i znój, Gdyż chyżo mijają, a my odlatujemy."

Księga Psalmów 90:10 [4]

2. „Nie będziecie spożywać krwi z żadnego ciała, gdyż życie wszelkiego ciała jest w jego krwi, więc każdy, kto ją spożywa, będzie wytracony."

Księga Kapłańska 17:14 [4]

I wreszcie trzeci cytat, który zilustruje różnice między czasami starożytnymi a współczesnymi:

3.   „To, co było, jest tym, co będzie, a to, co się stało, jest tym, co znowu się stanie: więc nic zgoła nowego nie ma pod słońcem.
Jeśli jest coś, o czym by się rzekło: «Patrz, to coś nowego» - to już to było w czasach, które były przed nami.
Nie ma pamięci o tych, co dawniej żyli, ani też o tych, co będą kiedyś żyli, nie będzie wspomnienia u tych, co będą potem."

Księga Koheleta 1:9-11 [4]

Omówmy te trzy cytaty w odniesieniu do naszych głównych tematów: życia, śmierci i przywrócenia młodości.

Pierwszy z tych cytatów pochodzi z psalmów króla Dawida (ok. 1000 p.n.e.), ważnej postaci w trzech religiach Abrahamowych, judaizmie, chrześcijaństwie i islamie („miłym" był on człowiekiem, słynnym śpiewakiem i wojownikiem — a gdy sam został królem nakazał ukrzyżowanie wszystkich synów króla Saula). To, co Dawid śpiewał w pierwszym cytacie (1), to modlitwa człowieka imieniem Mojżesz (lecz to nie ten „Mojżesz" który wyprowadził Izraelitów z Egiptu), który modli się do Boga i prosi o Jego miłość i opiekę — bo Bóg zadowoli tych, którzy go wzywają dając im długie życie. I tutaj wyraźnie jest powiedziane, że dostaniesz siedemdziesiąt lub osiemdziesiąt lat życia, w zależności od twojej siły, ale lata te będą pełne kłopotów i smutku, a tutaj Mojżesz po prostu prosi Boga, aby dał mu tyle samo czasu w szczęściu, co w nieszczęściu.

Nie ma mowy o życiu pozagrobowym — jeśli judaizm ma motto, jest nim „Życie" (L'Chaim). W judaizmie klasycznym nie ma „duszy"; słowo zwykle tłumaczone jako „dusza" to hebrajskie słowo *neshamah*, które oznacza „oddech" (jak oddech, który Bóg tchnął w Adama, którego stworzył z czerwonej gliny i powołał do życia jako pierwszego człowieka). Taka dusza nie istniała poza ciałem. Taka była definicja śmierci — brak oddychania; bez oddechu nie ma życia. W takim przypadku powinniśmy być w stanie powiedzieć „Oddech człowieka jest jego życiem", ale nie możemy — jak zauważymy, analizując nasz następny cytat biblijny.

Podsumowując, jak dotąd, to, co traktuję jako nasze przesłanie z judaizmu „Starego Testamentu", to fakt, że długość życia jest stała, biorąc pod uwagę niewielki zakres potencjalnych lat życia (70-80), a śmierć jest trwała.

Judaizm przetrwał dzisiaj jako religia etniczna, „religia rodzinna" na sposób podobny do hinduizmu – nawet mieszkańcy Indii wyznający chrześcijaństwo wiedzą do jakiej kasty przynależą. Urodziłeś się Hindusem, tak jak twoi rodzice i ich rodzice, i tak dalej. Jednak w przeciwieństwie do hinduizmu, istnieje oficjalna ceremonia przejścia na judaizm (w zasadzie cała „Księga Rut" traktuje o sławnej kobiecie, która opuściła swój lud, aby dołączyć do ludu swojego żydowskiego męża), chociaż dzisiejsza religia jest podzielona na reformowaną, konserwatywną i „Judaizm ortodoksyjny", który trudno uznać za ortodoksyjny w sensie biblijnym; zamiast tego opiera się na naukach mistyka Baal Szem Towa o próbie połączenia się z Bogiem w tym życiu (jedynym sposobie na uniknięcie śmierci), bardzo podobnie jak gałąź mistycznego islamu zwana sufizmem oparta na pismach perskiego mistyka i mułły Rumiego (niegdyś najpoczytniejszego poety w USA).

Ta zdolność widzenia świata poza naszym światem i wspanialszego od niego (większego niż mogą wyrazić słowa), dostrzegania piękna w świecie, którego inni nie mogą, jest wspaniałą odpowiedzią na śmierć, ale czy jest to prawda, czy jedynie samooszukiwanie się? I czy to w ogóle ma znaczenie? Dzięki restrykcjom dietetycznym i mutacjom przedłużającym życie, glisty (*Caenorhabditis elegans*) mogą żyć dziesięć razy dłużej. Czy wyobrażasz sobie, że robak to docenia? Z drugiej strony, jeśli jesteś stary i mógłbyś mieć ciało (i mózg) dwudziestolatków, czy nie chciałbyś tego spróbować? W przeciwieństwie do tych popularnych seriali na „Netflixie", w których ludzie są dotknięci „przekleństwem" nieśmiertelności, nie będzie trwałego „wyleczenia" — starzenie rozpocznie się ponownie po terapii, ale powinno wymagać tylko kolejnej rundy zabiegów (mówimy o odstępach od pięciu do dziesięciu lat, a być może dłużej), więc starzenie się zawsze będzie można odwrócić.

Drugi cytat to Bóg mówiący nam „krew jest życiem" („… życie wszelkiego ciała jest w jego krwi"). To wyrażenie po raz pierwszy spotkałem nie w Biblii, ale oglądając horror. Taką sentencję wygłasza „Hrabia Dracula" w powieści Brama Stokera *Dracula* i to samo mówi, w dramatyczny sposób, Bela Lugosi w najsłynniejszym z ponad 170 filmów (zrealizowanych na całym świecie) opartych na powieści o Drakuli. U podstaw mitu o wampirach leży cytowany powyżej werset biblijny (2). Wampir sztucznie podtrzymuje swoją egzystencję i młodzieńczy wygląd, wysysając życie (krew) z młodych ludzi. Ofiarami są zazwyczaj właśnie młodzi ludzie (w powieści Stokera żony hrabiego są szczególnie zadowolone, gdy ich pan podrzuca im niemowlę). Czy to może sugeruje, że młody człowiek miałby w sobie więcej „życia"?

W to wierzyła „prawdziwa wampirzyca", na postaci której mogła zostać oparta historia Draculi: węgierska szlachcianka Elżbieta Batory (często nazywana „Królową Wampirów" lub „Krwawą Hrabiną"), która również najwyraźniej wierzyła, że picie krwi (i podobno kąpanie się w niej) młodych kobiety pomagało jej zachować młodość. Nie słyszałem o dowodach na to, że te praktyki faktycznie działały (a wieść niesie, że z tego powodu zginęły setki młodych kobiet), ale jej upodobanie do tortur i okaleczania ofiar w trakcie seksualnych uniesień zdradza również inne motywy.

Tym, co mnie szczególnie zaskakuje, jest prawdziwość tego biblijnego wyrażenia: „krew jest życiem każdego stworzenia" – jeśli jest tylko właściwie zrozumiane. Jeżeli oddech jest siłą ożywiającą *Neshamah* i to „oddech", *ożywia* glinę, którą był Adam, to dlaczego mamy tu samego Boga mówiącego „życie każdego stworzenia jest w jego krwi"? Kiedy to usłyszałem, pomyślałem o tym w inny sposób – czy jest jakaś prawda w tym stwierdzeniu, że „życie" jest we krwi? Dlaczego w ogóle rozważamy ten starożytny tekst? Jak się jednak przekonamy, w tym stwierdzeniu zawarta jest wielka prawda.

Trzecim i ostatnim cytatem z żydowskiej Biblii są słowa człowieka określanego przydomkiem „Kaznodzieja" lub „Nauczyciel". Powodem, dla którego je cytuję jest fakt, że jest to filozofia, która rządziła światem aż do nastania oświecenia w Europie w XVIII i XIX wieku i jest nadal przez wielu uważana za prawdziwą: czas jest cykliczny, nie ma nic nowego pod słońcem — to, co zostało zrobione, zostało dokonane już wcześniej i będzie powtarzane ponownie, chociaż nikt nie będzie o tym pamiętał, raz za razem, bez końca.

Nie potrzeba wiele poważnej, opartej na dowodach dyskusji, aby dojść do prawdy znanej przez nas dziś, prawdy, która przeczy słowom Nauczyciela. Nigdy wcześniej ludzie i ich maszyny nie stali na powierzchni Księżyca, nie badali Marsa, nie sporządzali map głębin mórz, nie mierzyli odległości do gwiazd i wielkości atomów. Jednak 3000 lat po tym, jak Dawid zaśpiewał Psalm 90 i Nauczyciel opowiadał o rozpaczy, możemy tylko trochę powstrzymać śmierć, tak że 70-80 lat życia, o których śpiewał Dawid, wydłużyło się w ciągu ostatnich 30 stuleci być może o pięć do dziesięciu lat, ale to się wkrótce zmieni.

Wczesne chrześcijaństwo

Religia ta powstała jako odgałęzienie judaizmu, a jej doktryny pierwotnie głosił Jezus z Nazaretu podczas rzymskiej okupacji Izraela. Przynajmniej w pewien sposób Jezus połączył świat Żydów ze światem okolicznych cywilizacji mezopotamskiej i egipskiej: śmierć nie była wieczna, przynajmniej dla niektórych. Całkowita rozpacz nieuchronnej śmierci i alternatywa krótkiego życia wypełnionego cierpieniem była dla narodu żydowskiego nie do zniesienia; jeśli rzeczywiście byli narodem „wybranym”, to dlaczego zostali podbici? Dlaczego cierpieli i dlaczego Bóg powołał kogoś do życia tylko po to, by znosił ból?

Tak więc, aby dać nagrodę za dobre zachowanie, inne niż jedynie posłuszeństwo Prawu, a jednocześnie podtrzymać założenie, że ludzie nie mają nieśmiertelnych dusz, stworzono Raj — na wzór Ogrodu Eden, miejsce, w którym Bóg mieszka ze swoim ludem przez całą wieczność. Ale Jezus powiedział, że zamiast „nieśmiertelnej” duszy nastąpi „zmartwychwstanie” umarłych, którzy, gdy będą należeć do ludu Bożego, spędzą z Nim wieczność w Raju. Jednak to miejsce nie było umieszczone w Niebiosach, ale na Ziemi, i „dusze” zmarłych nie powstaną z martwych, ponieważ, jak mówiliśmy, nie było duszy poza ciałem, ale Bóg wskrzesi zmarłych w nowych i doskonałych ciałach. Przywróci on do życia wszystkich umarłych, dobrych i złych, ale źli zostaliby sprowadzeni tylko po to, by w końcu zrozumieć swoje błędy i żałować za nie, a następnie zostaną całkowicie zniszczeni, jak plewa wrzucona do ognia – więc wieczna kara nie była piekłem, ale po prostu niebytem, wieczną śmiercią.

Jednak zmarli byli martwi; nie mieli dusz i mieli powrócić do prochu, z którego powstali. Żadne dusze nie pójdą do Raju; zamiast tego Raj miałby powstać na Ziemi, ale dopiero długo po śmierci (chociaż przypuszczam, że nowo wskrzeszeni nie odczuliby upływu tego czasu), kiedy Bóg połączy Niebo i Ziemię, aby stworzyć nowe Niebo i nową Ziemię, doskonały świat. Zmartwychwstali dobrzy umarli uzyskaliby wieczne życie w doskonałych ciałach, aby cieszyć się obecnością Boga, a źli byliby wskrzeszeni tylko po to, by zrozumieć i żałować swoich upadków, a następnie unicestwieni. Ta koncepcja zmartwychwstania, a nie nieśmiertelnych dusz, sprawiła, że wczesne chrześcijaństwo bardzo różniło się od innych religii tego obszaru.

To, co zrobił Jezus, to zmiana warunków wejścia do Raju; aby znaleźć się po prawicy Boga nie wystarczało, już tylko ścisłe przestrzeganie reguł i odprawianie rytuałów; zamiast tego były dwa biblijne przykazania, które dla Jezusa przewyższały i zastępowały wszystkie inne: „musisz kochać Boga całym sercem” i „musisz miłować bliźniego”. Ale nie było „nieśmiertelnej duszy”; „dusza” po śmierci nigdzie nie odeszła — dusza była oddechem, gdy oddech ustał, nie było życia, duszy. Kiedy Raj przyjdzie na Ziemię, Bóg będzie sądził, zachowując godnych życia z Nim w doskonałym świecie i eliminując złych, tych, którzy sprzeciwiają się Bogu, ale nie będzie żadnych wiecznych tortur, jakie z lubością wyobrażali sobie średniowieczni kaznodzieje, „tylko” unicestwienie i zapomnienie.

Grecy

Wczesna religia grecka miała rozbudowane życie pozagrobowe, z osądzaniem zmarłych i różnymi ich późniejszymi siedzibami: Elizjum i Wyspami Błogosławionych (dla tych którzy żyli sprawiedliwie), Łąkami Asfodelowymi (dla przeciętnych ludzi), Polami Płaczu (dla tych, którzy zmarnowali swoje życie na nieodwzajemnioną miłość) i Tartarem, podziemiami Zaświatów (gdzie wieczną karę odbywają źli). Tartar znajdował się tak daleko pod Zaświatami, jak morze od nieba, był to najgłębszy, najciemniejszy kraniec zarówno lądu, jak i morza. Jeśli byłeś *naprawdę* dobry (na poziomie półboga), możesz znaleźć się w Elizjum (lub na Polach Elizejskich), a nawet wrócić na Ziemię, aby udoskonalić jeszcze bardziej swoją duszę; kiedy dotrzesz do Elizjum, możesz zostać lub reinkarnować; jeśli po trzech wcieleniach dostaniesz się ponownie do Elizjum, spędzisz wieczność w raju Wysp Błogosławionych (w późniejszej myśli greckiej Pola Elizejski zostały poszerzone o zwykłych śmiertelników, którzy prowadzili cnotliwe życie, więc Wyspy Błogosławione stały się jedynie siedzibą półbogów i bohaterów).

Jednak dusza większości zmarłych była nieaktywna, pozostawała czymś w rodzaju pamięci o tym, że kiedyś istnieli, jednak bez żadnych celów i konsekwencji ich działań. Śmierć była postrzegana jako niemożliwy do zaakceptowania koniec życia, tak że Homer wierzył, że najlepszą możliwą egzystencją dla ludzi jest nigdy się nie urodzić lub umrzeć wkrótce po urodzeniu, ponieważ wspaniałość życia nigdy nie zrównoważy ceny śmierci (co ciekawe, uniknięcie Królestwa Hadesa było możliwe w przypadku śmierci bardzo małych dzieci, co oznacza, że zgodnie ze sposobem myślenia Homera nieśmiertelna dusza „wchodzi" w dziecko dopiero jakiś czas po urodzeniu) [5].

Podejście Homera było dokładnie przeciwne do konkluzji Enkidu, że życie, którym żył, było warte ceny śmierci (oraz wiedzy o starzeniu się i śmierci, której nie miał jako „dziki" człowiek) oraz spostrzeżenia Gilgamesza, kiedy zobaczył wielkie mury swojego miasta i opowiadał o swoich czynach i zrozumiał, że jego ziemskie osiągnięcia były warte wiedzy o nieuniknionej śmierci; dla Homera tak nie było. Dominowało uczucie beznadziejności i pogląd, że bez względu na to, co osiągniesz w życiu, przynajmniej w przypadku zwykłego człowieka (a nie półboga czy bohatera), wszystko to nic nie znaczy po twojej śmierci.

Jednym z oczywistych rozwiązań, o których już wspomniano, było otwarcie Pól Elizejskich na zwykłych (ale przykładnych) ludzi, aby dać im nadzieję, ale ta nadzieja została lepiej rozwinięta przez chrześcijaństwo. W rzeczywistości pod koniec okresu archaicznego, zanim zapanowało chrześcijaństwo, niewielu Greków wierzyło w starożytne poglądy na życie pozagrobowe – chociaż w okresie hellenistycznym większość wkładała w usta zmarłych monety przeznaczone dla Charona, ale prawdopodobnie działo się tak jedynie ze względu na rozpowszechniony przesąd, że duchy zmarłych, zwłaszcza niepogrzebanych lub pozostające po tej stronie rzeki Styks z powodu braku monety dla Charona, mogą powrócić do świata żywych jako upiory i dążyć do zemsty na ludziach (lub nawet całych miastach), których postrzegali jako sprawców ich krzywdy lub po prostu wiedli bardziej dostatnie życie.

Ludzie używali ziół i amuletów do odpędzania duchów, a w niektórych przypadkach używali magicznych talizmanów, aby przyzywać duchy do wykorzystania przeciwko innym ludziom. Duchy przeważnie nie lubią być wzywane, więc często próbowano przyzywać duchy tych, którzy żyli krótko (przypuszczano, że może będą bardziej chętni by ponownie zobaczyć świat żywych?). Ale jedyną grecką innowacją, która dostarczyła materiału dla późniejszych religii, były kulty misteryjne, które zapewniły swoim członkom miejsce na Łąkach Asfodelowych, aby mogli spędzić wieczność na otwartych polach, śpiewając i tańcząc, podczas gdy nie-członkowie mieliby pełzać w błocie. Nawet wtedy słabość tego rozwiązania była oczywista i zauważalna; podczas gdy, nienależący do kultu wielcy ludzie czołgali się w bagnie, znacznie gorsi od nich mogliby cieszyć się wszystkimi rajskimi przyjemnościami. Oczywiście ten sam argument odnosi się do każdej religii, która pozwala tylko swoim członkom wejść do raju.

Idea nieśmiertelnej duszy była już obecna w filozofii Platona — istnieją współcześni matematycy, którzy nadal wierzą w abstrakcyjny „świat idei" Platona i zamiast tworzyć matematykę, wkraczają do tego świata, by odkryć matematykę już tam obecną (to, co znamy jako „okrąg" jest niedoskonałym przedstawieniem idei „prawdziwego" okręgu). W ten sam sposób dusza istniała w świecie idei przed naszymi narodzinami i będzie nadal istnieć po naszej śmierci, na zawsze. Kiedy umrzemy, „nasza" dusza zostaje uwolniona i jest nieśmiertelna, a po krótkim odpoczynku wejdzie do innego ciała.

To właśnie połączenie religii Hebrajczyków, zoroastryjskich Persów i hellenistycznych Greków stworzyło większość obecnie akceptowanego kształtu religii chrześcijańskiej, przy czym późniejsi Grecy odrzucali twierdzenie Jezusa o zmartwychwstaniu ciał fizycznych (zgodnie z hebrajską ideą, że dusza [lub „oddech"] była śmiertelna i rozpraszała się jak dym wraz ze śmiercią ciała) i zastąpili je bardziej wyrafinowaną „nieśmiertelną" duszą, która opuszcza ciało po śmierci, ponieważ nigdy nie umiera, a następnie rozpoczyna wieczne tortury lub wieczna błogość.

Platon tworzył w czasach, gdy wśród Greków panowała taka sama opinia, jak wśród Hebrajczyków, że dusza nie istnieje po śmierci, lecz umiera wraz z ciałem. Mimo to wierzył, choć nie widzę dla tego usprawiedliwienia, że to, co samo siebie porusza, jest nieśmiertelne, i że dusza jest właśnie takim czynnikiem ruchu i życia. Uważał, że dusza jest nienamacalną, ale zrozumiałą „formą" jak „piękno" i „sprawiedliwość" i podobnie jak one jest niezniszczalna (czy „piękno" i „sprawiedliwość" są samo ożywiające się?).

Z pewnością to, co grecka inteligencja zrobiła z uproszczonym hebrajskim pojęciem śmierci jako końca życia, sprawiło, że była to o wiele bardziej akceptowalna i zrozumiała odpowiedź na istnienie po śmierci niż „zmartwychwstanie" (Co miałoby podlegać „zmartwychwstaniu"? Czy konieczne byłyby kości [lub chociaż DNA], na podstawie których można by odbudować człowieka?). Poza tym był to pogląd dominujący w starożytności, „udoskonalony" przez sławne na całym świecie (całkowicie słusznie) greckie umysły.

Nie rozumiem jednak, na podstawie jakiego „autorytetu" pogląd, który jest sprzeczny z tym, co Jezus (który otrzymał swój autorytet bezpośrednio od Boga — przynajmniej przypuszczam, że każdy wierzący się na to zgodzi) mówi o śmierci, czyli wierzenia greckich filozofów o duszach nieśmiertelnych został wprowadzony przez Kościół. Musimy pamiętać jeden fakt o starożytnych Grekach: ich wielcy filozofowie, Platon i Arystoteles, przez prawie półtora tysiąca lat kształtowali poglądy Kościoła katolickiego w sprawach świeckich, jako najwyższe autorytety od spraw świata fizycznego, ale mimo całej wspaniałości ich rozumowania, wciąż nawiązywali do greckiej koncepcji, że świat można zrozumieć przez czystą myśl; ale tak nie jest.

Rzymianie

Rzymskie podziemie, opisane w *Eneidzie Wergiliusza*, jest odwzorowaniem zaświatów Greków, z Plutonem zastępując Hadesa, ale także ze zmianą jego reputacji. Hadesa – nielubianego przez bogów i ludzi, do którego modlono się tylko o to, by przynieść śmierć wrogom — zmieniono w czasach rzymskich w Plutona (Boga Podziemi), który miał bardziej pozytywny wizerunek. Podobnie czczono Prozerpinę (rzymski odpowiednik Persefony, królowej podziemi) i Merkurego (rzymski odpowiednik greckiego Hermesa — podobnie jak Hermes prowadził dusze zmarłych do Zaświatów, gdzie, z przewoźnikiem Charonem, miały przeprawić się przez rzekę Styks, w kierunku królestwa Hadesa).

W mitologii greckiej zmarłym pozwalano przedostać się do Zaświatów tylko wtedy, gdy zostali właściwie pochowani, a pod językiem mieli monetę, aby zapłacić Charonowi za przewiezienie (więc biorąc pod uwagę liczbę zmarłych i nawet zakładając jedną drachmę na osobę za podróż — pamiętając, że ci, którzy są przeznaczeni na Wyspy Błogosławionych, muszą odbyć trzy podróże — to wychodzi całkiem sporo pieniędzy i można się zastanawiać, na co wydaje je Charon). Jeśli chodzi o Rzymian, zmarli dołączyli do grupy semibóstw (jako że kult przodków był powszechny) znanych jako Many; zatem wydaje się, że królestwo Plutona nie było aż tak złym miejscem.

Jednak rządzące elity, podobnie jak w Egipcie, uzyskały dla siebie boskość! Taki status został nadany pośmiertnie cesarzowi Juliuszowi Cezarowi, a następnie, w celu ułagodzenia, Kaliguli (znanemu ze swoich ekscesów i okrucieństw) oraz Kommodusowi, synowi genialnego cesarza-filozofa Marka Aureliusza — synowi, który podobno go zabił (jak przedstawiono to w filmie *Gladiator*). Jakoś nie sądzę, żeby ta boskość przysporzyła któremukolwiek z nich choć trochę względów w Zaświatach lub na Górze Olimp.

Ponadto, kiedy Rzymianie modlili się do swoich bogów, nie przypominało to modlitw z religii „opartych na duszy", takich jak chrześcijaństwo czy islam, gdzie ludzie modlą się o wejście do nieba, prosili raczej o przyziemne sprawy (co nie jest rzadkością wśród członków wszystkich religii), takie jak dobrobyt, miłość, sukces, szczęście; to czego wszyscy pragniemy, przełożone z życzeń na modlitwy.

Idea Zaświatów była dla większości mglista i wątpliwa; rzymska szkoła filozofii epikurejskiej nauczała, że nie ma życia po śmierci i że bogowie nie ingerują w ludzkie sprawy, ale prowadzą ciche i spokojne życie, które powinniśmy naśladować — pozbywając się strachu, niepokoju i pożądania. Pod wieloma względami filozofia ta przypomina słowa Bhagawadgity („Pieśń Boga"), jednego z najstarszych tekstów religijnych jak również koncepcje znane z buddyzmu.

„Gita" może uchodzić za coś na kształt hinduskiej „Biblii" (choć w tej kulturze istnieje wiele „świętych" ksiąg). Opisuje każdą żywą istotę jako tymczasowe połączenie atomów, które spotykają się i rozdzielają. Dusza jest mniejsza niż atom; ale jeśli ateiści mają rację — jak mówi awatar Wisznu, woźnica księcia, w swoich filozoficznych dyskusjach na temat rzeczywistość — nawet jeśli nie ma nieśmiertelnej duszy, nadal nie ma się czego obawiać: zaczynasz jako nic i kończysz jako nic.

Według kosmologów wszyscy byliśmy niczym od początku wszechświata aż do kosmicznej sekundy temu, a ja nie byłem ani trochę znudzony przez te 13,7 miliarda lat, ty chyba też nie? Zgadza się że jest różnica między nie narodzinami a śmiercią — ale czy tak na prawdę jest? Pamiętam, jak poszedłem na zabieg medyczny i dostałem propofol (popularny środek uspokajający); Zapytałem, kiedy rozpocznie się procedura, i powiedziano mi, że to już koniec. Nie miałam najmniejszego poczucia, że czas minął, a gdybym się nigdy nie obudził…? Jeśli nasz E5 (więcej o tym później) pozwoli ci żyć milion lat, nie zmniejszy to wieczności, którą spędzisz martwy nawet o jedną jotę.

Inni Rzymianie przyjęli filozofię stoików, która koncentrowała się na prawym życiu, z bogami jako przykładami, chociaż wydaje mi się, że rzymscy bogowie nie byliby dobrymi wzorcami dla moich dzieci. Najwybitniejszym ze stoików (choć nie wiadomo, czy do końca zadeklarowanym) był rzymski cesarz Marek Aureliusz, którego *Rozmyślania* (nigdy nieprzeznaczone dla publiczności) są powszechnie czytywane i cytowane do dziś.

Dla Rzymian, jeśli chodzi o śmierć, to dusza była nieśmiertelna, ale podobnie jak w religii hinduskiej, po śmierci przenosiła się do innych ciał. Przypuszczam, że wtedy nie była to już ściśle „twoja" dusza, jak „dusza" Platona — ale abstrakcyjny obiekt, który wchodzi do ciała, aby dać życie lub intelekt — i odchodzi, aby dać je innym. Przypuszczam, że pocieszającym jest wiedzieć, że jakaś część ciebie jest nieśmiertelna — nawet jeśli to nie TY.

Późniejsze chrześcijaństwo

Kościół stał się centrum życia w Europie około 500 roku n.e., a jego panowanie trwało do 1500 roku n.e., kiedy to oświecenie na zawsze zmieniło cywilizację zachodnią. Petrarka (uczony i poeta z wczesnych renesansowych Włoch) nazwał ten okres terminem „Ciemne Wieki" w czasie, gdy to wcześniejsze cywilizacje rzymskie i greckie były uważane za „Ciemne Wieki" z powodu braku chrześcijaństwa. Użył on określenia „Ciemne Wieki" dla tych 900 lat, które minęły od końca Cesarstwa Rzymskiego, z powodu utraty przez Europę osiągnięć starożytnych w sztuce i nauce. To Petrarka i inni poszukiwacze ukrytej wiedzy zapoczątkowali renesans, a ostatecznie oświecenie.

Czym więc był ten chrześcijański świat, który zdominował Europę (to jest nasz główny obszar zainteresowań, ponieważ tam zaczęło się oświecenie, o którym będę mówić dalej)? Przez wiele stuleci rządziła nim światopogląd Kościoła, najpierw filozofia platońska, a potem filozofia arystotelesowska. Wspólna dla obu była dusza nieśmiertelna, użyteczne narzędzie wymyślone przez greckich filozofów, aby zastąpić logicznie niemożliwą ideę „zmartwychwstania" bardziej wiarygodną i intuicyjną ideą nieśmiertelnej duszy. I to nie duszy jedynie nieśmiertelnej, ale takiej, która natychmiast trafiała do Nieba, Piekła, Otchłani (dla niemowląt i nieochrzczonych) lub Czyśćca (dla tych, którzy otrzymywali szansę „poprawy").

Według Dantego w czyśćcu (jego wizja *czyścica* nigdy nie osiągnęła popularności jego obrazu *piekła* — oba te miejsca opisał w *Boskiej komedii*) były dość nieciekawe zadania do wykonania, takie jak chociażby bieganie do utraty tchu przez setki lat; to było dość nudne. W *Boskiej komedii* Dante (był on również głównym bohaterem tego dzieła) miał jako swojego przewodnika ducha kobiety, która odrzuciła go na Ziemi, ostatecznie zabierając go do najwyższych Niebios, gdzie przebywała. Co ciekawe, wydaje się, że motywacją Dantego był seks – a dokładniej miłość do kogoś, kogo cechy sobie wyobraził (gdyż prawdziwa kobieta, która go zainspirowała, była mężatką, miała dzieci i wiodła normalne ludzkie życie).

To, co naprawdę ma znaczenie, to to, że dla chrześcijan z Ciemnych Wieków lub nawet późnego średniowiecza — chociaż nie była to kultura statyczna, pozbawiona rozwoju — podstawowym założeniem było to, że życie na Ziemi nie miało żadnego rzeczywistego znaczenia, z wyjątkiem przejścia testu, na podstawie którego można będzie określić twoje miejsce w życiu pozagrobowym. O to właśnie chodziło w życiu. Było jedynie sprawdzianem, który jedynie dla niewielu, wydawał się możliwy do zdania, a większość nie mogło spać po nocach, przerażona nadchodzącym piekłem.

Jak kaznodzieje wciąż nawołują do swojej trzody, to obecne życie jest tylko mgnieniem oka w stosunku do czekającej wieczności, jest jedynie „przemijającym cieniem", a nas wszystkich ma czekać „wieczność", w błogości lub męce. Dla mnie to obecne życie jest jedynym życiem, jakie znamy na pewno i uważam, że możemy je maksymalnie wydłużyć. Czy cud musi pochodzić od wielkiego starca na niebie, czy może być zesłany przez naukowców, którzy w końcu rozwiązali zagadkę starzenia się? Jak zobaczymy, będzie to ta druga opcja; beznadziejna wizja życia i śmierci akceptowana przez większość naukowców jest błędna.

Dla natury życie jednostki nie jest ważne, liczy się tylko przetrwanie gatunku, przy czym jednostki rodzą się, aby zastąpić tych, którzy umierają; jak liść jest zrzucany przez drzewo, aby mogło ono zachować życie, tak jednostka umiera, aby gatunek mógł prosperować. Ale w przeciwieństwie do liści spadających z drzew, proces starzenia się jest odwracalny.

Ostateczny biblijny sen o nieśmiertelnej ludzkości na Ziemi i w Niebiosach ma sens, gdy zdamy sobie sprawę, że „Niebiosa" są po prostu wszechświatem, którego jesteśmy częścią. A nowo odkryta zdolność odmładzania całych organizmów zwierząt (w tym, jak sądzę, ludzi) daje nam potencjał bardzo długiego życia potrzebnego na utworzenie galaktycznej cywilizacji wykraczającej daleko poza wyobrażeniem starożytnych. Kiedy Biblia mówi nam, że Bóg powiedział: „Bo myśli moje nie są myślami waszymi ani wasze drogi moimi drogami ... Bo jak niebiosa górują nad ziemią, tak drogi moje — nad waszymi drogami i myśli moje — nad myślami waszymi", musimy zdać sobie sprawę, że to samo mógłby powiedzieć współczesny programista komputerowy do starożytnego proroka.

Inne religie

Podobnie jak w judaizmie, chrześcijaństwie i islamie (trzy wiary abrahamowe), religia hinduska również ostatecznie wyznaje wiarę w Najwyższego Boga (Krysznę, zgodnie z Bhagawadgitą lub Wisznu, którego Kryszna jest ósmym awatarem).

W hinduizmie dusza indywidualna wędruje zgodnie ze swoją karmą (jej intencją i czynami oraz ich konsekwencjami), wznosząc się do poziomu bogów lub opadając do poziomu owadów, gdy śmierć zmusza ją do przejścia do nowej formy w swojej ewolucji, aby ponownie dołączyć do uniwersalnego umysłu, „Atmana". Ta „dusza" nie pamięta swoich poprzednich żywotów; wydaje się jednak, że ewoluuje, uczy się. Dusza jest nieśmiertelna i wędruje, ewoluując do coraz wyższych form, aż osiągnie najwyższą postać i opuści „krąg życia, śmierci i odrodzenia". Połączenie z Bóstwem (Atmanem) jest ostatecznym uwolnieniem. W hinduizmie stan ten nazywa się „moksza", a w buddyzmie „nirwana" i „satori". W tego rodzaju „nieśmiertelności" dusza nie jest ani ciałem, ani umysłem, nie jest też kontynuacją osobistej świadomości, ale obiecuje coś wyższego, połączenie z uniwersalnym umysłem, aby stać się jednym ze wszystkimi.

Ludzkość zawsze dążyła do przyłączenia się do czegoś lub kogoś większego od siebie, czy to do aniołów, czy do kosmitów. Zatem poszukiwanie fizycznej nieśmiertelności w takiej kulturze prawdziwych wierzących byłoby po prostu odwróceniem uwagi, przeszkodą w rozwoju duchowym. Dla prawdziwie wierzących w tradycji abrahamowej, dobry człowiek powinien (ale nie z tych samych powodów co u Homera) cieszyć się jak najkrótszym życiem, ponieważ dalsze przebywanie w tym surowym i grzesznym świecie jedynie opóźnia uzyskanie prawdziwej „nagrody", a nawet może prowadzić do jej utracenia.

Prawdę mówiąc, atrakcyjność późniejszego średniowiecznego Kościoła była konsekwencją strachu przed wiecznym potępieniem, przed piekłem ohydnych mąk (jak malowali lub opisali Breughel, Bosch i Dante), gdzie życie wieczne było przeciwieństwem pocieszenia. Z tego powodu wierzący, wszyscy w wielkim strachu przed piekłem, spędzali całe noce na pokucie, umartwiając samych siebie. Wierni byli tak przekonani o prawdziwości życia pozagrobowego, że wielu z nich było gotowych oddać swoje życie (i życie innych), aby ubiegać się o nagrodę (często nawet dla całej swojej rodziny — wydaje się, że istniał mit, że można uzyskać lepsze miejsce w Niebie, jeśli jesteś „męczennikiem").

Zmartwienie Homera, że życie jest krótkie, a śmierć (jak wyobrażano sobie nudny Podziemny Świat Greków) nieskończenie długa i nużąca, został rozwiązany przez uczynienie śmierci przejściem do lepszego świata. To wciąż pozostawiało dwa problemy: piekło i wieczne cierpienie, jeśli mocno zgrzeszyłeś (utrzymując większość ludzi, którzy są przynajmniej okazjonalnymi grzesznikami, w ciągłym strachu) oraz „wiarę", potrzebę „unikania krytycznego myślenia", tak że trzeba było wierzyć w abstrakcyjne, ale rozbudowane życie pozagrobowe, bez dowodu innego niż słowa „autorytetów".

Nie wierzę jednak, by którykolwiek z tych „autorytetów" odwiedził Niebo, Czyściec lub Piekło. Poeta Dante zrobił to, ale tylko w wyobraźni i tylko po to, by wygłaszać polityczne oświadczenia o przyjaciołach i wrogach oraz zademonstrować swoje dozgonne oddanie kobiecie, która nim wzgardziła (Beatrycze Portinari) i poślubiła innego. Pamiętajmy, że Grecy mieli specjalne miejsce w Hadesie dla tych, którzy zmarnowali swoje życie w pogoni za nieodwzajemnioną miłością — Pola Płaczu. W przypadku Dantego nieodwzajemniona miłość jest motywacją do samodoskonalenia, bycia, w końcu, okazać się godnym tej miłości. Oczywiście wydaje mi się, że miłość

Dantego do Beatrycze (która prowadzi Dantego przez Niebo) jest substytutem miłości do Boga. Trochę trudno jest pokochać abstrakcyjną (i być może nieistniejącą) istotę, chyba że przez Jego (Jezus nazywa Boga „Ojcem", a nie „Matką") stworzenie, a Beatrycze była Jego najwspanialszym i najbardziej wzorowym produktem, przynajmniej w oczach Dantego.

„Wieki Ciemne"

Dla mnie było kilka „Wieków Ciemnych" — takich jak upadek cywilizacji mykeńskiej na skutek najazdu Ludzi Morza, upadek cywilizacji greckiej spowodowany przez Rzymian i upadek Imperium Fatymidów w Hiszpanii, które składało się z Żydów, chrześcijan i muzułmanów pracujących razem, aby zrozumieć świat, i stanęło w obliczu inwazji ignoranckich i bigoteryjnych Maurów z północno-zachodniej Afryki, którzy przybyli, aby przypieczętować los tej cywilizacji. Ta fanatycznie fundamentalistyczna i ignorancka sekta muzułmańska oddzieliła narody muzułmańskie i niemuzułmańskie i zniszczyła ich harmonię, zastępując tolerancję skrajnymi uprzedzeniami i powodując śmierć tego wschodzącego ośrodka ludzkiej kreatywności i zrozumienia.

Innym przykładem jest upadek szalenie kreatywnej Republiki Weimarskiej w Niemczech. Również Aleksandria (Egipt) była niegdyś jednym z największych miast świata, w którym Żydzi, chrześcijanie i poganie żyli harmonijnie przez wieki, tworząc bogatą i zróżnicowaną kulturę — dopóki, ponownie, religia nie została wykorzystana do rozdzielenia ludzi i zapoczątkowania kolejnego ciemnego wieku.

Nawet teraz widzimy fanatyków, którzy jako swoją misję widzą zniszczenie z trudem zdobytej wiedzy, odrzucających naukę, ponieważ koliduje ona z ich przekonaniami. W prawie wszystkich przypadkach te „Ciemne Wieki" były epokami, w których autorytet i ortodoksja zabraniały swobody myśli tak bardzo, jak tylko mogły, ograniczając wolność wypowiedzi. Wyrażanie poglądów innych niż poglądy władz było herezją i podlegało karze tortur i śmierci.

Na przykład, opus magnum Mikołaja Kopernika (*De revolutionibus orbium coelestium* — „O obrotach sfer niebieskich"), książka, która sprzeciwiała się nauczaniu Kościoła (chociaż sam Kopernik był wysokim urzędnikiem kościelnym), przyjmując Słońce, a nie Ziemię za centrum „wszechświat" została opublikowany dopiero po jego śmierci, a ponadto z zastrzeżeniem we wstępie, że jego system oparty na centralnym Słońcu był tylko modelem matematycznym służącym do ułatwienia obliczeń. Jednak obliczenia uzyskane przy użyciu systemu heliocentrycznego są w rzeczywistości znacznie gorsze niż 1500-letni *Almagest* Ptolemeusza, błędem było zakładanie, że orbity planet są idealnymi okręgami, jak powszechnie uważano, a nie elipsami, którymi w rzeczywistości są. Jednak Galileusz był świadom pism Kopernika, a później udowodnił ich słuszność, pokazując swoim udoskonalonym teleskopem, że Wenus ma fazy, jak księżyc, a tym samym okrąża Słońce.

Chrześcijanie zaczynali w niewielkiej liczbie w Rzymie i byli traktowani z podejrzliwością. Niektóre z ich rytuałów dla Rzymian pachniały kanibalizmem, niektóre kazirodztwem, więc kiedy Wielki Pożar zniszczył duże obszary Rzymu w 64 roku n.e., cesarz Neron nie zwlekał ni chwili, by oskarżyć, aresztować, torturować i zabijać chrześcijan. Polecił palić ich jako żywe pochodnie, aby oświetlić swoje przyjęcia, innym zaś razem kazał rzucać ich psom na pożarcie. Jednak w Rzymie było wielu niewolników, ludzi skrajnie ubogich oraz żołnierzy i to wśród tych mieszkańców nowa religia błyskawicznie się rozprzestrzeniła.

W 313 roku n.e. cesarz Konstantyn zalegalizował chrześcijaństwo. Stało się to pod wpływem wizji krzyża jakiej doznał przed wygraniem bitwy z rywalem do tronu Maksencjuszem. Świecącemu na niebie krzyżowi towarzyszyły słowa *In hoc signo vinces*, „w tym znaku zwyciężamy. Wydając edykt mediolański, dał on Rzymianom całkowitą wolność religijną (Podobno sam Konstantyn na łożu śmierci nawrócił się na chrześcijaństwo, chociaż do końca pozostał Pontifexem Maximusem, przywódcą pogańskiej religii rzymskiej), a siedem dekad później Teodozjusz I uczynił chrześcijaństwo oficjalną religią Cesarstwa Rzymskiego.

Ale zamiast zwierzchnictwa religii nad państwem, to władza przejęła kontrolę nad religią. Wydano dekret, że Ojciec, Syn i Duch Święty są uznani równymi (decyzja ta została podjęta przez triumwirat władców, Teodozjusza I, Gracjana i Walentyniana II, również mających równorzędne pozycje). Ci „głupi szaleńcy" (jak stwierdził triumwirat), którzy nie akceptowali tych zasad – jak czyniło wielu chrześcijan – mieli zostać ukarani przez cesarza, w wyznaczony przez niego sposób. W 385 roku n.e. miała miejsce egzekucja Pryscyliana, biskupa ascetycznej formy chrześcijaństwa, uważanego za heretyka.

W tym momencie chrześcijaństwo przekształciło się z religii opartej na objawieniach Jezusa i pobożności jego uczniów w oficjalny organ państwa.

Kiedy rządzące elity decydują o doktrynach religijnych, te doktryny będą miały tendencję do zachowania ich przywilejów (tak przypuszczam). I chociaż Rzym podupadał, nie pomogły mu fale imigracji „barbarzyńców", Gotów i Alanów (naród północno irański, ich nazwa to dialektalna forma „aryjczyków" [szlachty], byli wysokimi blondynami), którzy zostali zepchnięci za Ren przez szalejących Hunów — lud Azji Środkowej, który podbił znaczną część świata, ale pozostawił po sobie niewiele poza imieniem swojego władcy, Attyli. Z języka huńskiego pozostały tylko trzy słowa, a jedno z nich może mieć pochodzenie alańskie (Hunowie byli kolejnym ludem irańskim).

W żadnym wypadku nie będę rozważał wpływu filozofii azjatyckich, takich jak buddyzm (Hindusi nazywają buddystów „ateistami"), który poza „kultami misteryjnymi", jak buddyzm Hinajany, nie wspomina o życiu po śmierci i skupia się na wielbieniu ziemskiego życia, bez gwarancji istnienia po śmierci.

Podczas gdy w Indiach życie pozagrobowe było bogato wyobrażane, z milionami bogów i istot nadprzyrodzonych, Chińczycy w ogóle nie wierzyli w zaświaty ani w trwałość życia po śmierci. Ich starania, podobnie jak nasze, skupiały się na przedłużaniu życia. Żeń-szeń i traganek to dwa najbardziej znane „wydłużające życie" leki z chińskiej farmakopei, jednak dzięki ich stosowaniu nie odnotowano żadnych oficjalnych rekordów długowieczności. Medycyna chińska opiera się na zachowaniu równowagi przeciwstawnych sił yin i yang w celu utrzymania zdrowia. Ta „teoria" starzenia się (lub chorób) w praktyce nie miała znaczącego wpływu na długość życia.

Religia jest sposobem na zrozumienie świata i wpływanie na niego. Kasta kapłańska rozwinęła się we wszystkich społeczeństwach, czy to szamanów, w społeczeństwach prymitywnych, czy kapłanów w społeczeństwie średniowiecznym, czy naukowców w dzisiejszym społeczeństwie, ponieważ wydaje się, że próba zrozumienia i kontrolowania natury za pomocą ludzkiej inteligencji jest cechą wszystkich współczesnych narodów. Jednak każda instytucja ludzka jest założona przez ludzi i z nich się składa, a zatem podlega mocnym i słabym stronom ludzkiego charakteru – osobiste pragnienia władzy, bogactwa, wpływów i dziedzictwa, mają znaczący wpływ na te instytucje i w związku z tym mogą one podlegać stagnacji i zgniliźnie, jeśli egoistyczne ludzkie autorytety, a nie dowody, rozum i umiejętność uczenia się z doświadczenia, decydują o tym, co jest dobre, a co złe. Gdy władze uznają za fakt to, co nie jest słuszne, wówczas postęp jest blokowany, dopóki takie nieprawdy nie zostaną obalone, a żeby tak się stało to musza być zwalczane przez potężne elity, które to jako pierwsze zdecydowały o wprowadzeniu tych „faktów" do oficjalnego kanonu.

„Średniowiecze" to czas, w którym Kościół (Święty Kościół Rzymsko-katolicki) rządził Europą; mocą ekskomuniki papież, „król" Kościoła (gdyż kardynałowie nazywani są „książętami Kościoła"), mógł rzucić wszystkich królów na kolana. Podczas gdy „średniowiecze" trwało od V do XV wieku, „ciemnymi wiekami" zwykle określa się tylko jego część do X wieku. Później wystąpiły zdarzenia, które doprowadziły do oświecenia i powrotu do poszukiwania wiedzy wykraczającej poza Biblię i nauki Ojców Kościoła.

Jednak ludzkość nie zmieniła się wraz z oświeceniem, ani nie wszyscy doznali oświecenia (co wyraźnie widać w nagłówkach wiadomości, nawet dzisiaj). Nawet postoświeceniowy system naukowy składa się z mężczyzn i kobiet, z tymi samymi ludzkimi słabościami, które wpływają na wszelkie nowe przedsięwzięcia (obecnie całe biznesy) naukowe, jako że to elity, a nie rozum i dowody, ukształtowały współczesną naukę.

Dość dobrze rozumiana i przewidywalna nauka, taka jak fizyka, może polegać na wielu „teoriach", ponieważ są to teorie naukowe. Różni się to od tego, co nazywamy teoriami w potocznym języku. Teoria jest nadrzędnym wyjaśnieniem wielu potwierdzonych hipotez. Oznacza to, że teoria grawitacji jest teorią, ponieważ wyjaśnia drogę śnieżnej kuli lub orbity planety lub dlaczego rośliny rosną w górę i w dół. Obecne teorie starzenia się nie są teoriami w tym sensie, ponieważ nie przewidują nic lub bardzo niewiele i mają znikome znaczenie dla kogoś takiego jak ja, który szuka nieśmiertelności, a nie tylko przedłużonej starości. Wierzę, że znalazłem rozwiązanie, a przynajmniej pierwsze skuteczne rozwiązanie problemu starzenia się i pokażę wam później kilka ekscytujących dowodów — ale zanim do tego dojdziemy, porozmawiajmy trochę o fizycznych podstawach życia — ponieważ to ostatecznie determinuje śmierć organizmu.

2

Czym jest „życie"?

„Tym, co napędza życie, jest zatem niewielki prąd elektryczny, wytwarzany przez światło słoneczne".

Albert Szent-Györgyi
(węgierski biochemik i laureat Nagrody Nobla)

Czym jest „życie"? Tak naprawdę nie jest to pytanie „filozoficzne" — nie kwestionuję sensu życia; cóż, zapewne dla mnie ma ono inne znaczenie niż dla Ciebie i dla reszty natury. Jako biolog wiem, że jednym z celów każdego członka gatunku jest rozmnażanie się lub pomoc w rozmnażaniu w celu utrzymania liczebności gatunku (niekoniecznie każdy osobnik rozmnaża się; u wielu gatunków zwierząt, takich jak mrówki czy pszczoły, reproduktorzy stanowią niewielką część populacji). Miarą sukcesu w świecie biologicznym jest przetrwanie nie jednostki, lecz gatunku; na przestrzeni dziejów do istnienia zostało powołanych wiele gatunków, ale niewiele z nich przetrwalo do dziś.

Tak więc dla każdego gatunku reprodukcja jest podstawowym celem, ponieważ bez niej nie ma życia. Zatem jednym z celów życia jest powielenie samego siebie. Historia życia na Ziemi mówi nam, że kolejnym priorytetem jest, aby życie zajmowało wszystkie dostępne nisze, a tym samym tworzyło własne nisze (siedliska i zachowania).

Życie to proces, który zachodzi jedynie u organizmów biologicznych, ale jak opisałbyś jego istotę? Powielanie jest czasem jego częścią, ale może wystąpić z nim lub bez niego — więc jak to się dzieje? Prosta odpowiedź jest taka, że żywy organizm pobiera materię i energię ze środowiska, aby utrzymać działanie swoich składników i dalej się rozwijać. Aby osiągnąć te cele, potrzebne są źródła energii i materii. Źródła materii są oczywiste dla zwierząt: to żywność.

Wszystko składa się z materii, w postaci atomów, które same składają się z *protonów* (cząstek naładowanych dodatnio) i cząstek o tej samej masie, ale neutralnych *neutronów* (oba rodzaje tworzą jądro atomu), otoczonych odpowiednią liczbą *elektronów* (cząstek naładowanych ujemnie) równą liczbie protonów. Liczba protonów to „liczba atomowa" danego pierwiastka — określa jego rodzaj, czy jest to atom węgla, żelaza, tlenu itd. Atom ma wystarczająco dużo neutronów, aby ustabilizować jądro, ponieważ wszystkie protony są naładowane dodatnio (więc naturalnie się odpychają — jądro byłoby niestabilne, gdyby oddziaływania potężniejsze niż siła elektromagnetyczna nie trzymały go razem).

Mimo to istnieje wiele niestabilnych izotopów atomowych (atomy o tej samej liczbie atomowej, ale różnej liczbie neutronów) i takie jądra mogą rozpaść się w nieprzewidywalny sposób (dający się określić jedynie statystycznie) i w nieprzewidywalnym czasie (znamy tylko rozkład prawdopodobieństwa). Tak więc, jeśli izotop ma okres półtrwania wynoszący 12 lat (tak jak tryt), to statystycznie ulegnie rozpadowi (rozłoży się) o połowę w ciągu 12 lat. Tryt to ciężki izotop wodoru; nazywa się go „trytem", ponieważ ma trzy cząstki w swoim jądrze (dwa neutrony i jeden proton) o liczbie atomowej 1 (co oznacza atom wodoru) i masie atomowej 3 (co oznacza, że oprócz jednego protonu ma dwa neutrony). Jak we wszystkich obojętnych atomach wodoru, jeden elektron krąży wokół jego jądra; do opisania większości interesujących nas procesów potrzebujemy tylko bardzo prostych modeli atomów i cząsteczek (połączonych grup atomów).

Atom, który ma taką samą liczbę ładunków dodatnich (protonów) jak ładunki ujemne (orbitujące elektrony), jest z daleka elektrycznie obojętny. Pomimo faktu, że elektron ma jedną tysięczną masy protonu, niesiony przez niego ładunek elektryczny jest dokładnie równy i przeciwny do ładunku protonu. Ale elektrycznie obojętne atomy nie są jedynymi kombinacjami neutronów, protonów i elektronów, które istnieją dla wielu pierwiastków. Atomy wodoru, które (w większości) składają się z jednego protonu i jednego elektronu, mogą stracić swoje elektrony, jeśli zostaną złapane przez atomy lub cząsteczki o większym powinowactwie elektronowym lub po prostu przez podgrzanie do wystarczająco wysokiej temperatury, aby wybić elektrony z ich orbit.

W takich przypadkach mamy „atom" z liczbą protonów różną od liczby elektronów. Kiedy tak się dzieje, ten atom z ładunkami (dodatnim, z brakującymi elektronami lub ujemnym, z większą liczbą elektronów niż protonów) nazywany jest jonem. Wolny proton, który pozostaje po oderwaniu elektronu od wodoru, nazywa się jonem wodoru (H^+). W przypadku bardziej nieprawdopodobnej i energetycznej formy, gdy pojedynczy proton ma krążące wokół niego dwa elektrony (tj. dwa ujemne ładunki), jest to ujemnie naładowany jon zwany jonem „wodorkowym" (H^-). Oba jony są ważnymi aktorami w naszym dramacie.

Nie myśl jednak, że tylko atomy wodoru mogą stracić lub zyskać elektrony — także jony sodu, potasu, magnezu, wapnia i chloru odgrywają istotną rolę w mechanizmie życia. I nie tylko pojedyncze atomy, ale naładowane grupy atomów, takie jak siarczan (SO_4^{2-}) i octan ($C_2H_3OO^-$) są kluczowe dla procesów życiowych. Jeszcze bardziej energetyczne substancje (o wyższej energii potencjalnej, tj. bardziej niestabilne) powstają w procesach, które omówimy później, gdzie pojedyncze elektrony są „przypadkowo" przekazywane do atomów tlenu lub azotu, tworząc „wolne rodniki", które są wyjątkowo nietrwałe i przekazują swój elektron do dowolnej cząsteczki w pobliżu.

Drugim ważnym składnikiem jest *energia*. Pojęcie to jest trudniejsze do wyjaśnienia, ponieważ jest abstrakcyjne, a jako, że „energia atomowa" nie ma nic wspólnego z procesami życiowymi, przywołamy tylko dwie proste definicje z fizyki „klasycznej":

1. Energia to zdolność do wykonywania pracy.
2. Praca jest równa przyłożonej sile pomnożonej przez odległość, na jakiej ją przykładamy.

Nie takie łatwe? Cóż, pierwsza część definicji wydaje się dość prosta — wszyscy wiemy, czym jest praca; to jest to, czego wolałbyś nie robić, ale robisz to ze względu na wynagrodzenie. I wiesz, że to wymaga energii, ponieważ pod koniec jesteś zmęczony. Ale tutaj definiujemy energię w inny, prostszy i bardziej mierzalny sposób (bo w nauce wszystko opiera się na pomiarach).

Załóżmy więc, że masz dziesięciofuntową (chodzi o wagę, ok. 4,535 kg) książkę leżącą na podłodze i chcesz ją położyć na wąskiej półce pięć stóp (ok. 1,524 m) nad ziemią. Podniesienie tej książki z podłogi w rzeczywistości wymaga nieco więcej niż dziesięciu funtów siły, ponieważ przyspieszasz książkę od prędkości zerowej, gdy jest na podłodze, do pewnej prędkości większej niż zero, gdy porusza się on w górę. Zgodnie z prawami ruchu Newtona (sformułowanymi 400 lat temu!), jeśli przesuwasz książkę w stałym tempie (bez przyspieszenia), nie powinno być żadnej siły wypadkowej. Po początkowym przyspieszeniu, dziesięć funtów siły, które wywierasz w górę, jest dokładnie równe dziesięciu funtom siły (jej ciężaru), jakie książka wywiera w dół. Tak więc wywarłeś około dziesięciu funtów siły na odległości pięciu stóp – i zgodnie z twierdzeniem numer dwa, dziesięć funtów (siła, którą przyłożyłeś) razy pięć stóp (odległość, przez którą przykładałeś tę siłę) równa się 50 funtów-stóp energii (ok. 6,91 kilogramometrów, 67,79 niutonometrów, 67,79 dżula). I to się zgadza.

Teraz kładziemy tę książkę na krawędzi półki, w taki sposób aby po umieszczeniu piórka na jej zewnętrznej krawędzi książka spadła (żadna z tych rzeczy nie ma nic wspólnego z energią, którą zużyliśmy, 50 funtów-stóp, aby umieścić tam książkę). Więc teraz ta energia zużyta na włożenie książki na półkę zniknęła! Wszystko na marne — ale nie na nic! Ponieważ podstawowe prawo energii (sformułowane przed teorią Einsteina, ale wystarczająco dobre dla większości procesów w biologii i chemii) brzmi: energii nie można ani stworzyć, ani jej zniszczyć. Sposób, w jaki fizycy odwołują się do faktu, że nie można tworzyć energii i nie można jej też zniszczyć, jest taki, że energia jest „zachowywana".

Więc teraz mówimy, że te same 50 stóp-funtów pracy (energii), które włożyliśmy na podnoszenie książki, jest nadal przechowywane w tej książce (zgodnie z teorią względności jej masa jest również [niemierzalnie] większa). W tym przypadku energia nie jest widoczna — to „energia potencjalna".

Teraz moim zadaniem będzie skruszenie orzecha włoskiego — również przy pomocy piórka. Chociaż próbuję sto razy zrzucić piórko na orzech, to nić to nie daje (ciężki orzech do zgryzienia). Ale mam pomysł. Kładę orzecha tam, gdzie, jak sądzę, gdy spadnie z półki, wyląduje moja dziesięciofuntowa książka, a potem upuszczam to samo piórko na książkę. Książka natychmiast przechyla się i opada coraz szybciej, aż uderza w łupinę orzecha i rozłupuje ją. Gdybyś mógł zmierzyć całą energię zużytą na rozbicie orzecha, wydanie przy tym głośnego trzaśnięcia i wstrząśnięcie podłogą (oraz delikatnie ścianami i sufitem) i zsumował to wszystko razem — myślę, że już wiesz, że otrzymasz dokładnie 50 funtów.

W całym tym procesie wykorzystano dwa rodzaje energii. Pierwszy rodzaj energii został zastosowany poprzez przesunięcie masywnego obiektu na odległość, więc zawiera w sobie ruch — zerowa odległość, zerowa energia — i nazwiemy go „energią ruchu" lub, bardziej normalnie, energią kinetyczną. Druga to potencjalna forma energii i nie będzie tu zaskoczeniem, że przez większość fizyków, nazywana jest „energią potencjalną".

Kiedy coś podnosisz, przechowujesz potencjalną energię grawitacyjną, ponieważ wykonujesz pracę przeciw „polu" grawitacyjnemu; jeśli spróbujesz zbliżyć do siebie dwa obiekty o tym samym ładunku elektrycznym (pamiętając przy tym, że ładunki odpychają się nawzajem, z siłą, która rośnie, gdy się zbliżają), to również przechowasz energię potencjalną, ponieważ jeśli uwolnisz te dwa naładowane obiekty, które złączyłeś, rozpadną się, zamieniając swoją elektryczną energię potencjalną w energię kinetyczną.

A teraz wyobraź sobie, że masz balon, który nie przepuszcza naładowanych cząstek przez swoje ściany, i napełniłeś go jonami wodoru (H^+). Jak myślisz, co by się stało?

Cóż, ponieważ wszystkie te jony wodorowe są naładowane dodatnio, wszystkie odpychają się od siebie, a balon pęcznieje i pęcznieje — nie pękałby, zapewnilibyśmy to, przynajmniej w normalnych warunkach. Więc naprawdę byłby jak nadmuchany balon, prawda? Gdyby balon miał cienką szyjkę, którą trzymałbyś zaciśniętą, w trakcie gdy balon nabrzmiewał, jak myślisz, co by się stało, gdybyś zwolnił uścisk?

Nie zdziwiłbyś się, gdyby ten balon odskoczył jak balon ze sprężonym powietrzem. Ponownie zamieniłbyś energię, którą dostarczyłeś, aby wtłoczyć te jony wodoru do pojemnika (każdy nowy był trudniejszy do wepchnięcia od poprzedniego, ponieważ wnętrze stawało się bardziej dodatnie i silniej opierało się włożeniu do niego nowego dodatniego ładunku) w energię potencjalną, gdy balon został napełniony i mocno zaciśnięty. Kiedy puścisz szyjkę, zgromadzona energia potencjalna staje się energią ruchu, energią kinetyczną. Gdybyś utrzymał balon w miejscu, kiedy zwolniłeś chwyt, mógłbyś sprawić, by strumień jonów wodoru spowodował obrót wiatraczka, prawda?

To, co właśnie opisałem, to w zasadzie mechanizm, którego bakteria używa do poruszania swojej wici (narządu przypominającego bicz używanego do poruszania się) lub komórki wyższych organizmów — także nasze komórki — wykorzystują do produkcji ATP w swoich mitochondriach. Całe życie działa, jak powiedział wcześniej noblista Albert Szent-Györgyi, na małym prądzie elektrycznym, napędzanym światłem słonecznym (poprzez fotosyntezę). Jednak w przypadku zwierząt i ssaków takich jak my elektrony przepływają od złożonych cząsteczek pokarmu, gdzie mają one wysoką energię potencjalną, do tlenu (w celu wytworzenia wody), gdzie mają one bardzo niską energię potencjalną. Różnica w energii potencjalnej jest przekształcana w użyteczną pracę i bardziej niż bezużyteczną entropię — jednak entropię można odwrócić przez ponowne doprowadzenie energii.

„*Czego nie potrafię stworzyć, tego nie potrafię zrozumieć*".

Znaczenie tego stwierdzenia Richarda Feynmana jest oczywiste. Jeśli rozumiem relacje między długością, gęstością i napięciem na strunie, potrafię zbudować harfę; wtedy może, znając nieco więcej mechaniki, zmienię ją w klawesyn lub fortepian. Ale jeśli nie zrozumiesz tych rzeczy, nigdy nie zbudujesz fortepianu. Na szczęście czasami sprzyja nam los i najpierw „budujemy fortepiany", a potem dowiadujemy się, jak działają — tak to było z elektrycznością (używaną na długo przed odkryciem elektronu) i sądzę, że tak jest w przypadku E5 (czyli preparatu odpowiedzialnego za odmładzanie szczurów w naszym eksperymencie) [1].

Przeprowadźmy więc doświadczenie myślowe i spróbujmy zbudować żywy organizm; aby symulować działanie życia (ale niezbyt szczegółowo), możemy przyjąć każdą metodę uznaną przez obecną technologię jako możliwą lub prawdopodobnie możliwą. Na przykład wykorzystanie robotów do kształtowania metalu w użyteczne części i składania tych części w funkcjonalną strukturę jest już stosowane w zakładach montażu samochodów na całym świecie. Przyjmijmy więc za cel stworzenie mobilnej zautomatyzowanej fabryki produkującej mobilne zautomatyzowane fabryki. Jeśli chodzi o źródło energii, załóżmy, że wykorzystywana będzie energia słoneczna, ponieważ żyjąc na powierzchni Ziemi jesteśmy przyzwyczajeni, że Słońce jest źródłem energii podtrzymującym wszelkie procesy biologiczne na tym terenie, generującym prąd elektronów (elektryczność), na którym opiera się życie. Zasadniczo działamy na bateriach, lub lepiej, na ogniwach paliwowych, takich jak nasze maszyny — przepływ elektronów o wysokiej energii potencjalnej do niższej energii potencjalnej jest źródłem energii życia (u roślin światło słoneczne dostarcza elektrony o wysokiej energii, to fotony ze Słońca powoduje, że wytwarza je chlorofil). Tak więc nasza fabryka produkująca fabryki (która produkuje fabryki, które wytwarzają fabryki) z pewnością mogłaby być zasilana energią słoneczną.

Ponieważ nie wiemy, jak zaczęło się życie, zaczniemy od wstępnie zmontowanej fabryki i całego sprzętu i maszyn potrzebnych do wykonania każdej części — w tym wszystkich instrukcji, jak to zrobić. Teraz pierwszą rzeczą, której potrzebujemy, jest energia, ponieważ bez niej nic się nie porusza. Jak już wspomniano, będziemy wykorzystywać energię słoneczną (obecna technologia ogniw słonecznych zapewnia już wyższy stopień konwersji światła na energię elektryczną niż rośliny). Ponieważ jednak słońce nie świeci przez całą dobę, musimy przechowywać energię potencjalną na chwile, gdy nie ma światła słonecznego (mniej więcej przez połowę czasu). Tak więc będziemy potrzebować systemu magazynowania zbudowanego dla przewidywalnych, codziennych „rytmów dobowych" z zabezpieczeniem na wypadek długotrwałych niedoborów (w przypadku burz i innych zdarzeń zakłócających dostawy energii).

W ciągu dnia, kiedy energia słoneczna zaspokaja potrzeby naszej fabryki, porusza się ona i używa swoich czujników do wykrywania różnych minerałów, których potrzebuje, aby produkować, pobiera te materiały i energię ze środowiska i w razie potrzeby naprawia się. Przechowuje wystarczająco dużo energii, aby gdy nadejdzie noc, mieć wystarczająco dużo zasobów, żeby wyodrębnić, ukształtować i złożyć części potrzebne do zbudowania swojego duplikatu. Jeśli niektóre części się zużyją, ma możliwość wykonania perfekcyjnych duplikatów dowolnego elementu. Z powodu działania sił entropii wytwarza w ciągu dnia dużo ciepła, pozyskując i zużywając energię, a to ciepło (entropia) musi zostać odprowadzone przez wbudowany system klimatyzacji, napędzany przez zmagazynowaną energię. Zanim słońce weszło ponownie, z energią i materiałami, które zgromadziła w ciągu dnia, fabryka zbudowała i zmontowała kolejną fabrykę i wróciła do tego samego stanu, w jakim była rano.

Ten zaproponowany mechanizm wygląda jak bardzo wczesny proces zachodzący w domenach bakterii i archeonów, które dominowały w życiu od około 3,5 miliarda lat temu do około 2,7 miliarda lat temu, kiedy to powstały eukarionty.

Zatrzymajmy się jednak w momencie o około 800 milionów lat wcześniejszym, gdy pojawił się pierwszy, znany nam, żywy organizm, aby zobaczyć życie takim, jakie było wtedy. Nasz model życia, fabryka produkująca fabrykę, nie różni się zbytnio od prawdziwych jednokomórkowych bakterii i archeonów, które BYŁY JEDYNYM życiem przez prawie miliard lat. Nasz model nie powiela błędu, który popełnia wielu biologów starzenia się, że jest konieczność starzenia się, śmierci i ostatecznej kapitulacji życia przed entropią i zatraceniem. W rzeczywistości, odkąd życie po raz pierwszy pojawiło się na planecie, ten pierwszy organizm, który był malutki i nietrwały, jednak o złożoności większej niż wszystko inne na Ziemi, przeciwstawiał się biologicznej interpretacji prawa entropii, nie stał się rzadszym i prostszym, ale bardziej złożonym i rozpowszechnionym. Złożony proces życia obejmuje teraz przemianę materii w formy, które rozwinęły samoświadomość (w tym świadomość własnej śmierci). Żywe istoty urosły i rozprzestrzeniły się, aby zająć każdą sferę, w której energia i materia są wystarczające do ich utrzymania. Gdyby ta interpretacja entropii miała zastosowanie do życia, nic by już nie żyło, ponieważ nawet góry zamieniły się w równiny, jednak organizmy poszły w innym kierunku, ku większej złożoności — uważam, że rozwój złożoności jest naturalnym prawem ewolucji organizmów, ponieważ wraz z każdą istotą, która tworzy dla siebie nową niszę, powstaje kolejna nisza dla innych.

Czego więc brakuje nam w naszej fabryce, co odróżnia ją od najwcześniejszych organizmów żywych? Posiadamy źródło energii oraz powierzchnię magazynową. Wszystko, co potrzebne, wykonujemy na podstawie instrukcji i informacji zwrotnych z otoczenia przekazywanych przez czujniki. Mamy system podstawowy, który będąc systemem otwartym — wymieniającym energię i materię z otoczeniem — nie podlega prawu entropii, które dotyczy układów zamkniętych (niewymieniających materii i energii ze światem zewnętrznym). Jaki może być powód, dla którego taki system umrze? Brak energii (powiedzmy nuklearna zima) lub brak (wyczerpanie) niezbędnych minerałów dostępnych do pozyskania przez naszą fabrykę produkującą fabryki. Jednak inne fabryki będą nadal znajdować i wydobywać minerały i produkować więcej fabryk. Co może zatem powodować starzenie się, jeśli wadliwe części zostaną wymienione, lub „śmierć", jeśli nadal będą dostarczane materiały i energia? Odpowiedź, przynajmniej w przypadku pierwotnych organizmów, takich jak bakterie Gram-dodatnie („proste" struktury, które bardzo przypominają fabryki produkujące fabryki, ponieważ ich jedynym celem jest tworzenie większej ilości samych siebie) brzmi: nic; opisane systemy są nieśmiertelne.

Nasza sztuczna forma życia posiada wszystkie atrybuty organizmu biologicznego — jej informacje, przechowywane na pendrive'ach lub w DNA, są replikowane (ze znacznie większą wiernością w systemach elektronicznych niż podczas rzeczywistej replikacji DNA), ale potencjalnie podlegają zarówno nieumyślnym, jak i celowym zmianom (zmianie programu dla określonych procesów lub środowisk), a więc podlegają „mutacjom". Swoją energię i materię pozyskuje z otoczenia. Poszczególne fabryki mogą zaprzestać produkcji (umrzeć), ale wiele z nich nadal będzie pracowało, replikując się w regionach dysponujących środkami na ich utrzymanie. Jednak poza pechem nie ma innego powodu do starzenia się (które określamy jako uszczerbek lub uszkodzenie) i śmierci.

Jak zobaczymy, ta sztuczna struktura, którą stworzyliśmy, bardzo przypomina w swoim „cyklu życia" proste organizmy z domen prokariotycznych, Bakterii i Archeonów, gdzie śmierć przez starzenie się jest nieznana. Jak więc, dlaczego i gdzie śmierć weszła na scenę życia? Widzieliśmy już, że występowanie uszkodzeń jako następstwo naturalnego procesu entropicznego można przezwyciężyć w systemie otwartym, w którym zarówno energia, jak i masa mogą wejść do wnętrza lub wyjść z układu. Podobnie jak w klimatyzatorze, przenoszącym ciepło z zimnych miejsc do tych o wyższej temperaturze, wkład energii działa przeciwko entropii, która pozwoliłaby ciepłu z gorącego powietrza w końcu przeniknąć do chłodnego pomieszczenia i sprawić, że będzie ono gorące — co byłoby „naturalne" (izolator nie zatrzymuje ciepła przed dostaniem się do pomieszczenia, a jedynie spowalnia ten proces).

W naszym zakładzie produkcyjnym widzieliśmy, że ciepło wytworzone w trakcie funkcjonowania fabryki musi zostać usunięte lub nasza fabryka w końcu przestanie działać. Jednak w systemie otwartym, do którego wnika energia i materia, nie ma problemu z naprawą tego, co jest zepsute, a właściwie ze zmniejszeniem entropii, co ilustruje przykład klimatyzatora. W przeciwieństwie do propozycji „starej szkoły" biologii, że przyczyną śmierci jest entropia, jak „wyjaśnia" w swoim artykule *„Entropia wyjaśnia starzenie się, determinizm genetyczny wyjaśnia długowieczność, a niezdefiniowana terminologia wyjaśnia nieporozumienia w obu przypadkach."* [6] Leonard Hayflick, który jako pierwszy wykazał, że komórki mają ograniczoną liczbę podziałów po czym umierają lub starzeją się. Twierdzenie że starzenie się jest entropią i że choroby wieku podeszłego nie mają nic wspólnego ze starzeniem się, to potwierdzenie niesamowitej arogancji, opartej na niezrozumieniu podstawowych pojęć fizycznych.

W naszym eksperymencie wykazaliśmy, że można odwrócić wiele stanów powodujących choroby związane ze starzeniem się, na przykład zanotowaliśmy duży wzrost siły chwytu zaledwie kilka dni po wstrzyknięciu E5 i jednoczesne zmniejszenie czynników zapalnych do poziomu młodzieńczego (więcej na ten temat później). Ponieważ czynniki zapalne są przypuszczalną przyczyną wielu chorób związanych ze starzeniem się, stany chorobowe od nich zależne powinny także zostać powstrzymane.

Czy zatem nasze „fabryki tworzące fabryki" są tym samym, co żywe organizmy? A Jeśli nie, to dlaczego?

Najpierw kilka słów pochwały dla prawdziwych odpowiedników „robotów", które pracują w naszej fabryce tworzącej fabryki. Działają one jak drukarka 3D, ponieważ mogą wykonać dowolną część, której potrzebujesz lub chcesz — ale są znacznie sprytniejsze niż większość drukarek 3D, mogą zmieniać właściwości wydzielanego materiału, tworząc obiekt trójwymiarowy lub czterowymiarowy. Gdy ten produkt sam coś robi, jak na przykład enzym, który rozbija lub składa określone cząsteczki w zależności od swojego stanu (co zwykle oznacza inny kształt [konformacja]) to realizuje on swoje zadania w wymiarze czasu.

Ten uniwersalny robot generujący części znajduje się we wnętrzu wszystkich żywych istot; jego nazwa to rybosom! Ta maszyna (nie jest żywa) jest karmiona instrukcjami z głównego zestawu receptur zwanego DNA poprzez jednorazową kopię komplementarnego RNA, która jest wysyłana do rybosomów w postaci tak zwanego „informacyjnego RNA" (mRNA). Następnie rybosomy łączą aminokwasy (20 różnych rodzajów) o różnych właściwościach (niektóre są naładowane dodatnio, a inne ujemnie, niektóre wolą olej od wody, inne wodę od oleju, niektóre są aromatyczne [nie martw się, jeśli nie wiesz, co to znaczy, ale „zapach" nie jest ich istotną cechą], niektóre alifatyczne) w białka. Część białek ma charakter strukturalny, jak belki i dźwigary, nakrętki i śruby naszych „fabryk produkujących fabryki", a inne tworzą te „maszyny molekularne", wspomniane wcześniej enzymy, które są jak wyspecjalizowane roboty i czujniki naszych „fabryk".

Co zaskakujące, rybosom składa się z trzech lub czterech dużych cząsteczek RNA, które łączą się w zwarte trójwymiarowe kształty. W prostych organizmach, takich jak bakterie i archeony, do tego szkieletu RNA jest przyłączonych około 50 białek (u eukariontów, takich jak my, około 80 białek, z wyjątkiem rybosomów mitochondrialnych, które bardziej przypominają rybosomy bakteryjne). Co równie zaskakujące, te białka rybosomalne można usunąć, tak że tylko część RNA (na której wszystkie te białka są złożone) będzie katalizować dodawanie aminokwasów do rosnącego łańcucha (polipeptydu), w oparciu o mRNA (*messenger RNA*), aczkolwiek będzie się to działo znacznie wolniej niż w nienaruszonym rybosomie. Ten fakt, wraz z innymi mechanizmami takimi jak rybozymy (enzymy wytwarzane wyłącznie z RNA) i samoreplikujące się introny *, wskazują na możliwość istnienia życia opartego na RNA, które mogło się rozwijać zanim białka stały się budulcem organizmów („Świat RNA”) [7]. Rybosom łączy w całość światy RNA i białek.

Teraz, oczywiście, w realnym świecie istot żywych organizm jest zamknięty w błonie, zarówno po to, by utrzymać to, co niezbędne wewnątrz, jak i to, co wrogie, na zewnątrz. Naturalnie muszą istnieć sposoby, aby energię i materię (składniki odżywcze) wprowadzić do ciała i wszystkich komórek, a odpady usunąć z organizmu i jego komórek. W przypadku komórek realizowane jest to przez błonę komórkową: wieloskładnikową strukturę opartą na podwójnej warstwie cząsteczek tłuszczu z białkami unoszącymi się po zewnętrznej lub wewnętrznej stronie podwójnej błony lub przenikającymi przez obie warstwy (czasem te przenikające białka mają w środku tunele, które przepuszczają tylko właściwy rodzaj cząsteczek do lub z komórki).

Niekiedy te procesy są pasywne, jeśli jest więcej potrzebnych rzeczy poza komórką niż w jej wnętrzu; w tym przypadku „dyfuzja” (naturalny proces, w którym cząsteczki przemieszczają się z obszarów o wyższym stężeniu do tych o niższym [rozprzestrzeniają się]) nazywana jest „dyfuzją ułatwioną”, ponieważ jest ona przyspieszana, „ułatwiana” przez białka, które przez swoje działanie pozwalają tym cząsteczkom wejść. Czasami trzeba zastosować energię, aby zmusić cząsteczki do przeciwdziałania gradientowi stężeń (tj. przechodzenia od obszarów o niskim stężeniu na zewnątrz komórki do wysokiego stężenia wewnątrz komórki) i nazywa się to „transportem aktywnym”. Specjalne białka są wykorzystywane do aktywnego transportu — są one częścią całego systemu przetwarzania tych pozyskanych cząsteczek. Wszystkie te mechanizmy możemy z powodzeniem zasymulować w naszych fabrykach tworzących fabryki.

Wczesne życie

Jak powiedziałem wcześniej, nie będziemy rozważać, jak powstało życie; zgodnie z sugestią Feynmana, że nie zrozumiemy czegoś, dopóki tego nie zbudujemy, a jeszcze nigdy we wszystkich naszych próbach nie stworzyliśmy

---

* Introny to niekodujące regiony transkryptu RNA, lub kodującego go DNA, które są eliminowane przed translacją w trakcie procesu nazywanego splicingiem.

żywej istoty *de novo*. Nadal nie mamy pewności na temat tego, czy najpierw pojawił się metabolizm, czy genetyka: czy sam przepływ energii stworzył te systemy, które korzystały z niego, czy też najpierw pojawiły się cząsteczki z pamięcią („świat RNA"), a później podłączyły się do energii obecnej w środowisku i zaczęły jej używać do swoich własnych celów? Jedno co wiemy na pewno to, że pierwszą żywą istotą była samozorganizowana transmutacja energii środowiskowej i materii, która była w stanie wytwarzać więcej siebie.

Tak więc pierwsze żywe organizmy bardzo przypominały nasze fabryki; nazwano je bakteriami Gram+ (gram-dodatnimi) ze względu na ich grubą warstwę peptydoglikanu (częściowo białka, częściowo węglowodanu), który chroni bakterię przed zmianami ciśnienia osmotycznego (jednak istnieją bakterie zwane mykoplazmami, pozbawione tych grubych ścian komórkowych, w zasadzie nie mają one wcale ściany komórkowej i nadal dobrze sobie radzą), ale nadal pozwala cząsteczkom wejść do środka. Wyściełanie wnętrza tej grubej ściany komórkowej to omawiana wcześniej podwójna membrana, z mnóstwem precyzyjnie kontrolowanych portów wejściowych i wyjściowych, które regulują przepływ cząsteczek do i z komórki — głównie żywności do środka i odpadów na zewnątrz, jednak wiele komórek u wyższych organizmów ma wyspecjalizowane funkcje, takie jak wytwarzanie hormonów lub przekazywanie sygnałów w całym ciele. Co ciekawe, są to głównie wyspecjalizowane białka, charakterystyczne dla danego typu komórek i zmieniają się wraz z wiekiem organizmu.

Wiele bakterii wydziela również „egzoenzymy" służące do trawienia żywności na zewnątrz, pozwalając tylko drobnocząsteczkowym produktom tego procesu wejść jako pokarm. Przechodzi on przez ścianę komórkową i jest selektywnie pobierany (czasem z wykorzystaniem do tego zmagazynowanej energii) przez zbudowane z białek cząsteczki, które przenikają przez błonę cytoplazmatyczną (bakterie i archeony mają na ogół taką samą strukturę, mają błonę komórkową, która oddziela komórkę od jej otoczenia, a następnie całość pokryta jest grubą, ochronną ścianą komórkową).

Rywalizacja i śmierć

Śmierć przyszła na ten świat z powodu rosnącej populacji i ograniczonych zasobów — konkurencja jest biologicznym mechanizmem wynikającym z takiego stanu rzeczy. Wyobraźmy sobie więc, że nasza fabryka jest przedstawicielem pewnego jednego rodzaju, ale być może są też inne fabryki, większe lub szybsze od naszych. Co mamy robić w takiej sytuacji? Być może jakaś modyfikacja naszego egzoenzymu * lub systemu utylizacji odpadów może spowodować, że produkt będzie toksyczny dla naszego konkurenta, mimo że my bylibyśmy chronieni przed jego niekorzystnym działaniem. Mamy kod i możemy wprowadzać do niego losowe zmiany. Istnieją dowody na to, że gdy bakteria znajduje się w stresującym środowisku, staje się bardziej podatna na mutacje.

Jednak fabryka nie wymaga NASZEJ ingerencji, wszystko odbywa się automatycznie — wprowadza losowe zmiany, aż pojawi się taka, która skutkuje produkcją toksyny zabijającej konkurenta. Nagle ta jedna fabryka produkująca fabryki jest w stanie prześcignąć swojego większego lub szybszego konkurenta. Do dziś bakterie gram-dodatnie wykorzystują toksyny jako narzędzie do dominacji na swoim maleńkim boisku (którym możemy być my).

Niektórzy uważają, że ta chemiczna wojna między bakteriami gram-dodatnimi mogła mieć niezamierzone konsekwencje w postaci stworzenia nowej domeny życia zwanej Archeonami, ze znacznie gęstszą błoną komórkową, w której lipidy rozgałęzione są stabilniej przyłączone przez wiązania eterowe zamiast lipidów liniowych z mniej stabilnymi wiązanymi estrowymi utrzymującymi razem nierozgałęzione lipidy błon bakterii gram+ (i naszych).

Jednak najbardziej interesującą rzeczą u archeonów nie jest ich ściana komórkowa zbudowana z pseudopeptydoglikanu ani odmienne błony komórkowe, jest nią ich DNA. Jak każde DNA organizmu, podzielone jest ono na geny z regionami kontrolującymi (miejscami, do których mogą przyłączać się represory lub aktywatory, aby zmienić transkrypcję RNA genu), ale w przeciwieństwie do bakterii, geny archeonów są często przerywane lub rozbijane na części. Są one rozdzielone przez pośrednie nic nieznaczące sekwencje nukleotydów (które łącza się ze sobą tworząc podjednostki kwasów nukleinowych, DNA i RNA), tak że w celu uzyskania właściwych instrukcji, aby utworzyć część składową (białko), trzeba usunąć wtrąconą, niekodującą sekwencję DNA.

To, czego jeszcze nie wyjaśniono (przynajmniej według mojej obecnej wiedzy, a ilość publikacji jest ogromna i zawsze jest szansa, że coś mnie ominęło) to sposób, w jaki mogło do tego dojść, ale można sobie wyobrazić, że sekwencje genów mogą być również celami dla jakiejś toksyny lub samowy-

---

* Egzoenzym lub enzym zewnątrzkomórkowy to enzym wydzielany przez komórkę do środowiska zewnętrznego i działający poza jej wnętrzem.

cinającego się intronu (przenoszącego własną odwrotną transkryptazę — enzym, który czyni DNA komplementarnym do RNA).

Istnieją również dowody, choć pośrednie, że istnieje rodzaj ropy naftowej, który może pochodzić tylko z połączonych eterowo rozgałęzionych węglowodorów znajdujących się w błonach komórkowych archeonów (czasami zawiera ona nawet kręgi cykloheksanu). Substancja ta znaleziona została w łupkach naftowych, które mają 3,8 miliarda lat, co uczyniłby z archeonów najstarszą znaną formę życia.

Współpraca i złożoność

W 2010 r. w głębinowym kominie hydrotermalnym o nazwie Zamek Lokiego odkryto osady, zawierające różne nowe archeony, w tym grupę „Asgard" (Asgard był mitycznym królestwem nordyckich bogów), zawierającą nową gromadę zwaną Lokiarchaeota, która , pod względem sekwencji DNA, zawiera typowe geny archeonów i geny bakteryjne (istnieje wiele „horyzontalnych transferów genów" między bakteriami i archeonami, ponieważ pobierają one użyteczne geny od siebie nawzajem i wymieniają je między sobą)[8]. Jednak znaleziono u nich również geny powiązane z błoną komórkową, takie jak gen kodujący aktynę, które nie należą do żadnej z powyższych grup, a są odpowiedzialne u eukariontów za tworzenie wgłębień w błonie pozwalających im pochłaniać inne organizmy. Ostatecznie dopiero w 2020 roku ten organizm mógł być hodowany w czystej kulturze (proces ten trwał rok, zanim można było zobaczyć zmętnienie w ich, zasilanych metanem, kulturach). Działo się tak ponieważ początkowa gęstość tych organizmów była bardzo niska, a archeony mają czas podwojenia swojej populacji równy dwa do trzech tygodni, a nie 20 minut, jak to czyni *E. coli* w środowisku bogatym w składniki pokarmowe[9].

Jednak ta nowa forma mogła i być może połączyła się z bakteriami gram-dodatnimi, tworząc nowy rodzaj komórki, kombinację bakterii gram-dodatnich tworzących cytoplazmę i archeonów tworzących jądro nowej domeny organizmów żywych, Eukariontów, domeny, do której my także należymy (hurra drużyno!). Jednym z członków grupy Lokiarchaeota jest *Candidatus Prometheoarchaeum syntrophicum* szczep MK-D1, który naturalnie wytwarza wodór jako produkt uboczny swojego metabolizmu i znajduje się w menage à trois z bakterią redukującą siarczany (przekazuje swoje elektrony o wysokiej energii z wodoru do siarczanu) oraz metanogenem (archeonem, który wykorzystuje wodór do wytwarzania metanu [tak samo jak robi to w naszych jelitach, produkując „gazy", które tam powstają]). Szczep MK-D1 ma również złożoną błonę zawierającą białka eukariotyczne.

Chodzi o to, że widzimy tutaj zależność, która nie szkodzi szczepowi MKD1, ale zapewnia utrzymanie dla dwóch syntrofów (organizmów, które „jedzą razem"). Czyli te dodatkowe, można by rzec podczepione, elementy są potrzebne MK-D1 zarówno do poboru energii, jak i do produkcji niezbędnych chemikaliów, a więc całość jest czymś więcej niż tylko sumą poszczególnych części.

Co ciekawe, nasz archeon-kandydat MK-D1 (określenie „Candidatus", oznacza gatunek kandydacki, którego pełna charakterystyka nie jest możliwa bo nie jesteśmy w stanie uzyskać pojedynczego osobnika lub pojedynczej kolonii) po ostatecznym wyizolowaniu (po siedmiu latach starań) nie wyglądał tak, jak zakładano: nie miał oczekiwanych wtrąceń cytoplazmatycznych, ale różne błoniaste pęcherzyki wystające z ciała na kształt wielu ramion. Na tej podstawie utworzono nową teorię na temat włączania wywodzących się od bakterii mitochondriów i chloroplastów do komórek eukariotycznych przez fagocytozę (zjadanie komórek [pochłanianie]). Ponadto, biorąc pod uwagę mały rozmiar MK-D1 (około pół mikrona), pomysł prostego otoczenia centralnego MK-D1 membranami w celu utworzenia jądra wydaje się być całkiem wiarygodnym scenariuszem dla tych dwóch symbiontów.

W ten sposób widzimy w naturze rosnącą złożoność żywych istot poprzez ich wzajemną współpracę. Kiedy dwa organizmy współpracują, tworząc trzeci, ten nowy organizm jest zarówno potencjalnym źródłem ofiar dla niektórych zwierząt, co dodatkowo zwiększa ich różnorodność, jak i potencjalnym konkurentem dla innych, tym samym wymagając od nich nieustannej rywalizacji. Wydaje się więc nieuniknione, że ewolucja niesie ze sobą postępującą złożoność.

Inny przykład współpracy dotyczy cyjanobakterii (sinic, kiedyś nazywanych również „niebiesko-zielonymi algami"), tworzących łańcuchy komórek, które są połączone pojedynczą otoczką. Z tego łańcucha jedna z komórek staje się beztlenowcem (podczas gdy pozostałe są tlenowe i wykorzystują tlen atmosferyczny). Ta komórka beztlenowa, która jest wyraźnie większa od pozostałych, zwana jest *heterocystą* a jej głównym zadaniem jest „uzdatnianie" azotu — pobiera ona azot z rozpuszczonych w wodzie gazów i przekształcają go w formę nadającą się do użytku przez żywe istoty, jest to proces enzymatyczny, który nie może zachodzić w obecności tlenu. Tlenowe komórki tlenowe cyjanobakteryjnej „rośliny" wykorzystują światło słoneczne jako energię, podobnie jak to założyliśmy dla naszej fabryki tworzącej fabryki.

Pojawiają się tu już początki wielokomórkowości — komórki są ze sobą związane, niektóre zróżnicowane pod kątem określonych funkcji, a co za tym idzie, wzajemnie od siebie zależne — ponieważ heterocysty potrzebują produktów oddychania, a komórki tlenowe dostarczające te produkty potrzebują azotu utrwalonego przez heterocysty. Tak więc, w miniaturze, mamy już prosty organizm.

Komórki te komunikują się poprzez mechanizmy sprzężenia zwrotnego, aby zdecydować, która będzie heterocystą (jest to proces nieodwracalny). Część z nich może różnicować się w maleńkie, inwazyjne formy, o zaskakujących właściwościach, zwane hormonogonia, które pozwalają im rozprzestrzeniać się daleko od macierzystego „organizmu". Przypomina to rozmnażania wyższych organizmów (choć nie ma tu jeszcze płci) i prawdopodobnie jest to sposób na uniknięcie nadciągającej zagłady, ponieważ drobne hormogonia powracają do formy normalnych komórek sinicowych, gdy tylko napotkają odpowiednie środowisko. Zobaczymy także inne przypadki, w których komórki współpracują aż do śmierci, aby zapewnić przeżycie swoim potomkom.

Czy zatem włóknista struktura z osłoną u sinic jest po prostu kolonią komórek? Ponieważ zróżnicowanie jest wymagane w celu dostarczenia niezbędnego biodostępnego azotu, heterocysta działa jak narząd; jeśli zniknie, wszystkie komórki połączone wspólną otoczką umrą (chyba że inna, wystarczająco szybko, stanie się heterocystą). Tak więc, wyłania się tu obraz struktury wyższego rzędu. Komórka (inna niż heterocysta) może umrzeć — ale to po prostu uszkodzenie, ponieważ inne komórki pozostają nienaruszone. Ale jeśli to heterocysta jest komórką, która umiera, to giną także wszystkie komórki nici. Włókno jest więc organizmem złożonym z komórek bakteryjnych, *ponieważ los całego organizmu może różnić się od losu jego poszczególnych komórek.*

Myksobakterie są jeszcze lepszym przykładem, który jest prawie dokładnym odpowiednikiem eukariotycznych śluzowców. W pewnych warunkach (trudnych, możesz być pewien), poszczególne myksobakterie gromadzą się, tworząc łodygę i owocnik, część z nich różnicują się w komórki tworzące pień, inne w kuliste zarodnie wypełnione zarodnikami, powstającymi z jeszcze innych myksobakterii.

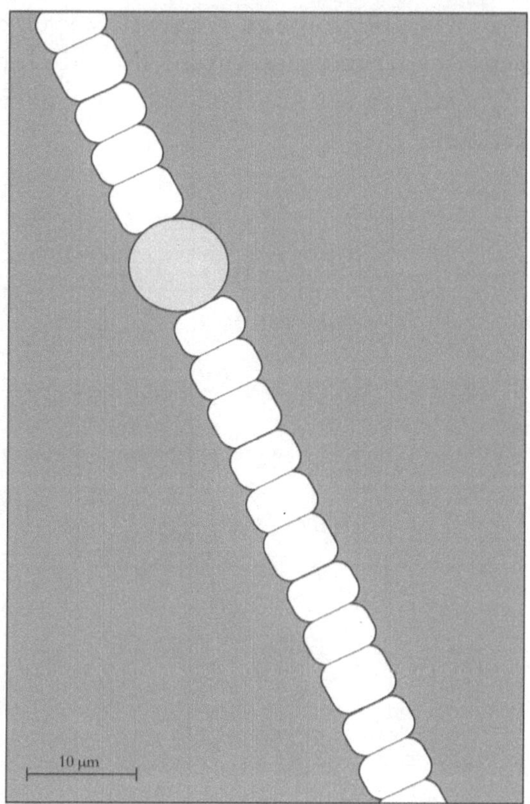

Rysunek 1: Ilustracja nitkowatej struktury cyjanobakterii. Koło pośrodku reprezentuje heterocystę, która jest połączona z innymi komórkami.

Teraz, cierpliwy czytelniku, możesz się zastanawiać, dlaczego zabieram cię w takie dziwne miejsca. Powodem jest to, że chcę, abyś zobaczył różnicę między komórką a organizmem i jak śmierć komórki może przynosić korzyści organizmowi.

Jednak cofniemy się najpierw w czasy, tym razem bardziej współczesne, by zobaczyć kierunek, w jakim podążali naukowcy w XX wieku. Szlak, który został zbudowany na „teoriach" opartych na spekulacjach, autorytecie, fałszywych założeniach i zdrowym rozsądku, które to — podobnie jak równie rozsądny i zdroworozsądkowy pogląd, że Słońce okrąża Ziemię raz dziennie — były całkowicie błędne. Chociaż trop ten nie doprowadził do oczekiwanej nagrody — biologicznej nieśmiertelności — dał po drodze kilka interesujących i użytecznych obserwacji. Później wrócimy i przekonamy się, że te podstawowe założenia były rzeczywiście rozsądne, jednak błędne, i zobaczymy, jak podążanie za serią wskazówek opartych wyłącznie na potwierdzonych i „zaakceptowanych” dowodach doprowadziło do skierowania nas na właściwą ścieżkę, kończącą się odkryciem skarbu ponad wszelkimi skarbami.

3

Niektórzy widzą „światło"

Czy byłeś „głupcem lub szaleńcem", gdy ośmieliłeś się wierzyć w cokolwiek innego niż to, że Bóg Ojciec, Jezus i Duch Święty mają równy autorytet? Tak, byłeś nim, zarówno w świetle cesarskiego prawa jak i nakazów Świętego Kościoła Rzymskokatolickiego, gdy Imperium Rzymskie dokooptowało chrześcijaństwo około V wieku (wtedy rządzone przez wspomniany triumwirat cesarzy) jako narzędzie do władania, przy pomocy zarówno marchewki, jak i kija, królami i chłopami w całym rzymskim świecie. Nawet starożytne rzymskie święta i popularne pogańskie praktyki były przepakowywane w chrześcijańskie pudełeczka (w tym także prezenty bożonarodzeniowe), więc ceremonia przesilenia zimowego stała się Bożym Narodzeniem, a równonoc wiosenną zaczęto celebrować jako Wielkanoc. Westalki, posiadające najwyższy autorytet po stronie kądzieli, stały się świętymi siostrami i ich matkami przełożonymi, oddanymi „bezgrzesznemu" małżeństwu z Jezusem.

W rzeczywistości Kościół stał się zarówno odbiciem jak i wzorem hierarchii ziemskich (i odwrotnie), z papieżem, a za nim kardynałami (książętami Kościoła), arcybiskupami („hrabiami" Kościoła) itd.. Na czele kolejnej linii podoficerów stał prałat, rodzaj starszego sierżanta, który trzymał żołnierzy, braci, w ryzach. Większość wyznawców Kościoła w pełni poddawała się tym rządom i wierzyła w to, co im mówiono, ponieważ same święte teksty były niedostępne dla świeckich, gdyż zostały napisane w uniwersalnym języku elit, łacinie (oraz grece i po hebrajsku, które były znane również jedynie przez garstkę erudytów).

Renesans

Yersinia pestis to Gram-ujemna bakteria, która jest nieco bardziej złożona niż bakterie gram-dodatnie, o których mówiliśmy. Barwienie Grama mierzy grubość warstwy peptydoglikanu. Jeśli warstwa jest gruba, barwnik pozostaje w niej uwięziona nawet po płukaniu; jeśli warstwa jest cienka lub nie istnieje, to zostaje prawie całkiem usunięty i takie bakterie są *Gram-ujemne*. Ale bakterie Gram-ujemne mają coś lepszego — mają dwie błony komórkowe, a między nimi „przestrzeń peryplazmatyczną" wyłożoną cienką warstwą peptydoglikanu. Zewnętrzna błona komórkowa zawiera ochronne lipopolisacharydy (które czasami są śmiertelne dla ludzi, ponieważ mogą powodować „zespół wstrząsu toksycznego") oraz pory utworzone z białek poryn, które pomagają komórce wstępnie wybrać, co wchodzi do jej przestrzeni peryplazmatycznej i jest dalej poddawane selekcji poprzez wewnętrzną błonę (podczas gdy enzymy obronne w przestrzeni peryplazmatycznej niszczą niepożądane cząsteczki, które się do niej dostały).

Jednak te bakterie nie różnią się w żaden zasadniczy sposób od naszych fabryk wytwarzających fabryki; może mają trochę więcej „bajerów", ale wciąż mogą w najlepszym razie tylko wyprodukować więcej siebie. Dlaczego więc omawiam je tutaj? Ponieważ były one przyczyną włoskiej (a ostatecznie europejskiej) dżumy dymieniczej, którą ja i inni uważamy za możliwą przyczynę renesansu, rewolucji naukowych i społecznych, które zdefiniowały nowoczesną kulturę. To, że epidemia jest w stanie do tego doprowadzić, może dziś brzmieć przekonująco dla wielu czytelników.

Interwencje w formie praktyk religijnych okazały się wówczas całkowicie nieskuteczne. Co więcej, to zwłaszcza mnisi umierali w ogromnej liczbie, ponieważ żyli w warunkach sprzyjających rozprzestrzenianiu się bakterii *Yersinia pestis* – która szerzyła się, wśród nich przez ukąszenia zainfekowanych nią pcheł, przenoszonych przez chore szczury. Pchły zostawiają martwego szczura i chętnie osiedlą się na ludziach, by ssać ich krew, ale dzieje się przy tym coś dziwnego; bakterie tworzą śluzowaty film, który zapobiega przedostawaniu się pokarmu do jelit pcheł – więc kiedy piją one krew, nie mogą jej połknąć (zatkane jest wejście do jelita), a zamiast tego uwalniają nagromadzony film bakteryjny i wymiotuje go do krwioobiegu gospodarza.

Yersinia żyje w wielu różnych żywicielach i jest świetnie przystosowana do nich wszystkich. Jej zjadliwość dla ludzi i wielu naszych zwierząt domowych jest częściowo przenoszona przez dwa stosunkowo małe minichromosomy zawierające tylko kilka genów, okrągłe cząsteczki DNA, zwane *plazmidami*. Plazmidy są tym, co czyni ją tak śmiercionośną, każdy z nich przenosi geny zapobiegające zjadaniu i trawieniu komórek bakteryjnych przez białe krwinki, co pozwala im zachowywać się tak samo, jak to robią z pchłami. W rzeczywistości te bakterie mogą przenikać, a następnie rozmnażać się wewnątrz ludzkich komórek odpornościowych zwanych monocytami (które powinny je zabijać, a zamiast tego zdradziecko pomagają im rozprzestrzeniać się po całym ciele).

To właśnie dlatego węzły chłonne na szyi i w pachwinach stają się widoczne, gdy pojawiają się infekcje w różnych obszarach organizmu. Płyn tkankowy jest odprowadzany przez naczynia limfatyczne do węzłów i zaczynają się tam namnażać armie białych krwinek. Węzły chłonne są rodzajem „baraków" dla komórek odpornościowych, które walczą z obcymi najeźdźcami. Puchną one, ponieważ zwiększa się liczbę białych krwinek w celu zwalczania nadchodzących infekcji. Po zakażeniu *Yersinia pestis*, duże populacje monocytów znajdujących się w węzłach chłonnych zostają zakażone, węzły zaczynają puchnąć, a same monocyty stają się fabrykami do produkcji bakterii, z którymi powinny walczyć. W konsekwencji węzły chłonne pod pachami i pachwinami mogą urosnąć do ogromnych rozmiarów (według ówczesnych opisów mogą być tak duże jak jabłka), aż w końcu staną się czarne i boleśnie pękną, wydzielając ropę i krew. Wkrótce potem następuje śmierć.

Jednak teraz współczesna nauka może wyleczyć nas z tej „plagi Bożej" kilkoma zastrzykami – więc czy medycyna i nauka są sprzeczne z wolą Boga? Pomyśl, jak wielu chorych księży, mułłów lub panditów modli się o śmierć, gdy są chorzy i odmawia sobie wizyty u lekarza? Przypuszczam, że bardzo niewielu, wszyscy oni świetnie usprawiedliwiają potrzebę odwiedzenia odpowiedniego specjalisty (bez wątpienia jedynie ze względu na swoich parafian), gdy wszystko, co powinno wystarczyć każdemu religijnemu człowiekowi, to żyć dobrym życiem, przestrzegając wszelkich przykazań ich Pana(-ów) (np.

„podróżnych w dom przyjąć" itp.) i umrzeć tak szybko, jak to możliwe. Taka logika działa świetnie w przypadku zamachowców-samobójców.

Nawet teraz (2021), oświecenie nie przybyło jeszcze na wszystkie wiejskie tereny USA, a kaznodzieje, nieświadomi wiedzy zdobytej w ciągu ostatnich 2000 lat, wkraczają w stany psychotyczne, w których paplają niespójnie (mówiąc językami lub udając, że to robią) i okresowo przepowiadają koniec świata objawiony im przez Boga. Oczywiście to się nigdy nie zdarza, ale ich zwolennicy dobrze wiedzą, że była to tylko drobna pomyłka, lekki błąd w obliczeniach, a pastor przepowiada wtedy jakąś przyszłą datę, z jakimś biblijnie uzasadnionym powodem (przypuszczam, że to sam Bóg popełnił błąd lub nie przekazał wiadomości odpowiednio jasno), ale ten dzień też nigdy nie nadejdzie. Domyślam się, że „wierni" są w stanie oddać naprawdę dużo, gdy wiedzą, że nadchodzi koniec (nie możesz tego wszystkiego przecież zabrać ze sobą). Po porywającym kazaniu mówiącym im, że świat wkrótce się skończy ludzie nagle stają się religijni.

Niestety, jak zauważył fizyk Stephen Hawking, gdy cała ludzkość znajduje się na jednej planecie, asteroida, która zniszczyłaby Ziemię, byłaby w końcu kresem naszych dziejów. Czy wtedy historia ludzkości przetrwa jedynie jako temat rozprawy doktorskiej na innej planecie? Możliwe też, że jesteśmy jedynymi inteligentnymi formami życia w osiągalnym wszechświecie, a to, co było wszechświatem naszych percepcji i naszych umysłów, gwiazd, planet i mgławic, samo stanie się martwym drzewem, które niesłyszalnie upadło w lesie, pozbawione życia i pozostaną po nas jedynie skały i rozżarzone gazy. Odpowiedzią jest oczywiście rozprzestrzenienie się w kosmos — i znalezienie lub stworzenie tam sposobów na życie. Bardzo, bardzo długa młodość, trwająca wieki, jest wymogiem dla cywilizacji obejmującej gwiazdy, w której będziemy mieć „wystarczająco dużo miejsca i czasu".

Czarna śmierć

W październiku 1347 r. dwanaście statków przybiło do nabrzeża w portowym mieście Mesyna na Sycylii. Kiedy zacumowały, mieszkańcy miasta byli zszokowani, widząc, że są wypełnione martwymi marynarzami i tymi wciąż żywymi, ale bardzo chorymi, pokrytymi krwawiącymi wrzodami. Te „statki śmierci" zostały odesłane, ale było już za późno — zaraza rozprzestrzeniła się już na Mesynę. Wkrótce Marsylia we Francji stała się ośrodkiem choroby, a zaraza rozprzestrzeniała się po Europie wzdłuż szlaków handlowych. Najpierw w większych miastach, potem w mniejszych, na wsiach i przysiółkach — choć nigdzie nie była tak zabójcza jak w dużych metropoliach. Miasta takie jak Mediolan straciły połowę swojej populacji, a w sumie 20 milionów Europejczyków zmarło z powodu dżumy dymieniczej (zwanej „czarną śmiercią"), w tym czasie stanowiło to około 1/3 ludności całej Europy. Była to odnoga Wielkiej Zarazy, która jednocześnie rozprzestrzeniała się na Bliskim i Dalekim Wschodzie.

Jednak ludzie w tamtym czasie nie myśleli o tym tak jak my teraz; Przyczyna i skutek nie istniały dla zjawisk plag lub wydarzeń niebieskich. Wszystko, co się wydarzało, było wolą Boga, więc jeśli Bóg karał chrześcijaństwo, to musiało to być spowodowane tym, że Bóg był zły na chrześcijan (nie mogę temu osobiście zaprzeczyć). Więc ludzie muszą przestać grzeszyć. Ale to nie wystarczyło; mieszkający pośród nich heretycy, Żydzi i niewierzący, stali się pierwszymi podejrzanymi, co do przyczyny gniewu Bożego (zawsze jest szansa dobrego zysku, gdy atakuje się małe, bogate i bezbronne społeczności — w tym miejscu muszę ujawnić że, moi rodzice też byli Żydami).

Żydów zabijano tysiącami, oskarżono o szerzenie zarazy, a czasem nawet zmuszano do przyznania się do winy – oczywiście przy użyciu wymyślnych tortur. Istniał specjalny zestaw sposobów i narzędzi (jednym z nich było „madejowe łoże", innym, szczególnie zdeprawowanym, „żelazna dziewica", ale były jeszcze gorsze) opracowany przez Kościół najwyraźniej po to, by zademonstrować ludzkość całkowity brak współczucia. Tortury dla kobiet były jeszcze bardziej przerażające i zwykle dotyczyły ich intymnych części ciała – jako forma edukacji dla będących w (dobrowolnym) celibacie mnichów. Nic dziwnego, że przy takich zachętach Żydzi „o słabej woli" przyznali się do zatruwania studni w celu rozprzestrzenienia zarazy. Sugerowałbym nie krytykować ich bez uprzedniego spróbowania wytrzymania kilku obrotów na madejowym łożu.

Teraz, gdy znamy przyczynę (i lekarstwo) na tę chorobę, musimy zrozumieć, że wszystkie oskarżenia i wszystkie wyznania były po prostu kłamstwami, ponieważ choroba rozprzestrzenia się przez ugryzienie zarażonego szczura lub zarażonej pchły – lub w przypadku jej płucnej i najbardziej śmiertelnej formy, po prostu poprzez powietrze wydychane, uwalniane w trakcie mowy lub wykasływane przez chorego. Tysiące niewinnych ludzi zginęło na darmo. Inni, często ludzie z wyższych sfer, zbierali się razem, by odpokutować swoje grzechy, a być może także zebranych wokół nich gapiów. By tego dokonać maszerowali przez miasto i okładali siebie i swoich towarzyszy ciężkimi skórzanymi pasami nabijanymi ostrym metalem. Robili to trzy razy dziennie przez 33 i pół dnia, a potem udawali się do następnego miasta.

Chociaż występy tych „Flagelantów" („biczowników") poprawiały nastroje, nie powstrzymały jednak plagi. Właściwie Kościół niepokoił się rosnącym wpływem tych samobiczujących się „odszczepieńców" i zabronił tej praktyki. Tak naprawdę w trakcie zarazy, szczególnie mocno ucierpiał sam Kościół, zwłaszcza mnisi, którzy (jak już wspomniano) żyli w warunkach sprzyjających rozprzestrzenianiu się choroby. Aby utrzymać liczbę zakonników potrzebnych do opieki nad ich „stadami", Kościół został zmuszony do wybierania na mnichów i mniszki ludzi nieodpowiednich do wykonywania tego zawodu, a jak opisują *Dekameron* Boccaccia i *Opowieści kanterberyjskie* Chaucera, buntowniczość i korupcja duchowieństwa było powszechnie znane.

Na początku strategia polegała na skrajnym przywiązaniu do doktryny religijnej i ekstremistycznych odpowiedziach opartych na przekonaniu, że nauki Kościoła ocalą ludzi, ale po pewnym czasie stało się jasne, że Kościół nie ma mocy, aby poradzić sobie z zarazą i że jego przywódcy nie byli bardziej święci niż ktokolwiek inny. Nagle w ogólnym obrazie świata kreowanym przez Kościół pojawiły się szczeliny, do których mogło wniknąć trochę światła.

Ogromne straty w populacji otworzyły możliwości dla zwykłych ludzi, ponieważ szlachta zasobna w ziemię ucierpiała, gdyż stała się ona względnie tania, a wynagrodzenie poszybowało w górę, do tego stopnia, że chłopi pańszczyźniani mogli wykupić swoją wolność, a nawet nabyć ziemię na własność. Chłopi stali się kupcami, a kupcy szlachtą. Inaczej stało się tylko w południowych Włoszech, gdzie szlachta uzyskała jeszcze większą kontrolę nad pozostałymi poddanymi. Jednak ogólnie rzecz biorąc, w większości krajów Europy zniknęła pańszczyzna i rozwinął się przemysł — wynaleziono maszyny, aby zastąpić utraconą ludzką siłę roboczą.

Sztuka prosperowała, ponieważ nowo wzbogaceni, świadomi braku własnych „więzów krwi" (bogate rodziny przemysłowców, takie jak Medyceusze i Sforzowie), pragnęli wnieść swój wkład w wyższą kulturę, sponsorując jednych z największych artystów w historii. Zmieniła się też forma sztuk plastycznych, ascetyczna, symboliczna i sztuczna „chrześcijańska" sztuka została zastąpiona realistycznymi scenami i posągami, często prezentującymi kobiety o pięknych kształtach, ilustrującymi wyobrażone sceny z mitologii greckiej i rzymskiej (i pokazującymi sporo nagiego ciała).

Na długo przed początkiem renesansu we Włoszech w XV wieku miały miejsce inne renesansy; jeden, był bezpośrednim rezultatem panowania Karola Wielkiego w IX wieku i jego zamiłowania do nauki, kultury i edukacji; jeszcze inny nastąpił w trakcie światłego panowania Ottona, króla Sasów i cesarza Świętego Cesarstwa Rzymskiego, którego obowiązki kościelne umożliwiły mu nawiązanie kontaktu z najwybitniejszymi i najzdolniejszymi umysłami w jego królestwie. Były to jednak zmiany „odgórne", a więc tymczasowe, zależne od tego, kto był na szczycie.

Być może bardziej znaczące były wyprawy krzyżowe, podczas których europejscy chrześcijanie na rozkaz Papieża (*Deus volte!* — „Bóg tego chce!") usiłowali eksmitować muzułmanów z „Ziemi Świętej", czyli dzisiejszego Izraela (po dotarciu do Jerozolimy europejscy chrześcijanie natychmiast wymordowali arabskich chrześcijan, którzy przybyli ich powitać, więc nawet wtedy była to kwestia bardziej rasowa niż wyznaniowa; innym przykładem jest to, że w ramach przygotowań do krucjat wymordowano również mieszkających w Europie Żydów).

Kiedy w XI wieku Sycylia została odbita spod panowania Arabów, a Europa utrzymywała częściowo pokojowe stosunki z Imperium Umajjadów w Hiszpanii, zachodził jednostronny transfer wiedzy, ponieważ muzułmanie, zarówno arabscy, jak i perscy, a nawet żydowscy uczeni przechowali wiele dzieł nauki greckiej i prawa rzymskiego, które zostały zapomniane lub zaginione w Europie. Kultury te poszerzyły nawet grecką wiedzę naukową, szczególnie w zakresie matematyki, optyki, astronomii i medycyny. Jednak nie tak postrzegali to Europejczycy. Byli przerażeni, że Hiszpania może pozwolić muzułmanom i Żydom na otwarte praktykowanie ich religii. Pozostali mieszkańcy Europy uważali Hiszpanię za obrzydliwe miejsca, prawdziwa Europa była tylko dla chrześcijan!

W 1492 r. królowa Izabela wygnała „swoich Żydów" (jako że Żydzi należeli do regentów) przy aplauzie reszty Europy, jednak nie wystarczyło to „świętym" osobom takim jak Tomasza More czy Marcin Luter, którzy nazwali Hiszpanów „niewiernymi Żydami i ochrzczonymi Maurami". Tak więc nawróceni Żydzi (z których wielu było wyznawcami chrześcijaństwa) i moryskowie (nawróceni muzułmanie, z których wielu sekretnie pozostało nadal muzułmanami) również zostali wygnani. Pewien prominentny Nordyk porównał ich później do szczurów.

Więc nigdy nie wątpcie w rasizm stojący za rzekomo „chrześcijańskimi" powodami prowadzenia wojen. Krzyżowcy nie chcieli wysłać swoich arabskich przeciwników do nieba, ale prosto do piekła. W tym samym roku, w którym Hiszpania wypędziła swoich Żydów, Krzysztof Kolumb odkrył „Nowy Świat", ląd pełen bogactw, o którym Biblia nigdy nie wspominała. Wraz z tym odkryciem w Europie rozpoczął się czas dobrobytu i rozkwitu nauki.

Dodatkowo kontakty z zaawansowaną cywilizacją islamską i rekonstrukcja wielu rękopisów greckich i rzymskich przez ludzi takich jak Petrarka zaczęły dogłębnie zmieniać myślenie europejskie. Francesco Petrarca był poetą, który odkrył wiele zaginionych starożytnych rękopisów (w większości znajdujących się w kaplicach i klasztorach, spisanych po grecku i po łacinie). Był jednym z pierwszych, którzy użyli terminu „Ciemne Wieki" w sposób, w jaki my go dziś rozumiemy. W 1638 r. zdał sobie sprawę, że żyje w Ciemnym Wieku, mimo, że wtedy powszechnie myślano tak o epokach starożytności i nazywano tak czasy przed przyjęciem chrześcijaństwa.

Podobnie jak, współczesny mu, Dante, znajdujący swoją idealną miłość w Beatrycze, prawdziwej kobiecie, która poślubiła innego mężczyznę, również Petrarka miała swoją „Laurę". Nie jestem do końca pewien, jakie to miało znaczenie, ale być może wtedy konieczne było posiadanie „realnego" obiektu swoich ludzkich namiętności (jednak mocno wyidealizowanego i oddalonego od rzeczywistej natury prawdziwych kobiet – może gdyby Dante i Petrarka poślubili odpowiednio Beatrycze i Laurę, duża część zdobyczy renesansu nigdy by nie powstała). Najwyraźniej stare wizerunki świętych lub Matki Bożej nie wystarczały już, aby poruszyć ludzkie serca; w tym czasie uchodziły już za mocno „staroświeckie", przynajmniej wśród najbardziej inteligentnych i wykształconych mężczyzn i kobiet tamtych czasów.

Niemniej Petrarka uważał się za dobrego katolika i nigdy nie twierdził, że wiara religijna i ludzkie osiągnięcia wzajemnie się wykluczają. Choć był znanym poetą, jego główną zasługą było odnalezienie i spopularyzowanie starożytnej klasyki (znalezienie tekstów łacińskich w starych klasztorach i tłumaczenie greki na łacinę, aby zapewnić tekstom greckim szersze grono czytelników). Jak widać ze sztuki renesansowej, cały świat dosłownie oszalał na ich punkcie. Łacina stała się uniwersalnym językiem piśmiennych, a inteligencja nie mogła powstrzymać się od dorzucenia do swoich pism odrobiny greki, aby podkreślić własne wyrafinowanie.

Więc znowu zabieram was w podróż przez historię, ale tak naprawdę przez historię idei, i tego właśnie szukamy – skąd mogą pochodzić idee, które będą prowadzić do biologicznej nieśmiertelności. Wiemy, że nie mogą pochodzić ze świata, w którym myśl ogranicza się do wierzeń elit opartych wyłącznie na ich słowie. Na istnienie „Duszy", pojmowanej jako niecielesna, nieśmiertelna część nas, która przeżywa śmierć, nie ma żadnego dowodu. Jak widzieliśmy, nie stoi za tym nawet autorytet Jezusa, który jako Żyd swoich czasów nie wierzył w nieśmiertelną „duszę", ale w zmartwychwstanie umarłych w doskonałych ciałach.

Wydumana przez greckich filozofów „mądrość" o nieśmiertelnych duszach (choć raczej bezosobowych, które znajdują nowe ciała, gdy ich właściciele umierają — obecna w poglądach Platona [Sokratesa] i wczesnego Kościoła) została wdrożona jako bardziej odpowiednia alternatywa dla zmartwychwstania, gdyż bardziej pasowała do „zaawansowanego" myślenie tamtych czasów. Ale żeby ludzie naprawdę uwierzyli w obiecaną nieśmiertelność, nie może to być jedynie bezpodstawne twierdzenie, powinno być ono oparte na konkretnych dowodach. Okazuje się, że niektórzy chrześcijanie nie wierzą w nieśmiertelne dusze, a kwestionował to sam Marcin Luter (Kondycjonalizm - warunkowa nieśmiertelność), a wskrzeszony grzesznik zostaje po prostu spalony — śmierć ostateczna (Anihilacjonizm) — a nie jest torturowany przez wieki. Tak więc, chociaż nie jest to opinia Kościoła katolickiego, istnienie nieśmiertelnej duszy nie jest jednogłośnie uznane w całym chrześcijaństwie.

Moje prywatne spostrzeżenie: jak możesz wierzyć komuś, kto mówi ci, że jeśli zrobisz to, co powie, zostaniesz nagrodzony po śmierci, a potem weźmie od ciebie pieniądze, aby ci to zapewnić? W średniowiecznym judaizmie *rabin* („mistrz") nie mógł zarabiać na swoich religijnych obowiązkach, musiał mieć pracę na pełen etat niezwiązaną z byciem duchownym – myślę, że to dobry system.

Dla mnie nieśmiertelna dusza nie tylko „rozwiązuje" problem śmierci, ale także promuje ogromną infrastrukturę, która utrzymuje tę „nieśmiertelną duszę", zapewniając zasady, których należy przestrzegać, nauczycieli, którzy mają ich uczyć, kaznodziejów, którzy je głoszą, potrzebne rytuały i dary, niezbędne, aby nieśmiertelne dusze znalazły życie wieczne w najlepszym ze światów. Taka była obietnica egipskich kapłanów, kiedy zaczęli mumifikować osoby spoza rodziny królewskiej. W czasie gdy Aleksandria była jednym z najwspanialszych miast świata, bogaci Egipcjanie byli uczeni „Księgi Umarłych" i dokładnie zapamiętywali to, co należało powiedzieć każdemu z 40 bogów opiekuńczych, którzy ich (w rzeczywistości ich „mumie" tj. ciała zachowane dzięki kosztownemu i skomplikowanemu procesowi, ale absolutnie niezbędnemu do uzyskania nieśmiertelności) poddawali próbom, które musieli przejść po drodze do raju. Jednak czy naprawdę myślisz, że ich zachowane zwłoki (z usuniętymi mózgami i innymi organami) cieszą się teraz niebem? Dużo pieniędzy i talentu zmarnowano na to nic nie warte przedsięwzięcie.

Rysunek 2: Wizja piekła Hieronima Boscha, na jego obrazie *Ogród rozkoszy ziemskich* (muzeum Prado w Madrycie, ok. 1495–1505).

A jednak to jest obietnica każdego mułły, kapłana i pandyta i w ten sposób zarabiają oni na życie i zachowują swoją władzę. Wszyscy mają różne przekonania i wymagania — jeśli jesteś chrześcijaninem i nie przysięgałeś, że Allah jest jedynym Bogiem, a Mahomet jest jego prorokiem (po arabsku), to bez względu na to, jak dobry byłeś (jako chrześcijanin, a nawet osoba), nadal idziesz do piekła zgodnie z zasadami islamu i tak samo działa to w drogą stronę. Więc kto ma tu rację? Od tego zależy twoja nieśmiertelna dusza — jeśli w ogóle ją masz. W średniowieczu intelektualna supremacja greckich filozofów była uważana za pewnik, a ich zaawansowana idea nieśmiertelnej duszy zastąpiła prymitywną hebrajską ideę zmartwychwstania, ale ta supremacja nie potrwała długo, bo wiemy teraz znacznie więcej niż oni. I jak zobaczysz, to stanowi ogromną różnicę.

Trochę światła

Najpierw pojawiły się nowe sposoby myślenia o świecie, który był wcześniej (czasy klasyczne), a potem o świecie, który jest obecnie. Dzieła literackie, naukowe i matematyczne z Grecji i Rzymu (to, co z nich przetrwało) zostały spopularyzowane przez ponowne odkrycie klasyków i stały się szeroko rozpowszechnione i ogólnie znane, przynajmniej przez wyższe sfery. W interesującym zwrocie historii piękna logika Arystotelesa pokonała dziwne wyobrażenie Arystarcha, że Ziemia krąży wokół Słońca, a nie to, co jest oczywistą prawdą, że Słońce krąży wokół Ziemi (przecież możesz to zobaczyć na własne oczy). Teoria promowana przez Arystarcha wymagała również, aby Ziemia obracała się wokół własnej osi północ-południe, aby wytworzyć dzień i noc. Jeśli brzytwa Ockhama (zasada rozwiązywania problemów, zgodnie z którą najprostsze wyjaśnienie jest zwykle najlepsze) zostanie zastosowana do konkurencyjnych teorii, ze Słońcem w centrum (heliocentrycznej) teorii Arystarcha i astronomii Ptolemeusza z Ziemią w centrum (geocentrycznej) (którego obliczenia zawarte w dziele pod tytułem *Almagest*, okazały się całkiem poprawne przez 1500 lat), jest oczywiste, że prostsza teoria geocentryczna, bez konieczności proponowania obracającej się Ziemi, której obrotu nikt nie czuje, jest wyraźnym zwycięzcą.

Co więcej, Arystoteles założył, że gdyby prawdą było, że Ziemia krąży wokół Słońca (w dużej odległości), wówczas pozycje bliższych gwiazd przesuwałyby się w stosunku do dalszych „stałych" (nieporuszających się) gwiazd, gdyż nasz punkt obserwacyjny latem był by oddalony o miliony mil (jak to wtedy obliczyli) od punktu obserwacyjnego w zimie, sześć miesięcy później i na drugim „końcu" orbity (nazywa się to paralaksą) – w rzeczywistości jest on oddalony o 186 milionów mil od swojej pozycji w lecie. Ponieważ różnica nigdy nie została dostrzeżona (gwiazdy nie zmieniały swojego względnego położenie między latem a zimą), Arystoteles wywnioskował zarówno na podstawie dowodów, jak i logiki, że Arystarch się mylił. Oczywiście Arystarch miał rację. Odpowiedzią Arystarcha na to ostatnie twierdzenie o przemieszczaniu się gwiazd było to, że gwiazdy były tak daleko, że nie można było zobaczyć niewielkich przesunięć, jakie powoduje różnica zaledwie 186 milionów mil. Trzeba było jednak teleskopu i fotografii, by pokazać, że Arystarch miał całkowitą rację, bez względu na to, jak „kiepska" wydawała się starożytnym jego odpowiedź; nowa technologia ujawniła, że racja była po jego stronie, uwzględniając absolutną prawdziwość jego „kiepskiej" wymówki.

„Nikoś Koper", lepiej znany jako Mikołaj Kopernik, myślał o heliocentrycznej teorii Arystarcha i zdał sobie sprawę, że chociaż współczesna mu „nauka" astronomii z jej „epicyklami" i „ekwanami" wykonała cudowną robotę przewidując ruchy planet, Słońca i Księżyca (ponownie *Almagest Ptolemeusza*, księga z tabelami zjawisk niebieskich, która była używana przez 1500 lat) oraz opisane przez nią dziwne i złożone ruchy („koła w kołach") będące częścią modeli mechanicznych i matematycznych dawały dokładne wyniki, to tak na prawdę NIE MA W TYM SENSU. Dlatego przydzielono „anioły" do utrzymywania planet na ich orbitach. Co ograniczyło planety do tego niewiarygodnie złożonego ruchu (z epicyklami na epicyklach)? „Teoria" geocentrycznego wszechświata dostarczyła dokładnych przewidywań, ale teoria heliocentryczna dała racjonalny obraz wszystkich planet krążących wokół Słońca, bez potrzeby epicykli i ekwantów.

Teraz można po prostu zapytać o siłę, która utrzymuje wszystkie planety na orbicie wokół Słońca, zamiast o tajemnicze siły, które krępują planety na kołowych orbitach wokół wyimaginowanych punktów, które same mogą poruszać się po okręgach (więcej okręgów, większa dokładność!). W modelu heliocentrycznym, centralna siła emanująca ze Słońca mogłaby to wszystko wyjaśnić. Jednym z bardzo dużych problemów z tym było to, że opracowane przez Kopernika nowe tabele, oparte na heliocentryzmie, nie działały zbyt dobrze. Ale nauka była teraz bliższa prawdy, a Kopernik był bliżej niż ktokolwiek inny. Jednak nie pozwolił na publikację swojego dzieła za życia (był urzędnikiem kościelnym, jak wcześniej wspomniano), a we wstępie do swojej pracy wydanej pośmiertnie stwierdza, że nigdy nie zamierzał (broń Boże!), aby jego heliocentryczny model przedstawiał rzeczywistość, był to tylko model matematyczny, który upraszczał obliczenia.

I tak oto pojawił się model heliocentryczny, choć dawał tylko przybliżone odpowiedzi; niemniej jednak, gdy tylko Kepler odkrył, że rzeczywiste orbity planet są elipsami, a nie idealnymi okręgami jak zakładał Kopernik (było to dobre przypuszczenie — nadało sens całemu zjawisku i dostarczyło opisu jego natury kosztem dokładności w prognozowanych położeniach ciał niebieskich) i wreszcie, dzięki wkładowi Newtona, możemy stosować go do przewidywania ruchu planet odległych o miliardy mil, na wiele wieków w przyszłość.

Chciałbym również wspomnieć o duńskim szlachcicu Tycho Brahe, którego genialnym asystentem był Johannes Kepler; wspólnie (i to bez użycia teleskopu) wykreślili oni orbitę Marsa i odkryli, że podobnie jak orbity innych planet nie jest ona kołem, lecz elipsą. Mając na uwadze informację, że planety poruszają się po orbitach eliptycznych, których ogniskiem jest Słońce — obliczenia heliocentryczne sprawdzają się doskonale.

Takie były główne punkty tej historii: zamiast polegać na dotychczasowych autorytetach, Kopernik miał czelność kwestionować opinie największego eksperta Kościoła w kwestii świata fizycznego, Arystotelesa, a późniejsze obserwacje wykazały, że miał rację. Następnie Brahe i Kepler faktycznie zmierzyli orbity planet, zamiast polegać na dobrze udokumentowanych i powszechnie akceptowanych poglądach władz. Pragnęli zrozumiałych wyjaśnień dla mechanizmów realnego świata, w którym żyli. Stwierdzenie „to wola Boża" nie było już wystarczającą odpowiedzią na każde pytanie.

W tym momencie na scenę wkracza Galileusz, aby pokazać, jak oprzyrządowanie (udoskonalony przez niego teleskop) — nie wspominając o jego geniuszu — zadało kolejny cios Kościołowi (choć Galileusz uważał się za dobrego chrześcijanina). Galileusz był błyskotliwym człowiekiem, który dzięki swojej determinacji i pomysłowości stał się bardzo bogaty — był kimś więcej niż Elonem Muskiem swoich czasów. Kiedy teleskop po raz pierwszy pojawił się we Florencji, Galileusz stracił możliwość obejrzenia go, ale na podstawie opisu i własnej wiedzy w dziedzinie optyki wkrótce skonstruował działający instrument. Teleskop nie był wtedy instrumentem astronoma, ale lunetą, przydatną do obserwowania ruchów wroga z bezpiecznej odległości lub wypatrywania załadowanego statku wchodzącego do portu, z na tyle dużej odległości, by kupić w nim udziały, zanim inni się zorientują, że zbliża się do przystani. Ponieważ żegluga była ryzykownym biznesem, a wiele statków nigdy nie wracało, zarówno ryzyko, jak i możliwy zwrot z inwestycji były wysokie! Teleskop niwelował to ryzyko. Przy jego pomocy można było, przed innymi, dowiedzieć się, że statek zbliża się do portu co umożliwiało tani zakup odpowiedniej części jego towarów.

Wcześniej nieboskłon był uważany za Niebo, Niebiańską Sferę z Bogiem i Jego hierarchią wyższych istot (anioły, archaniołowie, moce, panowania, serafini, cherubiny, cnoty i inne fantastyczne stworzenia — „koła w kołach") inspirowanych opowieściami biblijnymi. Wiele wysiłku włożono w uporządkowanie tej niebiańskiej hierarchii (czy kiedykolwiek dowiemy się, na ile te koncepcje były poprawne?). Muszę przyznać, że czytanie o różnych właściwościach i wyglądzie tych niebiańskich stworzeń sprawia, że myślę o „starożytnych kosmitach". Cherubiny na przykład nie wyglądały jak (pulchne) skrzydlate dzieci, ale były to potwory z czterema głowami — człowieka, woła, lwa i orła — z lwim ciałem, wolimi kopytami i czterema połączonymi skrzydłami pokrytymi oczami. Czemu miałoby to nie być prawdą? Niebiosa w górze — miejsce pochodzenia starożytnych astronautów — mogły stać się później Niebem, gdzie mieszkał Bóg i jego zastępy i dokąd wysyłano dobre „dusze".

Jednak gdy Galileusz patrzył na niebo przez swój teleskop, nie znalazł niebiańskiej doskonałości — wszystkie rzeczy niebiańskie składają się z niezniszczalnej „kwintesencji" („piąta esencja" lub „piąty element", pozostałe cztery to ziemia, powietrze, woda i ogień). Zamiast tego Galileusz odkrył, że Księżyc jest skalistym światem, z górami i dolinami — mógł nawet ocenić wysokość tych księżycowych gór na podstawie rzucanych przez nie cieni. Odkrył plamy na rzekomo idealnej powierzchni Słońca i że Jowisz miał wokół niego nie jeden, ale cztery księżyce (cztery z 62 znanych księżyców; nadal nazywane są księżycami galileuszowymi: Europa, Io, Ganimedes i Kallisto). Co więcej, jego przedstawienie faz Wenus całkowicie potwierdziło teorie Kopernika i Keplera, ponieważ takie fazy nie mogłyby wystąpić w ten sposób, gdyby Słońce krążyło wokół Ziemi.

Kościół nie mógł znieść tak dużej ilości światła. Galileusz (o którym mówiono, że miał najostrzejszy język we Włoszech) w młodości przyjaźnił się z kardynałem, który potem został twardogłowym papieżem. Odczekał on, aż Galileusz skończył 70 lat i był chory, i wtedy zmusił go do odrzucenia jego heliocentrycznej teorii przy pomocą instrumentów średniowiecznych tortur rozłożonych przed nim. Ostatecznie Galileusz „przyznał", że Ziemia się nie porusza (podobno wymamrotał „Nadal się porusza" zaraz po odwołaniu swojej herezji) i został dożywotnio uwięziony w areszcie domowym, aż do śmierci w 1642 roku, w którym to urodził się Izaak Newton. Przez resztę swojego życia zamknięty w domu (podobnie jak ja w 2020 roku z powodu pandemii COVID-19) kontynuował badania i stworzył pierwszy od wielu wieków traktat z fizyki.

Otóż zbieżność między rokiem śmierci Galileusza a narodzinami Newtona z pewnością jest właśnie tylko przypadkiem i nie będę poświęcał dużo czasu temu bardzo ekscentrycznemu angielskiemu dżentelmenowi (choć jest on wart wielu tomów), ponieważ nie to jest naszym celem — my poszukujemy sposobu, przynajmniej, na przedłużenie naszego życia, aby jak najdłużej unikać śmierci, a być może nawet osiągnąć wieczną młodość. To jest przecież powód dlaczego to czytasz. Trzeba jednak pamiętać, że w tym czasie, mimo, że dzieła klasyczne były powszechnie czytane i każdy wykształcony Europejczyk mógł rozmawiać po łacinie, w myśli nadal dominował Kościół.

Newton sam był chrześcijaninem, ale dość nieortodoksyjnym (dlatego był nawet w stanie zrezygnować ze sprawowania profesury w Cambridge, aby uniknąć święceń kapłańskich, co w tamtych czasach było wymagane dla wszystkich wykładowców). Wykorzystywał wielką moc swojego umysłu, aby wydobyć przesłania „ukryte" w Biblii. Pracował również nad alchemią, lecz niczego nie osiągnął w tych dwóch sferach, jednak znacznie ulepszył oprzyrządowanie (wynalazł teleskop zwierciadlany) i wyznaczył maleńki zestaw trzech praw ruchu (w zasadzie, pierwsze dwa pochodziły od Galileusza), i prawo grawitacji, które razem wzięte wyjaśniają wszystkie prawa Keplera dotyczące ruchu planet. Teraz można było zrozumieć naturę. Cztery proste prawa zdefiniowały ruch gwiazd i planet.

W oparciu o prawa grawitacji i ruchu wyjaśniono przebiegi orbit wszystkich planet (a później odkryto nowe planety, gdy zaobserwowano niewielkie odchylenia od przewidywanych orbit). Można było nawet przewidzieć drogę komety i jej częstotliwość pojawiania się (jak to zrobił Haley), a ten zwiastun katastrofy (*dis* [zły], *aster* [gwiazda]) stał się po prostu kolejnym przewidywalnym obiektem niebieskim. Nawet dzisiaj prawa Newtona są wystarczająco dokładne, abyśmy mogli wylądować naszymi „łazikami" na Marsie.

Ale tak jak tajemnica stojąca za epicyklami i ekwantami Ptolemeusza zniknęła, gdy właściwie zrozumiano ruch ciał niebieskich, tak samo wyjaśniła się zagadka natury przyciągania się oddalonych od siebie ciał, gdy Einstein właściwie zrozumiał grawitację. Mimo to dla większości obecnych, praktycznych celów, prawa Newtona nadal całkiem dobrze nam służą (jednakże oba prawa szczególnej i ogólnej teorii względności Einsteina musza być uwzględniane dla prawidłowego działania szybkiego pozycjonowania satelitarnego — GPS).

Najwyższy laur powinien się należeć Newtonowi za wielki postęp w matematyce jakim było wynalezienie rachunku różniczkowego — ale wynalazek ten jest przypisywane również genialnemu erudycie Gottfriedowi Leibnizowi (francuski filozof Diderot powiedział kiedyś, że gdy porównał się do Leibniza, zapragnął tylko wyrzucić swoje książki, wczołgać się w jakiś cichy kąt i umrzeć). Historycy twierdzą teraz, że to Newton wcześniej odkrył rachunek różniczkowy, jednak to Leibniz opublikował go jako pierwszy. Newton upierał się, że kiedy Leibniz odwiedził go w Anglii, ukradł jego pomysły na temat rachunku różniczkowego, a Leibniz nigdy nie był w stanie odrzucić tego oskarżenia i nie byłby bezpieczny w Anglii (kraju, gdzie czczono Newtona już za jego życia i powszechnie wierzono, że Leibniz jest złodziejem). Spór ten nigdy się nie skończył, a Leibniz aż do końca życia prowadził długą i zaciekłą korespondencję z Newtonem.

Ta osobista bitwa miała mieć poważne reperkusje dla Anglii, ponieważ Brytyjczycy byli tak rozwścieczeni rzekomą kradzieżą, że odizolowali się od matematyki europejskiej, a Wielka Brytania stała się matematycznym zaściankiem na sto lat, w trakcie których matematycy we Francji i Niemczech masowo udoskonalali matematykę opartą na rachunku Leibniza (nadal używamy notacji Leibniza „dx/dy" zamiast notacji Newtona [x z kropką nad nim], z wyjątkiem przypadków, gdy mówimy o pochodnych względem czasu).

Powinno się wyciągnąć z tego wiele wniosków. Nacjonalizm i deifikacja człowieka, w tym przypadku Newtona (bardzo nietuzinkowego człowieka, który chwalił się swoim dziewictwem, był paranoikiem i podobno sam lubił wieszać fałszerzy, gdy został mianowany skarbnikiem mennicy) doprowadziły do nadąsanej, świadomej ignorancji ze strony Anglii, która szkodziła jej przez wiek.

Tutaj widzimy jedną bardzo interesującą rzecz w nauce, jaką jest coraz większa precyzja pomiaru wraz z postępującą prostotą opisu. Złożone obliczenia Ptolemeusza dały dokładne liczby, ale nie wyjaśniają, dlaczego te liczby powinny być właśnie takie, jakie były. Kopernik przedstawił liczby, które nie były do końca poprawne (ponieważ zachował średniowieczne przekonanie, że orbity planet to idealne koła — co zostało „wyprostowane" przez Keplera i Brahe), jednak jego teoria heliocentryczna ostatecznie zwyciężyła. Czemu? Ponieważ orbity heliocentryczne stworzyły prostszy, bardziej zrozumiały model rzeczywistości, zrozumiałą narrację, która ostatecznie dała lepsze, a nawet dokładniejsze wyniki niż rachunki Ptolemeusza, ponieważ to właśnie prawdziwe zrozumienie prowadzi do uzyskania rzeczywistych wyników.

Kepler wyobrażał sobie, że siła emanująca ze Słońca utrzymuje planety na ich orbitach. Newton wyjaśnił to następnie jako przyciągającą siłę, którą wszystkie masywne ciała wywierają na siebie w równym stopniu. Siła ta jest proporcjonalna do iloczynu (mnożenia) ich mas i odwrotnie proporcjonalna do kwadratu odległości między ich środkami ($F_g = Gm_1m_2/r^2$, gdzie G jest wartością stałą, uniwersalną stałą grawitacyjną, identyczną wszędzie we wszechświecie, o ile nam dobrze wiadomo), przy czym Słońce jest najmasywniejszym z obiektów Układu Słonecznego. Później przekonaliśmy się, że teoria grawitacji Einsteina zastępuje teorię Newtona i wyjaśnia pozorne oddziaływanie siły na odległość, opisując, w jaki sposób masa kształtuje czasoprzestrzeń – jak przestrzeń i czas, nierozłączne, determinują ruch. Ta teoria jest zupełnie inna niż teoria Newtona, ale w przypadku ciał poruszających się z prędkościami znacznie mniejszymi niż prędkość światła, teoria Newtona jest doskonałym przybliżeniem prawdy — i daje nam możliwość poruszania się w przestrzeni międzyplanetarnej.

Jednak teoria Einsteina również nie jest kompletna, ponieważ nie wyjaśnia świata kwantowego (ale to na razie wykracza poza nasz obszar zainteresowań). Chociaż opis działania wszechświata na małą skalę nie jest łatwy do zrozumienia (chyba że przyjmiesz hipotezę wieloświata), można go napisać w kilku linijkach (które mogą być potem rozszerzone do całych tomów), więc w tym sensie Einstein kontynuował tradycję zapoczątkowaną przez Kopernika, Galileusza i Newtona, pokazując, że kilka prostych praw określa złożone zachowanie fizycznego wszechświata.

Czy kiedykolwiek będziemy „wiedzieć wszystko"? To w dużej mierze zależy od możliwości ludzkiego mózgu i jak podobno powiedział wielki biochemik John B.S. Haldane: „Wszechświat jest nie tylko dziwniejszy, niż sobie wyobrażamy, jest dziwniejszy, niż możemy sobie wyobrazić". Sam Einstein również zaproponował drogę do nieśmiertelności; gdy zbliżasz się do prędkości światła, twoje zegary będą zwalniać, zbliżając się do zera, gdy będziesz blisko jej osiągnięcia – a gdybyś podróżował wystarczająco szybko, minęłoby tysiąc lat na Ziemi, w trakcie gdy ty byś pił poranną kawę, ale subiektywnie, nadal zestarzejesz się i umrzesz. Więc to nie jest prawdziwa ścieżka, która by nas interesowała.

Darwin wyjaśnia ewolucję

W 1858 roku Charles Darwin i Alfred Russel Wallace opublikowali swoją *teorię pochodzenia gatunków przez dobór naturalny*. Teoria ta wywarła głęboki wpływ nie tylko na naukę, ale także na religię i politykę. To jeszcze jeden przykład gdy ludzkość spojrzała na „rzeczywisty" świat, a nie pozostała zaślepiona przez głęboko zakorzenione doktryny Kościoła. Jean-Baptiste de Lamarck zaproponował już wcześniej kompletną teorię ewolucji opartą na dziedziczeniu cech nabytych (proto-żyrafy sięgają po wyższe liście i dzięki temu ich potomstwo ma dłuższe szyje), ale nie było na to znanego mechanizmu i nie było dowodów na poparcie tego założenia — ponieważ aktywność zwierzęcia poprzez nieznane wydzieliny komórek musiałaby wpływać na jego „plazmę zarodkową" *.

Rozwiązanie tego fundamentalnego pytania przez Darwina opierało się na dowodach kopalnych, na jego własnych odkryciach oraz na jego przekonaniu — ukształtowanym pod wpływem pism angielskiego uczonego Thomasa Malthusa — że Ziemia ma ograniczoną nośność, co było potwierdzone przez dobrze znane odkrycia francuskiego przyrodnika Georges-a Cuviera (1809), że różne gatunki, które żyły w przeszłości, już nie istniały. Wallace również miał istotny wkład, ponieważ zauważył, że nowe gatunki motyli (był zawodowym łowcą motyli) zawsze znajdują się obok bardzo podobnych spokrewnionych z nimi gatunków i prawdopodobnie są bardziej selektywnie przystosowane do warunków panujących w danym siedlisku.

Fizyka i matematyka rozwinęły się w XVI i XVII wieku dzięki odkryciom Kopernika, Keplera i Brahe oraz Newtona i Leibniza, które zmieniły światopogląd każdego wykształconego Europejczyka. Tak jak greccy geometrzy, tacy jak Euklides, wzięli oni złożony temat i przekształcili go w maleńki zbiór reguł lub *aksjomatów* (automatycznie przyjmowanych jako logicznie i pewne stwierdzenia faktów, np. że dwa punkty wyznaczają linię), które można wykorzystać do zrozumienia w abstrakcyjny sposób, charakteru rzeczywistych obiektów. Tak więc fizycy i astronomowie byli już w stanie rozwiązać cały wszechświat, ruchy planet i komet, galaktyk i księżyców w oparciu o cztery proste prawa. Chęć zastosowania tego samego rodzaju analizy do innych dziedzin ludzkich badań była dla wielu oczywista.

---

* Plazma zarodkowa to koncepcja biologiczna, która mówi, że informacje dziedziczne są przekazywane tylko przez komórki zarodkowe, znajdujące się w gonadach (jajnikach i jądrach), a komórki somatyczne nie biorą udziału w tym procesie.

Karol Darwin nie wynalazł ewolucji. Ewolucja, tak jak jest obecnie rozumiana w biologii, odnosi się do zmian gatunkowych i nie jest pojęciem nowym. Greccy atomiści wcześnie zaproponowali, że świat składa się z atomów i próżni, atomów łączących się i rekombinujących, tworzących wszystkie struktury tego świata. Leukippos i Demokryt (ok. 500 p.n.e.) są najbardziej znanymi przedstawicielami tego światopoglądu. Ich filozofia była współczesna Arystotelesowi, ale atomizm nie był tak popularny jak głoszone przez niego poglądy. Arystoteles zdominował świat filozofii greckiej, więc poglądy atomistów nie zyskały powszechnej akceptacji. Lekcja z tego jest taka, że popularność „teorii" (hipotezy) ma niewiele wspólnego z jej prawdziwością; podobnie jak film, teoria jest popularna, jeśli prowadzi do dramatycznego (bardzo dobrego lub złego) zakończenia.

Nie ma wątpliwości, że Arystoteles był wielkim geniuszem, ale będąc wywyższonym jako ostateczny głosiciel prawdy, jego słowa uniemożliwiły dalszy postęp. To, co było prawdą — na przykład arystotelesowskie zasady logiki — pozostaje prawdą, ale prawie cała jego biologia była błędna, ponieważ opierała się na idei Platona, że każde stworzenie jest kiepskim przedstawieniem swojego doskonałego modelu. W biologii Arystotelesa nie było ewolucji, każdy gatunek na zawsze pozostawał taki sam. W kategoriach komputerowych każda jednostka była specyficzną implementacją klasy. Potrzebny był system, który byłby w stanie odróżnić to, co było prawdą, od tego, co nie było. Musiało to jednak poczekać do czasów renesansu, gdy swoją teorie formułował lord kanclerz Anglii (w pewnym sensie odpowiednik prezesa Sądu Najwyższego w USA, ale z większymi uprawnieniami) Francis Bacon, którego pisma stały się inspiracją dla opracowania metody naukowej. Rzeczywiście, wszystko, czego wymaga naukowa „teoria", to to, że spełnia ona reguły dowodowe — tak jak w prawie, dowody są używane do rozstrzygania prawdy lub fałszu.

Chociaż powszechnie przypuszczano, że materię można dzielić w nieskończoność, atomiści rozumieli, że gdyby tak było — gdyby materia była nieskończenie podzielna — wtedy nie byłoby miejsca na ruch lub zmianę, więc musi istnieć przestrzeń lub pustka. Tak więc świat został pomyślany jako złożony z podstawowych cząstek niedających się przeciąć, zwanych *atomami* (co dosłownie oznacza „niedających się przeciąć") oraz oddzielającej je przestrzeni lub pustki. Wyobrażano sobie, że atomy są w ciągłym ruchu, odbijając się od siebie.

Chociaż atomiści mogli wykorzystać swoją hipotezę do wyjaśnienia niektórych zjawisk, takich jak parowanie, nie było to ich celem. Ich zdaniem życie powstało w trakcie naturalnych procesów. Przedsokratyczni atomiści wierzyli, że życie powstało z nieskończonego chaosu atomów, które zgodnie z prawami natury i nieukierunkowanymi procesami wytwarzały życie w sposób bardzo podobny do naszych współczesnych poglądów. I chociaż ich oryginalne pisma zaginęły, ich idee zachował łaciński poeta Tytus Lukrecjusz w swoim pięciotomowym dziele *O naturze rzeczy* (odkrytym i ponownie opublikowanym w 1417 r., a więc w czasach renesansu było ono już dostępne).

Atomiści wierzyli, że natura (nie demiurg, jak wierzył Platon, ani później „ucieleśniona dusza" — ostateczna przyczyna wszelkiego życia według Arystotelesa — ale raczej nieukierunkowane prawa natury i przypadek operujący na atomach) stworzyła nowe gatunki „poprzez nieukierunkowany proces, który promuje najlepiej przystosowane formy i eliminuje te nieprzystosowane do panujących warunków" [10]. Poprzez ten opis starożytni atomiści nie tylko w nowoczesny sposób wyjaśniali ewolucję (choć pomijając szczegóły), ale także wyprzedzili o 1900 lat poglądy Darwina i Wallace'a, że „przetrwanie najsilniejszych" lub „dobór naturalny" są mechanizmami stojącymi za ewolucją. Jest jednak jedna znacząca różnica; ustalenia Darwina i Wallace'a były oparte na dowodach naukowych.

Atomiści nadspodziewanie zbliżyli się do współczesnej teorii budowy materii i tego, że rzeczy, które ludzie uważali za substancje, takie jak ciepło i suchość, były w rzeczywistości wrażeniami wywołanymi przez atomy, ich wyjaśnienia, choć logiczne (wszyscy greccy filozofowie byli logiczni), były jednak tylko słowami bez konkretnych dowodów; poza czystą logiką nie było sposobu na odróżnienie prawdziwego wytłumaczenia od fałszywego. Nasze komputery operują doskonałą logikę (kiedy pracowałem jako programista, miałem na biurku napis „Kompilator nigdy się nie myli"), ale każdy programista zna wyrażenie: „śmieci wchodzą, śmieci wychodzą". Grecy wierzyli, że ostateczną prawdę można wyprowadzić z czystego myślenia, a Arystoteles był w tym mistrzem (do dziś używamy logiki arystotelesowskiej). Ale niestety nie jest to możliwe.

Gdyby pierwsi chrześcijanie nie zniszczyli postępu technologicznego dokonanego przez cywilizację helleńską w Aleksandrii, gdyż uważali jej osiągnięcia za nieistotne, kto wie, gdzie byśmy dziś byli. Jednak wydaje się, że zawsze to różnice etniczne, religijne i rasowe są wykorzystywane przez tyranów do dzielenia ludzi i zdobywania władzy. Ale widzieliśmy już wcześniej, że kiedy różne stworzenia współpracują ze sobą, mogą razem zrobić więcej niż suma tego, co mogłyby osiągnąć osobno.

Co ciekawe, ten sam argument dotyczący tego, czy życie może powstać przypadkowo, biorąc pod uwagę jego wrodzoną złożoność, czy też zostało stworzone przez Stwórcę lub Projektanta, był dyskutowany również w starożytnej Grecji. Zarówno Platon, jak i Arystoteles (który, jak wspomniano, ponownie zasłynął później w średniowiecznej historii Kościoła jako ich świecki przewodnik), jak można się było spodziewać, wierzyli w dusze niematerialne (możemy je zdefiniować jedynie jako obiekty abstrakcyjne nieposiadające własnej pamięci i osobowości, chociaż współczesny katechizm mówi, że jednak zachowują te atrybuty).

Przy tym, Arystoteles pozostał niezdecydowany w kwestii nieśmiertelności duszy. Uważał, że „dusza” jest trójdzielna; dwie części (te związane z emocjami i pragnieniami) umrą wraz z ciałem, ale część zdolna do używania logiki była nieśmiertelna. Współczesny naukowiec przyglądający się tym przypuszczeniom na temat właściwości „duszy” zorientowałby się, że Arystoteles mówił o ludzkim mózgu i układach hormonalnych. I tak, myśli, a zatem i umysł, są niematerialne, ale mają materialną podstawę w neuronach i gleju w mózgu. Usuń górne 2 milimetry kory mózgowej i zobacz, ile zdolności logicznego myślenia pozostanie (kompletnie nic).

Jednak to właśnie te poglądy Greków zostały zaakceptowane przez Kościół, a poglądy Jezusa zostały odrzucone. Przekonania atomistów, podobnie jak wcześniej Arystarcha, zostały odrzucone, ale czy na podstawie prawdziwych przesłanek? Oczywiście że nie, jako że to właśnie Arystarch i atomiści mieli rację. Później filozofia duszy Arystotelesa została umocniona przez św. Tomasza z Akwinu, zgodnie z Williamem Andersonem Gittensem w jego książce *The Soul Of Culture Vol.1*, kiedy mówi on o poglądzie Akwinaty opisanym w jego dziele *Kwestie dyskutowane o prawdzie*: „Jeśli chodzi o duszę ludzką, jego teoria epistemologiczna wymagała tego, aby dusza była zdecydowanie nie cielesna, z uwagi na twierdzenie, że wiedzący staje się tym, co wie — jeśli byłaby cielesna, to kiedy wie, czym jest jakaś cielesna rzecz, ta rzecz stawałaby się jej częścią” [11].

To nie prawda; mój komputer (który, jak sądzę, jest „bezduszny” — lub może nie… kto to wie) „zna” (może podać zawartość), jaka jest moja baza danych, ale wyświetla ją tylko wtedy, gdy tego sobie zażyczę. Oznacza to, że prezentuje tymczasowy obraz mojej bazy danych (który mogłem wprowadzić na podstawie obiektu materialnego, powiedzmy, wcześniej zeskanowanego, papierowego arkusza kalkulacyjnego). Informacje nie są cielesne, ale do przechowywania i manipulacji muszą mieć materialne podłoże, czy to na oryginalnej kartce papieru, czy na jej cyfrowej reprezentacji w postaci macierzy półprzewodnikowych. Jeśli dusza jest mózgiem, zawiera reprezentację rzeczywistości, a nie samą rzeczywistość — czy możemy kiedykolwiek prawdziwie „poznać" obiekt fizyczny? Tylko pośrednio, przy pomocy ograniczonych zmysłów i zdolności, jakie posiadamy. Jednak wiemy że nasz mózg robi wszystko to, co Arystoteles przypisywał duszy.

Chociaż była to pierwsza podjęta przez ludzkość próba zrozumienia i kontrolowania doczesnego świata fizycznego, to większość tej wczesnej greckiej „filozofii" polegała na stosowaniu prawidłowego rozumowania do błędnych lub niedokładnych założeń, aksjomatów, które, po prostu, mają niewiele lub nie mają nic wspólnego z rzeczywistością. Sama idea duszy nieśmiertelnej jest założeniem nieposiadającym innych podstaw niż marzenia, życzenia i legendy. Ludzie po prostu lubią słyszeć, że będą żyć wiecznie. Dla mnie i jak sądzę dla większości moich czytelników, moja dusza jest tym, co mam na myśli, kiedy mówię „ja". Nawet jeśli straciłem pamięć o moim poprzednim życiu, amnezja to nie to samo, co śmierć. Ale kiedy czytasz poglądy Platona i Arystotelesa na temat duszy, jasne jest, że Platon odnosi się do abstrakcyjnego nieba i abstrakcyjnej duszy, z których żadne nie wydaje się mieć nic wspólnego z „ja" (w rzeczywistości pozbycie się tego „ja" jest buddyjską ścieżka do zbawienia, a to, co dzieje się po śmierci, nigdy nie było omawiane przez Buddę Gautamę Siddharthę).

Dusza, jako częściowo postulowana przez Kościół oraz potwierdzona i umocniona przez Ojców Kościoła, nie ma za sobą ani autorytetu Jezusa, w imię którego Kościół został stworzony, ani autorytetu wiedzy i zrozumienia dzisiejszej nauki. Starożytni Grecy wiedzieli bardzo mało, a wiele z tego, co uważali za prawdę okazało się błędne. To, o czym tak naprawdę mówił Arystoteles, to właściwości mózgu i nie ma wątpliwości, że mózg nie jest nieśmiertelny — nawet kora mózgowa, ośrodek myśli i rozumu, gnije jak każda inna część ciała.

W sumie to Grecy jako pierwsi spojrzeli na ten świat i spróbowali zrozumieć go w kategoriach praw i logiki. Opracowana przez nich geometria opierała się na aksjomatach, połączonych logiką, aby wyjaśnić świat geometrycznych kształtów, świat, który jak wierzył Platon, istniał w rzeczywistości, meta-świat idealnych czystych form, którego nasz świat jest jedynie marnym przybliżeniem — skąd indziej mogłyby pochodzić idee? Odpowiedź to: z doświadczeń, analogi i umiejętności ich uogólniania (a często bardzo daleko idącego uogólniania).

Podsumowując, ponieważ „klasyczni" Grecy niewiele wiedzieli o świecie, ich precyzyjne rozumowanie opierało się na fałszywych aksjomatach, a wyników nigdy nie sprawdzano metodami naukowymi, ponieważ nie zostały one jeszcze opracowane. Kiedy „ojcowie Kościoła", jak św. Tomasz z Akwinu, dalej wykazywali niecielesną naturę duszy (współczesnym odpowiednikiem byłaby różnica między „umysłem" a „mózgiem"), ciało zdawało się być jak maszyna, ożywiana przez moc ducha. W jaki sposób te niematerialne palce mogły kontrolować ruchy ciała i jak ten duch mógł postrzegać światło — chociaż promienie przepływały bez zakłóceń przez jego niewidzialne oczy — były pytaniami, na które nigdy nie udzielono odpowiedzi, ale przypuszczano, że odpowiedzi te nadejdą. Wiemy jednak, że działania umysłu (uznawanego za byt niecielesny) zawarte są w czynnościach komórek mózgowych, które z pewnością umierają.

Kościół przyjął błędne ludzkie wnioski oparte na niedokładnych i fałszywych koncepcjach i uczynił je dogmatami. Miliard ludzi dziś wciąż żyje tymi przekonaniami wpajanymi im przez władze Kościoła, które karmią ich opowieściami i biorą ich pieniądze na wsparcie ogromnej i bogatej biurokracji. Ale zobaczymy, zanim ta książka się skończy, że chociaż droga Kościoła do nieśmiertelności poprzez nieśmiertelne dusze jest niczym innym jak bajką opartą na nieporozumieniu, establishment naukowy podążał tą samą ścieżką. Włączał nieprawdy i żarliwie wyznawane pragnienia do oficjalnego „dogmatu", który nie ma większej szansy na zapewnienie nam biologicznej nieśmiertelności (a raczej młodości, tak długo jak tego chcemy) niż fikcyjna nieśmiertelna dusza.

Ostateczną odpowiedzią na głoszony przez Kartezjusza dualizm ciało-umysł (jego teorię o oddzieleniu umysłu od ciała) jest, jak wyjaśnił Gilbert Ryle (brytyjski filozof umysłu), stwierdzenie, że to fundamentalny błąd, którego nie mogą naprawić żadne udoskonalenia. Ryle odnosi się do dualizmu umysł-ciało za pomocą terminu „Duch w Maszynie". Idea, że ludzie składają się z dwóch substancji (ciała i umysłu), jak sugeruje Ryle w swoim eseju *Mit Kartezjusza* [12] jest kategorycznym błędem, ponieważ ciało i umysł nie są „substancjami"; nie są tym samym rodzajem rzeczy, należą do różnych kategorii — tak jak „powieść" i „pismo" to dwie różne kategorie, jak „ręka" i „pranie" lub „program" i „komputer" (ile ten program waży?), co sugerowałem już wcześniej. Zdanie „Mam dwie ręce i dwa mycia" nie ma całkowicie sensu, to o wiele gorsze niż porównywanie jabłek do pomarańczy. Przynajmniej jabłka i pomarańcze należą do kategorii owoców.

Średniowieczne nieporozumienia wciąż są podtrzymywane przez miliardy ludzi, którzy przeznaczają swoje pieniądze na wsparcie ogromnej konstrukcji zbudowanej w celu obrony średniowiecznego myślenia i średniowiecznej ignorancji. Jednakże ludzie są (o ile wiemy) wyjątkowi we własnej świadomości tego, że będziemy się starzeć i umierać, więc może lepiej mieć nadzieję, że cała praca i wysiłki włożone w przestrzeganie ogólnych praw moralnych i religijnych zwrócą się w życiu pozagrobowym, niż zaakceptować śmierci jako ostateczną i żyć ze świadomością, że jakiekolwiek przestępstwo, które może nam ujść na sucho, nie będzie miało dalszych konsekwencji. Niemniej jednak, kiedy mieszkałem w Japonii (przez osiem lat), przeciętny człowiek zapytany na ulicy powiedziałby (i byłem tego świadkiem), że Japończycy nie wierzą w Boga. Mimo to, w Japonii poziom przestępczości jest znacznie niższy, a ogólna uprzejmość bardziej powszechna w niż w krajach chrześcijańskich, więc nie uważam tego lęku przed wieczną karą za środek odstraszający od popełniania zbrodni; z tego co mi wiadomo, szefowie mafii chodzili do kościoła w każdą niedzielę.

Wróćmy więc trochę bardziej do biologii, ponieważ wydaje mi się, że jest to odpowiednie miejsce, aby poszukać bardziej naukowego podejścia do przedłużania życia. Ponownie będziemy musieli odwołać się do zasady Feynmana — zasady, według której wszystkie nauki idą naprzód, i która całkowicie wypiera stwierdzenie że coś jest prawdziwe dlatego tylko, że jest logiczne. Mówi ona, że wiesz, że wybrana przez ciebie hipoteza jest błędna, jeśli po prostu nie „działa". Nazywa się to „odrzuceniem hipotezy"; w tym nieskończonym wszechświecie nigdy nie można wiedzieć, że coś jest poprawne w każdym przypadku, w każdym miejscu, więc nigdy nie można potwierdzić hipotezy eksperymentalnie, ale każdy pojedynczy przypadek, w którym przewidywanie oparte na twojej hipotezie nie działa, wystarczy, aby „odrzucić" tą hipotezę i zdyskwalifikować ją na zawsze bez prowadzenia dalszych badań.

Nauka jest pod tym względem bardzo konserwatywna, ale może istnieć wiele powodów, dla których twoja zasada (aksjomat, prawo, przypuszczenie) jest błędna i nadal daje dobre wyniki (jak widzieliśmy w przypadku geocentrycznego „wszechświata" Ptolemeusza kontra heliocentryczny wszechświat Kopernika). Ale pojedyncze odkrycie Galileusza ukazujące, że Wenus ma fazy (widoczne tylko dzięki udoskonalaniu przez niego teleskopu) było samo w sobie wystarczające do odrzucenia hipotezy, że Wenus i Słońce okrążają Ziemię.

W rzeczywistości, Brahe wymyślił inny model, w którym Słońce wciąż krąży wokół Ziemi, ale planety wewnętrzne krążą wokół Słońca. Ta teoria również mogła zadziałać, ale wprowadziłaby dalsze zamieszanie. Założenie heliocentryczności plus obliczenie eliptycznych orbit planet wokół, będącego jednym z ich ognisk, Słońca wyjaśniło wszystko i doprowadziło do dalszego postępu, dokonanego zwłaszcza przez Galileusza, a następnie przez Newtona. Zachodzą tu dwa sprzeczne z intuicją fakty; to, że lepsze hipotezy niekoniecznie dają, od razu, lepsze wyniki i że tak zwana brzytwa Ockhama, bezmyślne upieranie się przy najprostszych rozwiązaniach, nie zawsze jest najlepszym sposobem postępowania, ponieważ, jak dziś dobrze wiemy, Słońce nie okrąża Ziemi w ciągu każdego dnia.

4

Początek biologii

Nauki fizyczne, wywodzące się z prac Galileusza i Newtona, a nawet astronomia, wydawały się w zasadzie proste; jeśli tylko cztery prawa mogą opisać i przewidzieć orbity ciał niebieskich, to z definicji są one proste. Oczywiście ówczesna fizyka myślała o punktach masy — planetę można po prostu przedstawić jako pojedynczy punkt o masie i prędkości, poddany działaniu sił Słońca i innych planet, a używając praw ruchu i grawitacji Newtona, ich pozycje mogłyby być zdeterminowane do końca czasu (tak wierzono). Jednak rozszerzenie fizyki na „rozciągnięte ciała", takie jak „prawdziwe" planety, było wtedy odległą przyszłością; „Punkt masy" i „siły" były wszystkim, czego potrzebował fizyk lub astronom. Jednak biologia była inna — jej złożoność sprawiała, że trudno było nawet wiedzieć, od czego zacząć; jakie były odpowiedniki orbit i jakie były „punkty masy" w biologii? Jako punkt wyjścia wiedziano, że żywe istoty są inne, ożywiane przez, charakterystyczną jedynie dla nich, élan vital *.

---

* Élan vital, „pęd życiowy" lub „siła twórcza", jest hipotetycznym wyjaśnieniem ewolucji i rozwoju organizmów.

Choć *biologia jako* odrębna dyscyplina rozpoczęła się dopiero w XIX wieku, to miała swoje korzenie, podobnie jak cała nauka, w starożytnej filozofii greckiej, której dociekliwy duch osiągnął pewien szczyt (a było ich wiele) wraz z Galenem (Claudius Galenus) w II wieku n.e. Galen był lekarzem rzymskiego cesarza Marka Aureliusza, a później jego syna, cesarza Kommodusa (możesz obejrzeć film Gladiator, aby poznać przedstawiony tam niezwykle stronniczy obraz Kommodusa, jednak historycy w większości zgadzają się co do tego, że to on zakończył, znany jako Pax Romana, złoty wiek w historii Cesarstwa Rzymskiego).

Galen był empirystą, który chciał badać ludzkie ciało, aby poszerzyć swoją wiedzę medyczną, a ponieważ sekcja i wiwisekcja ludzi została zdelegalizowana w Rzymie w 150 r. p.n.e., przeprowadzał te procedury na małpach. Później opowiem o innych eksperymentach, tak okrutnych, że trudno byłoby sobie wyobrazić, by uzasadniła je jakakolwiek „Komisja Etyki", ale niektóre z nich doprowadziły do odkrycia podstawy biologicznej nieśmiertelności ssaków. Prawdę mówiąc, sam Galen był zakłopotany ludzkimi wyrazami twarzy swoich małp i przerzucił się później na inne zwierzęta, głównie świnie. Napisał traktat, najwyraźniej chwalący swoje własne podejście, o jakże adekwatnym tytule *„Najlepszy lekarz jest także filozofem"*, jako że był on zarówno lekarzem, jak i filozofem, do tego uznanym, przez samego Marka Aureliusza, za postać wybitną w obu tych dziedzinach.

Właściwa część badań Galena składała się ze szczegółowych sekcji, na podstawie których wywnioskował on funkcje poszczególnych części ciała. Anatomia Galena przetrwała na ziemiach arabskich do XIII wieku, kiedy to Ibn an-Nafis opisał krążenie płucne (płuco nie pożerało pompowanej do niego krwi, ale odzyskiwano ją w krążeniu żylnym) [13], a w Europie aż do XVI wieku, kiedy Wesaliusz, flamandzki anatom i lekarz, użył sekcji ludzkich zwłok (było to dozwolone w chrześcijańskiej Europie, ale zabronione w pogańskim Rzymie — nie to, czego bym się spodziewał), aby wykazać, że wiele opisów anatomicznych Galena opartych na organizmach małp nie pasowały do ludzi.

Filozofia Galena opierała się na filozofii platoników i Arystotelesa, obejmując duszę trzyczęściową (duszę pożądającą, duszę duchową [„duch", jak w hebrajskim „tchnienie", oznaczające siłę ożywiającą, a nie „ducha" jakiego znamy z horrorów] oraz racjonalną część [ten element, który Arystoteles uważał za nieśmiertelny]). Galen wierzył, że przy pomocy swoich eksperymentów, udało mu się określić lokalizację tych trzech „dusz". Pożądliwa dusza przebywała w wątrobie, gdzie wytwarzała „ciemną" krew i wysyłała ją do narządów, w których była konsumowana. Dusza „duchowa" przebywała w sercu i produkowała „jasną" krew, która po przepompowaniu również była spożywana w narządach. I chociaż Galen zauważał różnicę między „jasną" i „ciemną" krwią, nigdy nie połączył układu żylnego i tętniczego, więc w obu przypadkach krew była produkowana pod zwierzchnictwem tych dwóch śmiertelnych dusz (pożądliwości i ducha) i była wysyłana w jednym kierunku — serce i wątroba wytwarzały krew, inne narządy ją pochłaniały, potem serce i wątroba wytwarzały kolejną partię i cykl trwał. Jednak racjonalna dusza była w mózgu. Ważną częścią takiego podejścia była nie tyle praktyczna wiedza, ile idea „lokalizacji funkcji", koncepcja, że poszczególne narządy pełnią różne zadania.

Tak więc tutaj, greckie pojęcie *pneumy* było prawie identyczne z hebrajskim pojęciem *neshamah* czyli „oddechu" – tego ożywiającego ducha, który jak wierzyli stoicy (sekta filozoficzna, ich najsłynniejszym przedstawicielem był Marek Aureliusz), znajduje się we krwi (pamiętajmy: „krew jest istotą życia wszystkich stworzeń"). Jednak medycyna Galena opierała się na koncepcjach greckiego lekarza Hipokratesa, który uważał, że zdrowie polega na równowadze czterech humorów — krwi, czarnej żółci, żółtej żółci i flegmy —wywołanie krwawienia w celu przywrócenia równowagi było częścią tradycji zapoczątkowanej przez Hipokratesa (nawiasem mówiąc, wygląda na to, że oddawanie krwi faktycznie wiąże się ze zwiększoną długowiecznością). Proces upuszczanie krwi, stosowany jako terapia dla prawie każdego schorzenia, był praktykowany jeszcze do XX wieku. Osobiście pamiętam zestaw kubków, które moja mama miała do stawiania „baniek", późniejszego wariantu tego zabiegu.

Upuszczanie krwi wydaje się jednym ze sposobów na oczyszczenie organizmu z pewnych, gromadzących się wraz z wiekiem, cząsteczek promujących starzenie się, takich jak np. eotaksyna (więcej o tym później). Usuwając z organizmu wystarczającą ilość krwi, można skutecznie rozcieńczyć, obecne w niej, czynniki sprzyjające starzeniu (pro-starzeniowe). Organizm z łatwością nadrobi utraconą objętość wypijaną wodą, po pewnym czasie czynniki promujące starzenie powinny się odbudować, ale regularne upuszczanie krwi może obniżyć pozorny wiek tkanek, ponieważ wykazano, że rozcieńczenie tych substancji z częściowym zastąpieniem ich roztworem soli fizjologicznej i albuminy wykazuje takie efekty przeciwstarzeniowe [14]. Trzeba jednak wspomnieć, że młoda albumina okazała się później sama w sobie przeciwdziałać starzeniu, co zdaje się rywalizować z poglądem, że to rozcieńczenie czynników promujących starzenie jest „przyczyną" odmłodzenia [15].

Prace Galena był jednak zwieńczeniem osiągnięć w medycynie aż do czasu renesansu, kiedy ponowne zainteresowanie światem realnym (*empiryzm*) i pojawienie się starożytnych tekstów łacińskich i greckich (komentowanych przez islamskich uczonych) wywołały wiele nowych pytań, a metoda naukowa pozwoliła udzielić na nie odpowiednio zweryfikowanych odpowiedzi.

Renesans („odrodzenie") był epoką, w której nowa filozofia zastąpiła starożytną ideę świata jako organizmu poglądem, że bardziej przypomina on precyzyjny mechanizm. Prawdopodobnie nie jest przypadkiem, że wynaleziono wtedy również wiele nowych urządzeń, ponieważ paradygmat naukowy dotyczący biologii jest zwykle zależny od technologii epoki — podobnie, jak w XX wieku komputer stał się modelem dla mózgu i odwrotnie (sieci neuronowe, AI itp.).

Podobno ci sami holenderscy producenci okularów, którzy konstruowali pierwsze teleskopy, Lippershey i Janssen, zbudowali również pierwsze mikroskopy. I znów, podobnie jak w przypadku teleskopu, Galileusz ulepszył także mikroskop. Po Galileuszu to mikroskop Roberta Hooke'a najbardziej przypominał współczesne instrumenty (Newton był wielkim wrogiem Hooke'a i spekulowano nawet, że stwierdzenie Newtona o tym, że widział dalej, ponieważ „stał na ramionach olbrzymów", było pośrednią zniewagą dla Hooke'a, który był dosyć niski). Hooke w końcu zebrał wszystkie swoje rysunki, wykonane na podstawie obserwacji mikroskopowych, przedstawiające silnie powiększone pospolite przedmioty, takie jak pchły, wszy, kwiaty i inne części roślin w coś, co teraz nazwalibyśmy albumem na „stolik kawowy" (ang. *coffee table book*). Jego książka *Micrographia* zawierała, między innymi, rysunek bardzo powiększonego korka, pokazujący, że fragment kory o niższej gęstości składa się z pustych „małych pokoi", przywodzących na myśl cele w klasztorze, co stało się źródłem pochodzenia słowa „komórka", używanego obecnie do określenia tego, co można uznać za „punkt masowy" życia (a jej zmiany w czasie stanowią niejako jego „trajektorię" lub „orbitę").

Jednak, to nie zawodowi naukowcy odkryli świat komórki, ale amator, hobbysta Antoni van Leeuwenhoek. Z poświęceniem charakterystycznym dla kogoś, kto pracuje dla samej satysfakcji płynącej z tego zajęcia, Leeuwenhoek wykorzystywał swoje umiejętności, aby zaspokoić własną ciekawość. Przy tej okazji odkrył wcześniej niewidzialny świat żywych istot, nieznanych i całkowicie niespodziewanych, który ostatecznie doprowadził do powstania naszej obecnej koncepcji komórki i znacznej części naszej obecnej biologii.

Uważa się, że Jego technika polegała na rozpoczęciu prac od drobnych zgrubień na dnie dmuchanego szkła, a następnie usunięciu reszty szkła, pozostawiając jedynie maleńką soczewkę, którą następnie włożył między mosiężne płytki (z wcześniej przygotowanymi odpowiednimi otworami na nią). Chociaż mikroskopy opracowane przez Hooka i innych były znacznie bardziej wyrafinowane, żaden nie miał mocy powiększania (ponad 250 razy) ani rozdzielczości (0,001 mm) wspaniałych soczewek Leeuwenhoeka. Ten niewykształcony (bez formalnej edukacji) handlarz suchymi towarami wykonał setki mikroskopów (wszystkie z nich miały system śrub, taki, że próbkę umieszczano na jednym końcu, który można było podnosić lub opuszczać w stosunku do soczewki).

Leeuwenhoek nie tylko patrzył na wszystko za pomocą swojego cudownego mikroskopu; dzielił się także swoimi odkryciami z Brytyjskim Towarzystwem Królewskim (nawet w czasie, gdy Holandia i Anglia były w stanie wojny) i nawet został jego członkiem. Był pierwszą osobą, która opisała plemniki, a kiedy spojrzał na wodę w swoim rodzinnym mieście Delft, odkrył, że woda, którą pił, obfitowała w miriady dziwnych i pełnych wdzięku stworzeń, które teraz nazywamy pierwotniakami. Patrząc na osad pozyskany z bardzo zepsutych zębów jego sąsiada, którego oddech mail nieprzyjemny zapach, był w stanie zobaczyć wężopodobne bakterie poruszające się po kamieniu nazębnym i postulował, że choroby mogą być spowodowane przez te niewidzialne stworzenia, które odkrył.

Czuję, że muszę również wspomnieć o dwóch wielkich niemieckich badaczach Matthiasie Schleidenie i Theodorze Schwannie. Schleiden był botanikiem, a Schwann zoologiem. Pracując w tym samym laboratorium, stali się przyjaciółmi i współtwórcami *teorii komórkowej*, która w oparciu o ich dowody zaproponowała, że wszystkie żywe stworzenia składają się z komórek. Pierwotnie zaobserwowane suche „komórki" korka były teraz wypełnione płynem. Komórki roślinne miały grube ściany komórkowe z celulozy, jak w korku, ale były wypełnione płynami lub żelami. Również tkanki zwierzęce, badane mikroskopowo, składały się z komórek, ale nie miały one ścian komórkowych — wywnioskowano zatem, że jedynie cienka błona ogranicza ich płynną zawartość.

Więc, teraz mieliśmy nasz biologiczny odpowiednik punktu masy, komórkę. Ale skąd wzięły się komórki? Pierwotnie uważano, że te „komórki" są płynem zwanym *blastemą*, ponieważ komórki, podobnie jak drożdże, wytwarzały bąbelki w procesie fermentacyjnego przetwarzania żywności. Jednak, gdy znakomity lekarz Rudolf Virchow ogłosił swoją słynną sentencję

„*Omnis cellula e cellula*" (wszystkie komórki pochodzą z wcześniej istniejących komórek), biolodzy zaakceptowali to jako obowiązującą prawdę (chociaż, Robert Remak wysunął tę samą propozycję już wcześniej, to dopiero stwierdzenie tak wybitnego autorytetu, jakim był Virchow, uwiarygodniało tę tezę). Tak więc, odpowiedź na pytanie, skąd pochodzą nasze komórki, jest takia, że jesteśmy tylko klonem pojedynczej zapłodnionej komórki jajowej.

Przyjrzymy się bliżej komórce, widząc, że ta „masa punktowa" biologii ma określony zasięg, a następnie przyjrzymy się jej trajektorii życiowej i przyjrzymy się poszczególnym komórkom, które jednocześnie stanowią samodzielnie organizmy — „orzęskom", które tak zafascynowały Leeuwenhoeka (pierwotniaki) — i zobaczymy, dlaczego, jak i kiedy śmierć pojawiła się na drodze życia.

Komórka eukariotyczna

Nikt do końca nie wie, jak wyglądał ostatni wspólny przodek eukariotyczny (LECA) ani jak powstał (nie mylić z LUCA, ostatnim powszechnym wspólnym przodkiem), ale niedawne osiągnięcie przez nas zdolności do łatwego sekwencjonowania DNA dowolnego organizmu umożliwiłośledzenie pochodzenia zwierząt i tworzenie nowej klasyfikacji żywych istot na podstawie ich genomów. Jeden przykład pokazano na rysunku 3.

Skąd czerpiemy wiedzę o naszych odległych przodkach po tak długim czasie? Żywe istoty są konserwatywne w najlepszy możliwy sposób — zachowują to, co dobre, i pozbywają się (przynajmniej starają się) tego, co złe. Geny, które przechowują, są często utrwalone w trakcie ewolucji. System genetyczny, który kontroluje długość życia prymitywnego nicienia *Caenorhabditis elegans*, wpływa także i na czas naszego życia, w szczególności poprzez reakcje komórkowe na środowisko (w tym sygnalizację). Insulinowy szlak mTORC1 składa się z homologicznych białek i rodzin mikroRNA zarówno u obleńców, jak i u ludzi. Kiedy geny są różne, ale na tyle podobne, że jesteśmy w stanie wykazać ich wspólne pochodzenie, nazywamy je „homologami". Gdy te geny współpracują ze sobą, aby wykonać jakąś funkcję (taką jak system insulina-mTOR w promowaniu procesów wzrostu lub naprawy), nazywane są siecią regulacji genów (GRN od angielskiego *Gene Regulatory Network*). Jak zobaczymy, sieci regulujące aktywność i długość życia nicienia *C. elegans* są homologami naszych własnych.

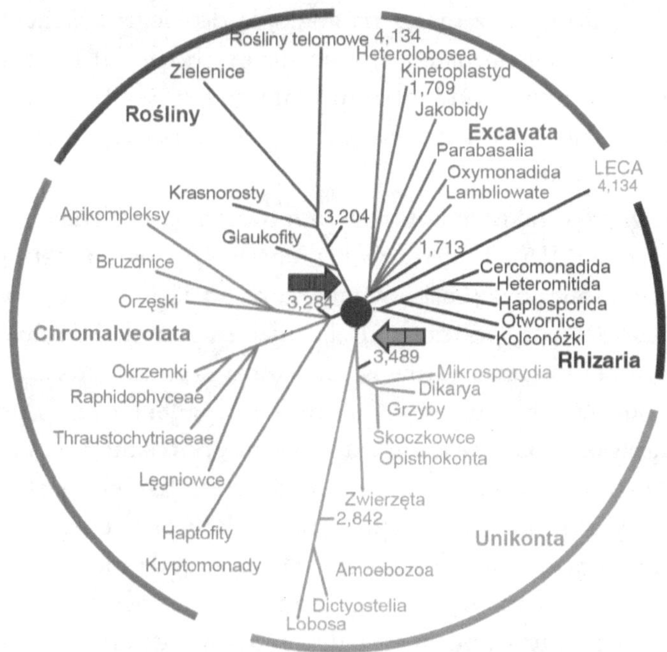

Rysunek 3: Ewolucja eukariontów. Związek między pięcioma supergrupami eukariotycznymi — Excavata, Rhizaria, Unikonta, Chromalveolata i Roślinami — jest pokazany jako filogeneza gwiezdna z organizmem LECA w centrum [16].

Kiedy przyjrzymy się genom, które dzielą członkowie pięciu supergrup eukariotycznych, okaże się, że ostatni wspólny przodek wszystkich eukariontów miał prawdopodobnie około 4500 genów, podobnie jak współczesne stworzenia jednokomórkowe, a kiedy przyjrzymy się składowi tych genów okazuje się, że wiele z nich ma pochodzenie prokariotyczne; około trzy czwarte prokariotycznych genów eukariontów pochodzi od bakterii, a około jedna czwarta z DNA archeonów.

DNA archeonów jest zbudowane tak samo jak nasze DNA, ze znaczącymi odcinkami kodującymi sekwencję aminokwasów (białka), a pełna sekwencja kodująca białko jest przerywana przez oddzielający ją od następnej i czasem nieznaczący odcinek DNA (intron) — „nieznaczący" w sensie niekodujący prawidłowej sekwencji aminokwasów, z których zbudowane są białka. Tak więc, ponieważ te „nieznaczące" introny muszą zostać usunięte, są one oznaczane własnym „kodem" (innym niż kod genetyczny) w celu ich identyfikacji przez „czynniki splicingowe", zaś części, które mają znaczenie, eksony (sekwencje kodujące) muszą zostać scalone. Cała ta złożona operacja nazywana jest *splicingiem* (z uwagi na analogię do cięcia i łączenia filmu lub taśmy dźwiękowej w celu usunięcia niechcianych części) i proces ten musi zostać wykonany zanim kod białka niesiony przez RNA, transkrybowany z DNA archeonu lub organizmu eukariotycznego, będzie mógł zostać przetłumaczony na białko.

Nie dziwi więc fakt, że kontrola przetwarzania informacji oraz mechanizm transkrypcji RNA z DNA, splicing tego RNA i jego translacja pochodzą z genów archeonów, gdyż mają one taką samą strukturę intronów i eksonów, jak geny eukariotyczne, podczas gdy liczniejsze geny bakteryjne są bardziej skupione na metabolizmie. Główną innowacją komórki eukariotycznej była jej złożona budowa, w tym otoczone błoną organelle oraz błony tworzące rurki i pęcherzyki wewnątrz komórki – coś niespotykanego u bakterii, z wyjątkiem nielicznych przypadków, w których jedna bakteria jest endopasożytem innej. Trzy z tych organelli sprawiają, że komórka eukariotyczna jest w stanie dokonać wyczynów, których prokarionty nigdy nie mogłyby osiągnąć i wszystkie one otoczone są dwiema błonami zbudowanymi z dwuwarstwy lipidowej. Te elementy komórki to: jądro, mitochondrium i chloroplast.

Jądro zawiera kody genetyczne oraz kody i mechanizmy epigenetyczne, które determinują cechy organizmu. Mitochondrium daje komórce znacznie wydajniejszy silnik do produkcji uniwersalnej cząsteczki paliwa komórkowego, ATP, jednak jego układ „wydechowy" powoduje uszkodzenia. Mitochondrium zwiększa ilość cząsteczek ATP wyprodukowanych z każdej cząsteczki glukozy (zwanej czasem cukrem winogronowym) do średnio 32, podczas gdy z tej samej ilości cukru, komórka bez tego organellum jest w stanie uzyskać jedynie dwie cząsteczki ATP. Mitochondrium pobiera elektrony o wysokiej energii potencjalnej, przekazane przez cząsteczki NADH i FADH$_2$, w dół swojego łańcucha transportu elektronów (ETC - z angielskiego *Electron Transport Chain*), aby połączyć je z cząsteczkami tlenu atmosferycznego rozpuszczonymi w cytoplazmie. W ten sposób dochodzi do utraty energii potencjalnej w postaci elektronu z NADH (jony wodorkowe przyłączone do NAD$^+$) o wysokiej energii potencjalnej na wejściu, i uzyskaniu wody, o niskiej energii potencjalnej na wyjściu, a ta różnica w potencjalnej energii elektrycznej jest wykorzystywana do generowania cząsteczek ATP z ADP i nieorganicznego (ubogiego w energię) fosforanu.

Każda komórka z mitochondriami ma jądro i podobnie każda komórka z chloroplastami ma mitochondria. Chloroplasty, w połączeniu z mitochondrium, pozwalają roślinom wytwarzać własne pożywienie z atmosferycznego dwutlenku węgla, wody (plus fosforany, azotany itd.) i światła słonecznego.

Użycie energii słonecznej było dobrym pomysłem już ponad trzy miliardy lat temu. Chloroplast redukuje (dodaje elektrony, a w rzeczywistości atomy wodoru) dwutlenek węgla, aby wytwarzać pokarmy węglowodanowe, a mitochondria wykorzystują to pożywienie (paliwo) do produkcji ATP, który napędza całą maszynerię komórki. W trakcie tego procesu rośliny wytwarzają również tlen atmosferyczny, bardzo reaktywne cząsteczki, których zasoby, z uwagi na krótki okres połowicznego rozpadu, muszą być stale uzupełniane przez wszystkie gatunki z królestwa Plantae. Uważa się, że to właśnie ten tlen atmosferyczny spowodował pierwsze wielkie wymieranie, gdy zostały na niego wystawione wcześniejsze organizmy beztlenowe, ale dał także żywym istotom, które mogły wykorzystać tę śmiertelną substancję chemiczną (O_2), możliwość zagospodarowania nadmiaru energii do robienia czegoś więcej niż tylko utrzymywania się przy życiu i rozmnażania własnego gatunku. Opowiem więcej o obu tych organellach, ale nie na przykładzie roślin; chociaż one też się starzeją i umierają, jednak ocalenie ich od tego losu nie jest naszą troską ani ich.

Wiemy, że mitochondrium powstało w wyniku endosymbiotycznego połączenia dużej komórki lub kolonii komórek – zarówno z genami bakterii, jak i archeonów – z bakterią z grupy bakterii Gram-ujemnych zwaną alfa--proteobakterią, która następnie stała się naszym mitochondrium. Ta wiedza jest dobrze ugruntowana. Przewaga jaką zapewnił tlen była ogromna i zaawansowane życie eukariotyczne zależy od obecności tlenu atmosferycznego jako ostatecznego magazynu energii o niskim potencjale dla elektronów o wysokiej energii zawartych w związkach organicznych.

Cząsteczka taka jak glukoza (cukier prosty występujący w owocach) dostarcza prawie dwudziestokrotnie więcej energii przy fosforylacji oksydacyjnej w mitochondriach (proces wytwarzania ATP zachodzący w mitochondriach), niż gdyby mitochondria były usunięte lub dezaktywowane, dając w ten sposób komórkom więcej energii niż jest niezbędne do przetrwania i reprodukcji. Podobnie jak elektryczność, energia ta może być wykorzystywana do wielu celów. Ta cząsteczka glukozy została wyprodukowana przez rośliny, które zaprzęgły cyjanobakterie do wykorzystania energii słonecznej. Tak naprawdę, to od tej energii zależy cały świat istot żywych (z małymi wyjątkami organizmów żyjących głęboko pod powierzchnią oceanu, czerpiących pokarm z wysokoenergetycznych związków dostarczanych przez otwory geotermalne).

Podwójna błona otaczająca jądro wskazuje na bakterię Gram-ujemną. Kompleks porów jądrowych, który rozróżnia to, co może wejść lub wyjść z jądra, jest również pochodzenia bakteryjnego (z niektórymi bardzo losowo powtarzającymi się sekwencjami peptydów, które nie występują u bakterii i archeonów). Zaproponowano, że włączenie alfa-proteobakterii jako mitochondriów mogło spowodować uwolnienie samowycinających się intronów, które DNA alfa-proteobakterii zawiera w obfitości. Te fragmenty DNA mogą zakłócać transkrypcję, wymagając otoczki jądrowej do wyizolowania transkrypcji (mimo takiej konieczności, nie zawsze tak się dzieje).

Obecnie interesują nas raczej organizmy heterotroficzne (żywiące się innymi) niż królestwo roślin. Często, jednak, okazuje się, że badania nad roślinami ujawniają specyficzne mechanizmy, zanim zostaną one odkryte u zwierząt, i chociaż nie będę poświęcał naszej uwagi roślinom, powinniśmy przywołać definicję starzenia się roślin podaną przez Hafsi Milouda i Guendouza Alego: „Starzenie się roślin jest definiowane jako zależny od wieku zaprogramowany proces degradacji i degeneracji komórek, organów lub całego organizmu, prowadzący do śmierci" [17].

Wszyscy znamy kolory towarzyszące obumieraniu roślin, gdy liście przestają wytwarzać chlorofil, aby przygotować się na śmierć wraz z nadejściem zimy w klimacie umiarkowanym. Kiedy liście obumierają, między ogonkiem liścia a podtrzymującym go układem naczyniowym tworzy się warstwa odcinająca, dzięki czemu martwy liść opada na ziemię, użyźniając glebę. Także większość naszych zbóż — owies, pszenica, ryż itp. — umiera, zanim zostaną zebrane. Pamiętam, gdy obserwowałem, jak pola ryżowe w pobliżu mojego domu w Japonii stają się złote, nie zdając sobie sprawy, że podobnie jak w przypadku opadłych liście, złoto to było kolorem śmierci.

Obecność roślin jednorocznych, dwuletnich i wieloletnich (w tym drzew, które żyją od dziesiątek do tysięcy lat) pokazuje, że ta sama, zależna od wieku, zaprogramowana degeneracja, którą nazywamy „starzeniem się" u zwierząt, występuje również u roślin, jako normalna część ich programu rozwojowego, z tą różnicą, że rośliny mierzą wiek według pór roku, przynajmniej w klimacie umiarkowanym. Co ważniejsze, ta sama genetyczna, zależna od wieku zaprogramowana degeneracja prowadząca do śmierci jest odpowiedzialna za nasze starzenie się i śmierć – coś, z czym trudno jest nam się mierzyć. Jednak, jak to często bywa, znalezienie rozwiązania wymaga uczciwego zmierzenie się z problemem.

Pierwotniaki

Jest to nieoficjalny termin na określenie tego, co Leeuwenhoek nazywał „Animalculum" (termin ten pochodzi z łaciny i oznacza małe zwierzęta), i rzeczywiście wiele z nich ma cechy zwierzęce, ponieważ są mobilnymi heterotroficznymi myśliwymi, chociaż niektóre mają endosymbiotyczne sinice, które dostarczają im energii. W rzeczywistości, zwierzę o nazwie *Astasja* jest identyczne z rośliną *Eugleną* za wyjątkiem chloroplastów. Gdyby „wyleczyć" *Euglenę* z jej chloroplastów (za pomocą środka powodującego interkalację DNA) to stanie się ona heterotrofem *Astazją*.

Tak naprawdę, jeśli spojrzysz na pięć supergrup na rysunku 3, zobaczysz, że w każdej z nich są przedstawiciele pierwotniaków (każda grupa ma pochodzenie monofiletyczne, tj. wywodzi się od przodka z jednego gatunku). Ale dla naszych celów dokonamy trochę innego podziału.

Nieśmiertelne komórki nie rozmnażają się płciowo, ich jedyną formą reprodukcji jest sposób wegetatywny — po prostu powielają się z niewiarygodną dokładnością, tak że takie same zwierzęta żyją od miliardów lat! Ale w tym przypadku jest to jedynie nieśmiertelność linii komórkowych, a nie pojedynczych komórek. Oczywiście w przypadku tych bezpłciowych pierwotniaków przedstawiciele danego gatunku są w zasadzie wymienni, podobnie jak inne przedmioty zamienne (jak banknoty jednodolarowe, jeden można wymienić na drugi). Występują jednak mutacje, uszkodzenia i nieprawidłowe naprawy DNA, i takie zmiany gromadzą się i dostosowują te organizmy do ich środowiska — tak, że ewolucja zachodzi, ale powoli, ponieważ opóźnia ją tzw. „zapadka Mullera".

„Zapadka" Hermana Mullera to koncepcja, zgodnie z którą bezpłciowe rozmnażanie żywych istot, posiadających statyczne ułożenie genów na ich chromosomach (co stanowi pojedynczą „grupę sprzężoną"), zostanie nieodwracalnie uszkodzone, ponieważ ich potomstwo otrzyma takie same uszkodzenia, jakie mieli ich rodzice i może jedynie dodać do nich kolejne. Proces rozmnażania płciowego obejmuje tak zwaną rekombinację genetyczną, proces, w którym wadliwe geny mogą być usunięte przynajmniej u części potomstwa (jest to często podawane jako zaleta rozmnażania płciowego). Co ciekawe, w eksperymentach z bakterią *Escherichia coli* i symetrycznie dzielącymi się drożdżami *Schizosaccharomyces pombe*, komórki były nieśmiertelne i nie wykazywały oznak starzenia (mierzonego na podstawie szybkości podziału), a wykazywały starzenie się jedynie, gdy były hodowane w stresującym środowisku. Czy możemy zatem przypuszczać, że te organizmy mogą sobie poradzić jedynie do pewnego momentu, gdy „powiedzą sobie, że to już ponad ich siły" i osiągną limit tego, z czym mogą skutecznie walczyć?

Miłość i śmierć wśród pierwotniaków

Bądźmy szczerzy, nie mówimy tutaj o miłości; miłość wydaje się być ograniczona do ssaków i być może ptaków — mówimy o rozmnażaniu płciowym.

Rozmnażanie płciowe w zasadzie rozpoczęło się wcześniej niż u eukariontów; zaczęło się jako choroba u bakterii. Plazmid jest ruchomym wektorem genetycznym, małym pierścieniem DNA zawierającym kilkadziesiąt genów, a więc jest znacznie mniejszy niż DNA bakterii („chromosom"), które również ma postać koła. Kiedy plazmid indukujący płeć wchodzi do komórki, zapobiega późniejszemu wejściu podobnych plazmidów, więc każda komórka zawiera co najwyżej jeden z tych plazmidów. Niektóre z nich mogą stać się częścią DNA gospodarza, integrując się płynnie z kręgiem DNA organizmu (bakterii) jako cząsteczka liniowa, a bakteria przekazuje te „zintegrowane" wirusy jak własne geny — enzym, który duplikuje DNA, *polimeraza DNA*, nie jest w stanie ich odróżnić, DNA to DNA.

W dobrze zbadanej bakterii *E. coli* (nie ma się czego bać; około 1/6 twojej kupy to *E. coli*), ten plazmid nazywa się plazmidem F. Kiedy wchodzi do komórki, zmienia on tę bakterię, a ponieważ ma ona od tego momentu „płeć" nazywamy ją bakterią F^+. Niektóre z genów plazmidu F są używane do tworzenia wypustki podobnej do penisa zwanej pilusem (chociaż DNA przez nią nie przechodzi), która łączy go z dowolną bakterią F^- (bakterią, która nie ma plazmidu F), którą napotka; następuje nacięcie plazmidu, a następnie powielana jest pojedyncza nić własnego DNA i bakteria wysyła tę jednoniciową kopię swojego DNA do komórki F^- (możesz przez analogię uznać F^+ za bakterią męską i F^- za żeńską, ale w tym przypadku samce zamieniają samice w samce — lub nie-nosicieli w nosicieli plazmidów F). Ale jeśli ten plazmid F zostanie wstawiony (zintegrowany) do DNA gospodarza (F^+ *E. coli*), w czasie gdy ten cały proces zachodzi, kiedy pilus łączy F^+ z bakterią F^-, to zamiast po prostu wytwarzać jednoniciową kopię własnego DNA plazmidu F w celu przeniesienia do komórki F^-, bakteria F^+ przenosi zarówno jednoniciową kopię DNA plazmidu F, jak i całego swojego chromosomu bakteryjnego. Jeśli ma tylko na to odpowiedni czas, ponieważ całkowity transfer zajmuje godziny.

Tak naprawdę to nie jest seks, ponieważ nie ma gamet i nie tworzy się zupełnie nowy organizm, ale geny są przenoszone z jednej bakterii tego samego gatunku (F$^+$) do innej (F$^-$), a czasem te obce geny mogą być bardzo przydatne dla bakterii (istnieje kilka ludzkich chorób, które są spowodowane genami przenoszonymi przez plazmidy, więc bez nich śmiertelne bakterie byłyby nieszkodliwe). Nawet *E. coli* może wytwarzać enterotoksyny (trucizny, które uszkadzają jelita) po zakażeniu „właściwym" plazmidem. Z tego powodu reagujemy przerażeniem na informację, że gdzieś wykryto obecność *E. coli*.

W związku z tym, nie nazywajmy powyższego procesu seksem; jest on zwykle określany jako *poziomy transfer genów*. Bakterie mogą również pobierać DNA ze swojego otoczenia i dodawać je do własnego kodu genetycznego, co nazywa się *transformacją*, lub mogą mieć małe fragmenty obcego DNA wprowadzane przez wirusy bakteryjne, które mogą integrować się z ich własnym DNA, co nazywa się *transdukcją* — ale jako, że te sposoby nie wymagają bezpośredniego kontaktu między osobnikami, również nie przypominają seksu. Może tak właśnie będzie wyglądał seks w przyszłości? Jak w powieści „*Nagie Słońce*" Isaaca Asimova, w której ludzie w koloniach na odległych planetach są przerażeni samą perspektywą kontaktu cielesnego i w zamian preferują XXV wiecznego odpowiednika aplikacji Facetime (czy pewnego dnia rozmnażanie płciowe będzie realizowane przez dostarczanie spermy przy pomocy poczty kosmicznej?) [18].

Wśród stworzeń rozmnażających się płciowo każdy chromosom zawiera geny pełniące różne funkcje, na przykład gen odpowiedzialny za kolor oczu, gen odpowiedzialny za wytwarzanie cząsteczki hemoglobiny lub geny określające mechanizmy obronne komórki. Wszystkie organizmy rozmnażające się płciowo mają po dwie kopie każdego rodzaju chromosomu; przenoszą one geny odpowiadające za te same cechy — na przykład kolor oczu — ale ponieważ jest ich dwa, i chociaż oba zawierają geny koloru oczu, mogą przenosić geny różnych kolorów (allele), tak że jeśli dana osoba odziedziczy jeden gen dla niebieskich oczy i jeden dla brązowych, to możliwymi dla niej fenotypami są oczy piwne lub szare. Organizmy zawierające po dwa, z każdej odmiany chromosomów, nazywane są *diploidami* i tylko one mogą rozmnażać się płciowo. Zwierzęta, które mają tylko jeden chromosom z każdego typu, nazywane są *haploidami*.

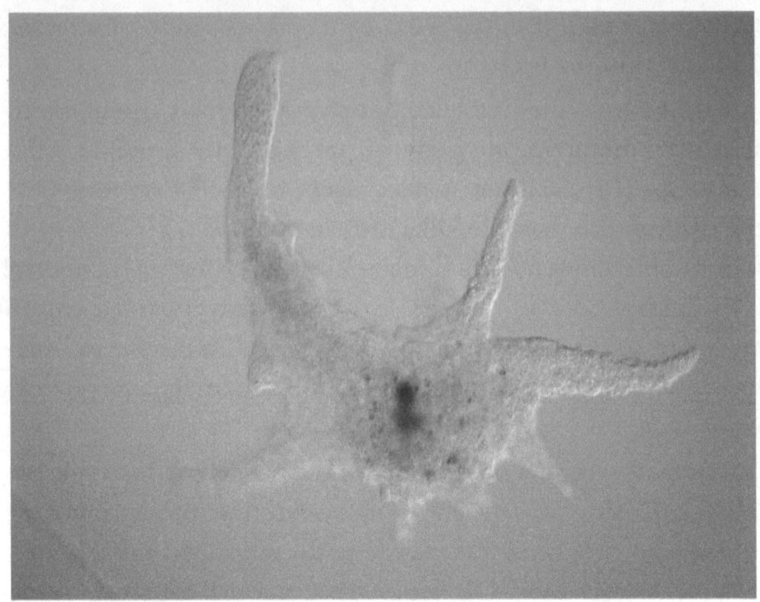

Rysunek 4: Pierwotniak z supergrupy Amoebozoa *Chaos karolinense*. Zdjęcie dr. Tsukii Yuuji, CC BY-SA 2.5 https://creativecommons.org/licenses/by-sa/2.5, za pośrednictwem Wikimedia Commons.

Ameba przedstawiona na rysunku 4 jest dobrym przykładem jednego z prostszych zwierząt jednokomórkowych. Te jednokomórkowe organizmy są nieśmiertelne, podobnie jak wiele innych jednokomórkowych pierwotniaków. Rysunek 5 pokazuje tetrahymenę, wciąż jednokomórkowego pierwotniaka, ale różni się ona w jednym szczególe: jest śmiertelna.

I to jest rozróżnienie, którego chcę dokonać między pierwotniakami — nie do której supergrupy należą, ale czy są śmiertelne czy nieśmiertelne. Jest to, z naszego punktu widzenia, najważniejsza różnica. Na ilustracji z rysunku 5 duży jasnoszary obszar centralny wewnątrz komórki to *makronukleus*, ale jeśli jest to szczep śmiertelny (jedynie 25% tetrahymen złapanych na wolności jest nieśmiertelnych), to zawiera jeszcze inne znacznie mniejsze jądro zwane *mikronukleus*, które jest transkrypcyjnie nieaktywne, z wyjątkiem okresu zjednoczenia seksualnego (zwanego u pierwotniaków i bakterii *koniugacją*). Małe jądro jest jądrem zarodkowym, odpowiednikiem tkanek zarodkowych, które tworzą gamety, plemniki i komórki jajowe u zwierząt wyższych. Zawiera pełny diploidalny genom orzęska — w przypadku *T. thermophila*, przedstawionego na rysunku 5, jest to pięć chromosomów.

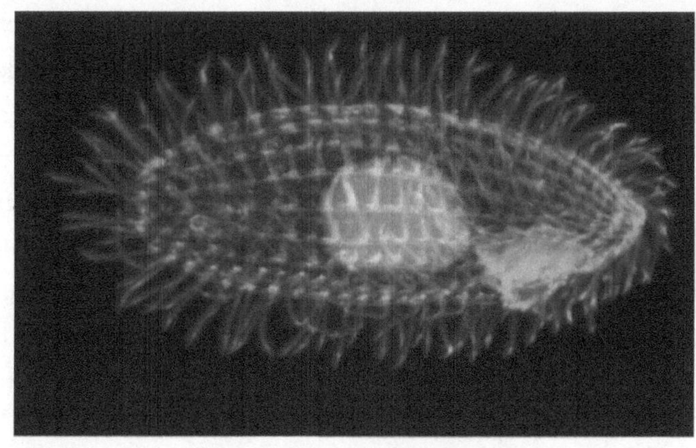

Rysunek 5: Pierwotniak z typu Orzęski *Tetrahymena thermophila*. Zdjęcie autorstwa Richarda Robinsona [19].

Podczas normalnych wegetatywnych podziałów komórek tetrahymena przechodzi mitozę, kiedy to wykonywane są dokładne kopie małego jądra i dystrybuowane do obu komórek potomnych (proces w dużym jądrze jest znacznie bardziej chaotyczny, podziały są niemitotyczne i niedokładne). Jednak, podczas koniugacji małe jądro ulega mejozie, tworząc cztery haploidalne jądra gamet, podobnie jak w naszych komórkach wytwarzających plemniki lub komórki jajowe. Trzy z tych jąder gamet zostaną wyeliminowane, pozostałe jądro ulegnie mitozie, po czym koniugaty przekazują sobie wzajemnie jedno z każdej pary haploidalnych jąder gamet, które następnie się łączą. Więc, teraz obie komórki są inne, od obojga „rodziców", pod względem ich małych jąder; są to zupełnie nowe stworzenia, jednak identyczne względem siebie (patrz rysunek 6).

W tym procesie duże jądro, które zapewnia normalne funkcjonowanie tego organizmu, zostaje zniszczone, a nowe powstaje z genów jednego z nowych hybrydowych małych jąder. Jedno z małych jąder zmienia się w duże jądro, z rozległą rearanżacją genów i eliminacją tysięcy sekwencji DNA specyficznych dla małego jądra. Ostatecznie, po usunięciu sekwencji DNA, specyficznych dla małego jądra, w nowo utworzonym dużym jądrze, pięć chromosomów tetrahymeny zostaje rozbitych na około 200 części, każdy „kawałek" zduplikowany około 45 razy i wszystkie z dołączonymi telomerami (proces, który wykorzystuje enzym naprawy DNA Ku80).

Akt rozmnażania płciowego (lub autogamii — „samozapłodnienie") resetuje „zegar wieku" organizmów do zera; mają one teraz potencjał do życia tak długo jaka jest maksymalna liczba podziałów komórkowych dla danego gatunku. To właśnie makronukleus (Mak) jest aktywne transkrypcyjnie i determinuje fenotyp komórki (wygląd, sposób działania, zachowanie). Mikronuklcus (Mik) jest aktywne transkrypcyjnie tylko podczas koniugacji. Duże jądro jest właściwym jądrem somatycznym orzęska, ponieważ zawiera wszystkie geny potrzebne do funkcjonowania zwierzęcia. Ta większość populacji tetrahymen, która rozmnaża się płciowo tworzy śmiertelne klony. Opisany powyżej proces seksualny, koniugacja, jest nieco bardziej złożony niż to omówiłem, ale sprowadza się do cyklu pokazanego na rysunku 6.

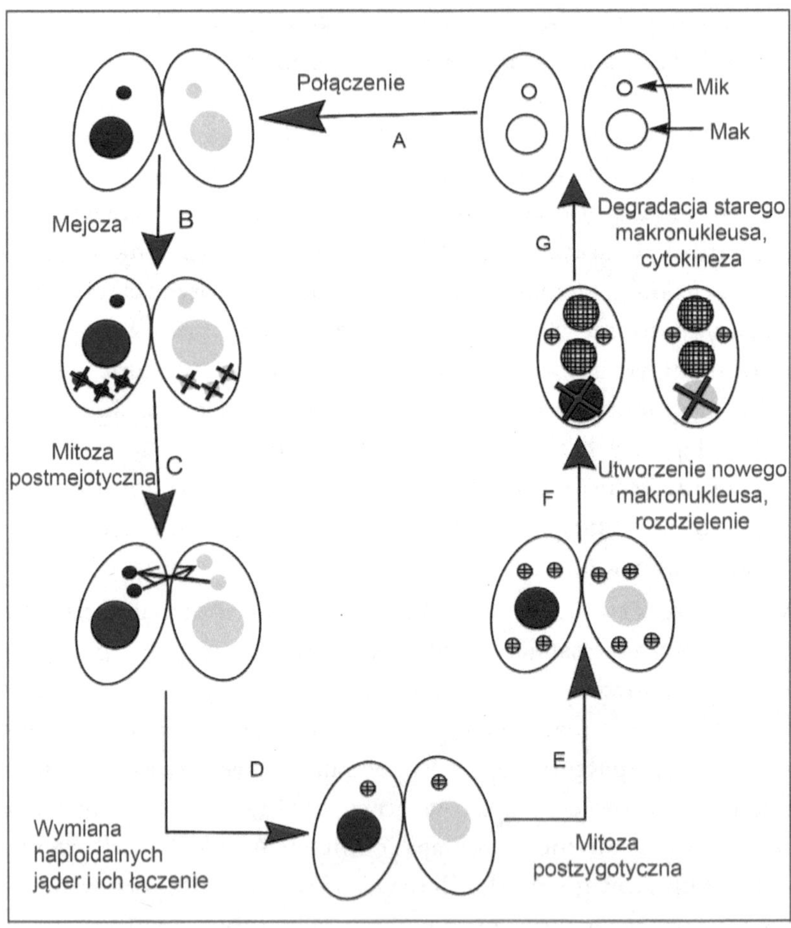

Rysunek 6: Koniugacja tetrahymeny. Rysunek autorstwa Chaya5260, CC BY-SA 3.0 https://creativecommons.org/ licenses/by-sa/3.0, za pośrednictwem Wikimedia Commons.

Cykl życiowy orzęska

Nieprzypadkowo wybrałem tetrahymenę jako obiekt naszego zainteresowania. Większość orzęsków to śmiertelne, rozmnażające się płciowo jednokomórkowce. Jednak, w przeciwieństwie do reszty orzęsków, około 50% gatunków tetrahymen nie ma małych jąder (są *bezmikrojądrowe*) i dlatego rozmnażają się bezpłciowo – i są nieśmiertelne! Mimo to, laboratoryjne usunięcie mikronukleusa nie skutkuje otrzymaniem żywych osobników bezmikrojądrowych, z wyjątkiem jednego znanego przypadku, w którym sekwencje mikrojądrowe, zwykle usuwane podczas tworzenia dużego jądra, są zatrzymywane w żywotnym, wytwarzanym w laboratorium bezmikrojądrowym klonie *Tetrahymena thermophila*. Interesującą rzeczą w tym bezmikrojądrowcu jest to, że nie dąży on do koniugacji, chociaż wydaje się, że jest genetycznie do tego zdolny, gdyż ma niezbędne do kojarzenia geny (MAT) [20]. Można by tego dokonać za pomocą procesu zwanego wykluczeniem jądrowym — jeśli osobnik bez mikrojądra kojarzyłby się ze zwierzęciem zawierającym mikronukleus, to obecne mikrojądro będzie służyło obu zwierzętom.

Jedną z hipotez wyjaśniających, dlaczego te mutanty nie łączą się w pary, jest to, że są w permanentnym stanie niedojrzałości. Zwykle laboratoryjne szczepy *T. thermophila* wymagają od 40 do 60 podziałów po koniugacji, zanim będą mogły się kojarzyć, a dzikie *T. thermophila* mogą być niedojrzałe nawet do 120 podziałów po koniugacji. Najbardziej zaskakującym wydaje się to, że ta maleńka, prosta istota ma etapy życia, w tym fazę niedojrzałości, bezpłciową, fazę rozrodczą i fazę starzenia, podobnie jak my.

W trakcie życia u każdego „normalnego" mikrojądrowego osobnika tetrahymeny, makrojądra degenerują się pod względem funkcjonalności wraz ze starzeniem się organizmu (gdzie „wiek" jest obliczany jako liczba podziałów komórkowych od zapłodnienia), ostatecznie wymagając zastąpienia przez skojarzenie z inną tetrahymeną w celu odbudowania funkcjonalnego makrojądra. Po kojarzeniu żaden z oryginalnych genomów organizmów nie zostaje zachowany w nienaruszonej formie, otrzymujemy genom hybrydowy, utworzony w trakcie zjednoczenia płciowego, a zatem z jednego z mikrojąder zawierających mieszankę genów obu osobniów powstaje nowe hybrydowe makrojądro.

Z uwagi na fakt, że duże jądro określa fenotyp, pierwotne organizmy (które w przeciwieństwie do nieśmiertelnych pierwotniaków nie są zamienne) zniknęły; po koniugacji powstają dwa nowe (choć identyczne ze sobą) zwierzęta, można więc powiedzieć, że oba orzęski, które przystąpiły do zespolenia zginęły w procesie rozmnażania płciowego, co jest równoważne z semelparycznym trybem rozmnażania, gdzie rośliny jednoroczne, ośmiornice, łosoś (chyba najsłynniejszy przykład takiego trybu życia) , 17-letnie cykady i jętki, żyją długo w niedojrzałych stadiach tylko po to, by się rozmnożyć, a następnie niemal natychmiast umierają. Ale klony tetrahymen przeżywają — szczep przeżywa kosztem jednostek.

Stare makrojądro degeneruje się u tetrahymeny zawierającej mikrojądro, chyba że nastąpi koniugacja w celu uformowania „świeżego" makrojądra (i tym samym nowego zwierzęcia). Jednak gatunki bezmikrojądrowe są nieśmiertelne, a niektóre klady szacowane są na dziesiątki milionów lat, więc wyraźnie te same procesy, które powodują ostateczne zużycie makrojądra u tetrahymen zawierających mikrojądro, nie występują u tetrahymen bezmikrojądrowych!

Czy to więc możliwe, że zapobieganie progresji do dojrzałości płciowej, która może wymagać zaangażowania mikrojąder, zatrzymuje akumulację uszkodzeń genomu, które oznaczają normalnie starzejące się makrojądra u tetrahymen zawierających mikrojądra? Czy mikrojądra mogą kontrolować rozwój tetrahymeny, albo mogą wpływać na zahamowanie naprawy uszkodzeń makrojądrowego DNA w trakcie starzenia? Wiadomo na przykład, że wydzieliny komórek jajowych robaka *Caenorhabditis elegans* [*] zmniejszają żywotność tego nicienia. Faktem jest, że po usunięciu tych komórek żyje on znacznie dłużej.

Częściowej odpowiedzi na te pytania udzieliły prace Joan Smith-Sonneborn, która w latach 70-tych badała innego orzęska, przedstawionego na rysunku 7, dobrze znanego pantofelka z gatunku *Paramecium tetraurelia*. Gatunek ten ma okres niedojrzałości, okres dojrzałości płciowej, okres starzenia, a na koniec umiera, chyba że skojarzy się z innym o odpowiedniej płci (u *P. Tetraurelia* występuje 9 płci, które determinują, kto może się z kim kojarzyć) lub z samym sobą — proces zwany autogamią, w którym mikrojądro pantofelka przechodzi mejozę i samozapłodnienie, prowadzące do utworzenia nowego makrojądra. Autogamia jest jak koniugacja, ponieważ tworzy nowe, świeże makrojądra, ale różni się od niej tym, że brakujący lub zmutowany gen nie ma szans na uzupełnienie go dobrą, działającą kopią od drugiego partnera, w ten sposób fatalne mutacje recesywne, straty lub zmiany w mi-

---

[*] *C. elegans*, to gatunek „eleganckiego" nicienia (obleńca) o przezroczystym ciele, są one używane w wielu badaniach nad starzeniem się, ponieważ żyją tylko kilka tygodni.

krojądrowym DNA chromosomalnym pozostają śmiertelne i prowadzą do zgonów po autogamii.

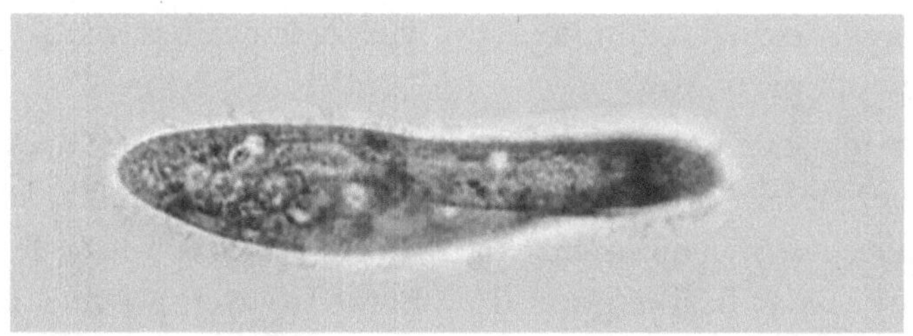

Rysunek 7: *Paramecium tetraurelia* (około 100 μm długości, ledwo widoczne gołym okiem). Zdjęcie DavidpBowman, CC BY-SA 4.0 https://creativecommons.org/licenses/by-sa/4.0, za pośrednictwem Wikimedia Commons.

Nie przegapmy tego, co tutaj można zauważyć (i co jest prawdziwe w przypadku wszystkich orzęsków): organizmy te starzeją się nie z uwagi na ilość przeżytych lat, ale ze względu na liczbę podziałów komórkowych, a ponadto mają życie podzielone na etapy według wieku (liczonego w podziałach komórkowych). Życie pantofelka w kulturze jest, według Leonarda Hayflicka (odkrywcy smutnego faktu, że hodowane ludzkie komórki fibroblastów mają skończony czas życia, pod względem dopuszczalnej liczby podziałów komórkowych — bardzo zróżnicowany dla poszczególnych okazów, ale z niezmienną górną granicą), bardzo podobne do życia ludzkich komórek w hodowli. Ale jest podstawowa różnica, czyż nie? Ludzkie fibroblasty hodowane w kulturze są całkowicie wymiennymi częściami; tetrahymeny w kulturze, przynajmniej te zawierające mikrojądra, są organizmami niezależnymi i niezamiennymi. Ponieważ co najmniej połowa wszystkich gatunków tetrahymen ma mikrojądra oraz wszystkie pantofelki także je mają, to umierają (tracą swoją tożsamość) w trakcie rozmnażania płciowego lub giną z powodu braku rozmnażania płciowego na skutek utraty funkcjonalności makrojądra — jednakże mogą żyć dłużej, gdy pozwalają, by to starzenie się je zabiło.

Utrata nieśmiertelności na rzecz rozmnażania płciowego stała się dominującym trendem. Przyjęła go przytłaczająca większość wielokomórkowych zwierząt i roślin. Jednak wciąż istnieją zwierzęta takie jak np. parzydło zwyczajne, meduzy, ukwiały, koralowce, stułbia pospolita (*Hydra vulgaris, vulgaris* po łacinie oznacza „pospolity"), płazińce i gąbki, które są nieśmiertelne lub niemalże osiągają ten stan – odnaleziono kolonie gąbek zwyczajnych, których wiek szacowany jest na 11 000 lat [21]. W przypadku gatunku tetrahymena, dobrowolna utrata tożsamości w wyniku rozmnażania płciowego jest równoważona możliwym ulepszeniem całego gatunku. Oba sposoby rozmnażania wydają się dobrze działać w przypadku tego organizmu, ponieważ połowa wszystkich gatunków jest wielojądrowa bez wyraźnych śladów mikrojądrowych przodków.

Jednak tetrahymeny są wyjątkami wśród orzęsków; orzęski rozmnażające się bezpłciowo są rzadkie, a w przypadku pantofelka, którego chcę omówić dalej, nie ma nieśmiertelnych bezmikrojądrowców. Jego czas życia mierzony jest w liczbie podziałów komórkowych po zapłodnieniu (ale z maksymalną, nieprzekraczalną, wartością dla danego gatunku podobnie jak u wyższych organizmów). Życie rozmnażających się płciowo śmiertelnych osobników dzieli się podobnie na etap niedojrzałości płciowej, etap dojrzałości płciowej i etap starzenia się, jeśli nie dochodzi do zjednoczenia seksualnego — bardzo podobnie jak u nas, chociaż, na szczęście, zazwyczaj seks nie oznacza końca naszego życia.

Wracając do eksperymentów Joan Smith-Sonneborn na temat starzenia się u *Paramecium tetraurelia*, pierwszą rzeczą, jakiej dokonała, było zauważenie, że jeśli dojdzie do uszkodzenia mikrojądrowego DNA, autogamia spowoduje śmierć obu koniugantów. Końcowy wynik tego badania przedstawiono na rysunku 8.

Na rysunku 8 widać wyraźnie, że od zapłodnienia do około 60 pokolenia po zapłodnieniu żywotność komórek po autogamii pozostaje bliska 100%. Od tego momentu, następuje liniowy spadek żywotności po autogamii, tak że do 220 podziału komórkowego, według badań Sonneborn i Schnellera [22], wskaźnik przeżywalności osiąga zero — ponieważ przy tej liczbie podziałów komórkowych przypada maksymalny wiek dla tego gatunku (wyrażony w liczbie podziałów) między rozmnażaniem płciowym lub autogamią. Co więcej, zwiększona śmiertelność w autogamii po napromieniowaniu UV, w porównaniu z grupą kontrolną w podobnym wieku pokazała, że „ciemna naprawa" zanikała wraz z wiekiem [22]. „Ciemna naprawa" była terminem (używanym w epoce nieznajomości mechanizmów uszkodzeń DNA i procesów naprawczych), który obejmował wszystkie procesy naprawy DNA, które nie używały światła. Co? Procesy naprawy DNA wykorzystujące światło?

To naprawdę proste. Kiedy naświetlasz DNA światłem ultrafioletowym, powodujesz, że sąsiednie zasady pewnego rodzaju (*pirymidynowe*, cytozyna i/lub tymina — inne rodzaje to zasady *purynowe*, adenina i guanina) łączą się ze sobą, tworząc coś, co nazywa się dimerem (dwie połączone chemicznie cząsteczki), jak pokazano na rysunku 9.

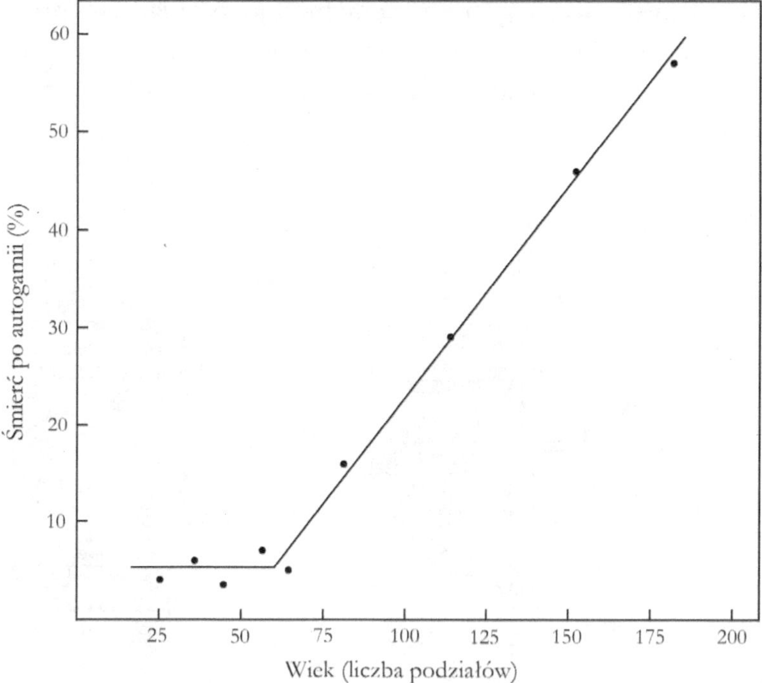

Rysunek 8: Śmierć po autogamii w funkcji wieku u *Paramecium tetraurelia*. Przerysowany [23]. Autogamia oznacza „samo-skojarzenie", ale podobnie jak kojarzenie, skutkuje zresetowaniem zegara u czterech pojawiających się osobników. Śmiertelność *Paramecium tetraurelia* zaczyna rosnąć liniowo wraz z liczbą podziałów komórkowych, dopiero powyżej około 60 podziału. Czy poniżej tej granicy mamy odpowiednik okresu niedojrzałości?

Te „dimery pirymidynowe" są głównym rodzajem uszkodzeń spowodowanych napromieniowaniem DNA (w organizmie) światłem UV, ale istnieje wiele innych rodzajów uszkodzeń (niektóre z nich badałem na początku mojej kariery naukowej). Ale, co ciekawe — proste niebieskie światło może samo „oddimeryzować" te dimery pirymidynowe. Zwykle pomaga w tym enzym zwany enzymem *fotoreaktywującym*, który przyspiesza reakcję (ale nadal wymaga udziału niebieskiego światła).

Według Rodermeli i Smith-Sonneborn promieniowanie UV zwiększyło śmiertelność *Paramecium tetraurelia* po autogamii, ale czy to naprawdę uszkodzenie DNA spowodowało tą zmianę? Tak, ponieważ kiedy, po wcześniejszym napromieniowaniu ultrafioletem, pantofelek został wystawiony na fotoreaktywację za pomocą niebieskiego światła — proces, który okazał się usuwać dimery pirymidyny, i który powinien usunąć większość uszkodzeń DNA — zabójczy efekt napromieniowania UV przed autogamią zniknął [22].

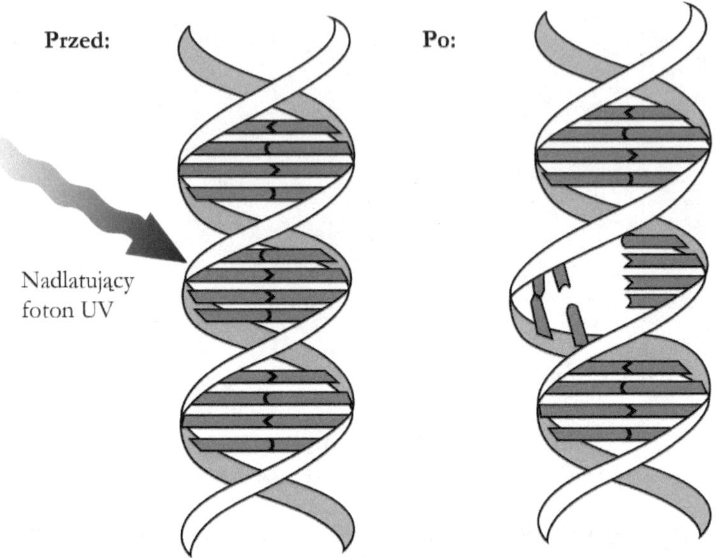

Rysunek 9: Wpływ światła UV na tworzenie dimeru tymidynowego.

Autorzy wysunęli kilka wniosków i hipotez [22], w tym:

1. Starzenie się (w sensie generowania śmiertelnego mikrojądrowego uszkodzenia DNA przez światło UV) rozpoczęło się od 50 do 80 podziałów komórkowych po zapłodnieniu (czy oznacza to istnienie doskonałej naprawy w okresie niedojrzałości?)

2. A. Starzenie się mikrojądra wynikało z obecnosci starej cytoplazmy, ponieważ młode jądra umieszczone w tej samej starej cytoplazmie również nie przeżyły.

    LUB

    B. Ponieważ śmiertelne uszkodzenie DNA lub mutacje wynikają zarówno z powstania uszkodzenia, jak i jego naprawy, „utrata naprawy w starych komórkach może odpowiadać za nagły wzrost mutacji w pewnym wieku, tj. gdy tempo mutacji przekracza zdolność do naprawy".

Hipoteza 2A była wynikiem pracy teścia Joan, słynnego pioniera eksperymentalnej protozoologii, Tracy'ego Sonneborna, jednak to drugie przypuszczenie, 2B, wynikające z eksperymentów przeprowadzonych przez Joan Smith Sonneborn, odpowiada podobnym procesom w komórkach zwierząt „wyższych". Co więcej, starzenie się następuje, gdy wskaźnik uszkodzeń DNA przekracza wrodzoną zdolność do naprawy tego uszkodzenia, co wyjaśniałoby wyniki uzyskane u wspomnianych wcześniej „nieśmiertelnych", symetrycznie dzielących się komórkach *E. coli* i *S. pombe*. Organizmy te nie starzeją się w przyjaznym środowisku, a jedynie w stresującym je otoczeniu. W takim przypadku „środowisko" podnosi poziom stresu, a indukcja naprawy uszkodzeń w nieśmiertelnych komórkach jest ograniczona, a więc ostatecznie przekroczona zostaje ich zdolność do naprawy tych uszkodzeń.

Z drugiej strony, ten nagły wzrost zdolności promieniowania UV do wywoływania śmiercionośnych zmian mikrojądrowych po około 70 do 80 podziałach komórkowych następuje wraz z wiekiem, a Smith-Sonneborn przypisuje to raczej związanemu z wiekiem zmniejszeniu bezbłędnej naprawy niż czynnikowi cytoplazmatycznemu — a jednak te dwa wyjaśnienia nie wykluczają się wzajemnie; równie dobrze mogą istnieć czynniki cytoplazmatyczne, prawdopodobnie wytwarzane przez makrojądro lub przez rzekomo nieaktywne samo mikrojądro, które mogą hamować lub wyłączać wytwarzanie enzymów naprawczych. Wyjaśnienie eksperymentu Smith-Sonneborn zaproponowane przez nią samą brzmiało: „Najprostszym wyjaśnieniem powyższego badania byłoby to, że występujące losowo »trafienia« mutują mikrojądro, a organizm jest zaprogramowany tak, aby utracić zdolność do bezbłędnej naprawy" [22]. W przypadku takiego zachowania nie można uciec przed pojęciem „zaprogramowanego" lub „rozwojowego" starzeniem się.

Są to przypuszczenia, które mają sens, jeśli tak naprawdę starzenie się jest częściowo wynikiem, wywołanego przez promieniowanie UV, uszkodzenia DNA. Ale skąd naprawdę możemy to wiedzieć? Możemy wrócić do przestrogi Feynmana, że jeśli naprawdę rozumiesz jakieś zjawisko, to możesz je „odtworzyć". Jeśli więc zmiany wywołane promieniowaniem UV są przyczyną starzenia, to jeśli będziesz w stanie usunąć te zmiany w jakiś sposób, powinieneś przynajmniej spowolnić lub ewentualnie odwrócić proces starzenia.

Sposoby usunięcia tych uszkodzeń były już widoczne z pierwszego zestawu eksperymentów Smith-Sonneborn; fotoreaktywacja, niebieskie światło. Stwierdzono, że pantofelki napromieniowane UV miały krótszą żywotność klonów (liczba podziałów do momentu, w którym prawdopodobieństwo pomyślnego rozmnażania wegetatywnego [bezpłciowego] wynosiło zero). Jednakże, gdy po napromieniowaniu UV nastąpiła fotoreaktywacja przy pomocy światła (a nie na odwrót), zaobserwowano wzrost długości ich życia pod względem podziałów komórkowych i przeżywalności „zależnej od wieku", a jeśli proces był powtarzany, nastąpiło jeszcze bardziej znaczące odmłodzenie zwierzęcia lub wydłużenie jego życia (pojęcia te nie są równoważne) (patrz rysunek 10) [24].

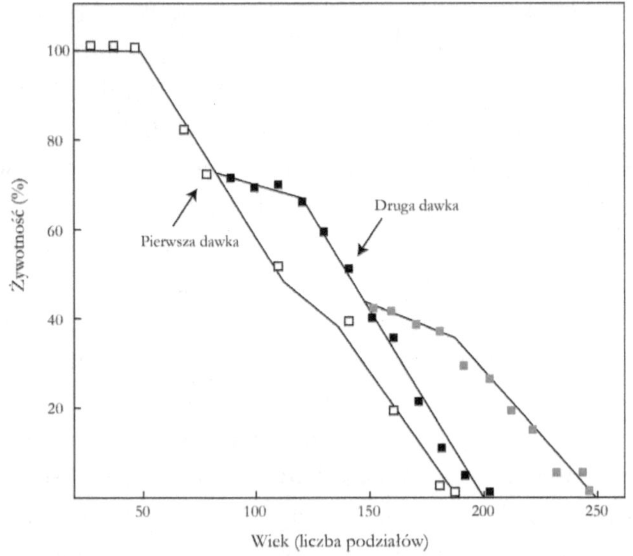

Rysunek 10: Długość życia *Paramecium tetraurelia*, wyrażona w liczbie podziałów, po dwóch dawkach promieniowania UV oraz zastosowaniu reaktywacji za pomocą naświetlania. Przerysowany [24].

Na rysunku 10 widzimy, że niepoddany napromieniowaniu klon kontrolny (białe kwadraty) ma maksymalną „długość życia" wynoszącą około 180 podziałów komórkowych, podczas gdy pojedynczy zabieg UV/fotoreaktywacja zastosowany przy 80 podziałach wydłużył ten okres o około 10%, a poddanie części leczonej grupy drugiemu naświetlaniu, wydłużyło czas jej życia do ponad 240 podziałów, co stanowi wzrost o 33%. Gdyby to samo miało działać u człowieka, to dla ludzi, którzy żyją średnio 80 lat, średnia długość życia osiągnęłaby 107 lat.

Dalsze przedłużenie życia (lub odmłodzenie) przez dodatkowe zabiegi nie było omawiane. Dyskutowano jednak, że zastosowanie promieniowania

UV, a następnie fotoreaktywacji na młodszych komórkach (nie „starszych" niż 80 podziałów) nie miało wpływu na długość życia klonów, a co ważniejsze, gdy kolejność naświetlań została odwrócona, tak że naświetlanie UV następowało po fotoreaktywacji, skutkowało to skróceniem długości życia klonów zgodnie z oczekiwaniami (sama fotoreaktywacja nie spowodowała znaczącej zmiany w długości życia klonów).

Oczywiście, Smith-Sonneborn podążała za ówczesnym tokiem rozumowania, a jednak jej praca i pokrewna praca, o której wcześniej mówiliśmy, wyjaśniły, że:

1. Śmiertelne orzęski mają długość życia ograniczoną przez maksymalną długość życia, której żaden nie może przekroczyć.

2. Czas życia jest podzielony na etapy, charakteryzujące się, poza innymi cechami, współczynnikiem umieralności specyficznym dla danego wieku (ilości podziałów komórkowych), tak, że podczas około 80 pierwszych podziałów (liczba podziałów *P. tetraurelia* do dojrzałości płciowej) starzenie się nie zachodzi i nie ma potrzeby indukowania enzymów naprawczych. Tak więc, promieniowanie UV/fotoreaktywacja nie przedłuża życia (możemy przypuszczać, że zachodzi idealna naprawa uszkodzeń, ponieważ, jak widzieliśmy w pierwszym zestawie eksperymentów, w tym wieku nie ma również wzrostu śmiertelności po autogamii). Po tym „niedojrzałym" etapie, który wydaje się być okresem przed rozpoczęciem procesów starzenia (przynajmniej pod względem zmniejszenia zdolności „ciemnej naprawy"), następuje stały wzrost akumulacji uszkodzeń, który Smith-Sonneborn przypisuje spadkowi zdolności do bezbłędnej naprawy, a nie wzrostowi tempa akumulacji uszkodzeń.

Interpretacja Smith-Sonneborn i moja własna jest taka, że rozległe i potencjalnie śmiertelne uszkodzenia wywołane przez promieniowanie UV indukowały produkcję enzymów naprawczych DNA, które po uwolnieniu z odpowiedzialności za usuwanie dimerów pirymidynowych (usuniętych przez fotoreaktywację), mogły naprawiać nagromadzone uszkodzenia. Jak pokazuje rysunek 10, naprawiły nowo powstałe uszkodzenia (widać, że krzywa przeżycia spłaszczyła się po dwóch terapiach UV/fotoreaktywacją, ponieważ następował wtedy wolniejszy wzrost uszkodzeń, podobnie jak w młodszych stadiach przed dojrzałością płciową).

Należy zauważyć, że nachylenie krzywej po pierwszym zabiegu UV/ fotoreaktywacja pozostaje prawie na tym samym poziomie przez około 50 podziałów, co wskazuje na rozległą naprawę uszkodzeń. Jeśli to nagromadzone uszkodzenie DNA jest głównym zegarem (i przyczyną) starzenia, w wyniku tej terapii wiek pantofelka zmniejszył się prawie o połowę (ale istnieje duża rozpiętość liczby podziałów, po której starzenie się następuje w miarę upływu czasu).

Wydawałoby się więc, że orzęski, takie jak tetrahymena mikrojądrowa i pantofelek, mają z góry określoną długość życia i dwa rodzaje rozmnażania: pierwszy to tryb wegetatywny, który wymaga mejozy w mikrojądrach oraz nieregularnej formy podziału makrojądra wraz z destrukcyjnymi zmianami w obrębie obu jąder, przy czym każdy podział komórki po „niedojrzałości” zmniejsza zdolność komórki do przetrwania autogamii; drugi to rozmnażanie płciowe przez koniugację, w której dwa ex-koniuganty są teraz genetycznie identyczne, ale każdy jest inny od któregokolwiek z rodziców — nowy organizm, którego życie zaczyna się od poczatku, teraz pozwala na około 180 podziałów komórkowych u każdego osobnika (w przypadku *P tetraurelia*).

Jednak gatunki tetrahymeny o formach bezmikrojądrowa (o których wiemy, na podstawie jednego przypadku, że mogą mieć mikrojądrowe sekwencje DNA, które normalnie nie występują w makrojądrach) są nieśmiertelne i mają tylko prymitywną formę podziału jądra, ale najwyraźniej są w stanie wykonać bezbłędną naprawę swojego DNA. Wszystkie geny niezbędne do koniugacji występują u tych gatunków bezmikrojądrowych tetrahymen, a powodem, dla którego nie sprzęgają się, musi być fakt, że geny te nigdy nie są aktywowane — co jest obserwowanym efektem niedojrzałości, braku śmiertelnych mutacji lub zmian prowadzących do śmierci po autogamii. Mówimy o 50 do 80 rozszczepieniach (podziałach komórek) ze stosunkowo bezbłędną naprawą, zachodzącą na tym etapie życia (tj. po zapłodnieniu i fazie poprzedzającej dojrzałość płciową) u śmiertelnej tetrahymeny płciowej, a także u pantofelka.

Widzimy w tym przypadku, i jak zobaczymy później w życiu wszystkich kręgowców lądowych (to nasz egoistyczny obszar szczególnego zainteresowania) i być może wszystkich zwierząt dwubocznie symetrycznych (i wszystkich orzęsków?), że istnieje stały stosunek wieku dojrzałości płciowej do długości życia (wyrażony w liczbie podziałów, dniach lub latach) po osiągnięciu dojrzałości — a zatem stały stosunek wieku w momencie dojrzałości płciowej do całkowitej długości życia. Ponieważ stosunek ten wynosi około 65/200 = 37,5%, okres niedojrzałości stanowi około 1/3 całkowitej długości życia (wartość ta została wyznaczona dla nielatających ssaków lądowych). Po okresie niedojrzałości akumulacja potencjalnie śmiertelnych mutacji zachodzi w pozornie stałym tempie i wykazano, że jest to wynikiem utraty możliwości naprawy u starzejących się organizmów, rozmnażających się płciowo i o niezamiennych komórkach, zawierających mikrojądra. Przesłanie natury jest tutaj jasne: rozmnażaj się płciowo i natychmiast umieraj (ponieważ pierwotny organizm nie będzie już istniał, zostanie tylko jego „potomstwo"), lub bezpłciowo i po prostu umrzyj (ponieważ w pewnym momencie rozmnażanie bezpłciowe zawiedzie i organizm umrze bez wydania „potomstwa").

Jak powiedziałem, jest to logicznie równoważne semelparycznej strategii rozrodu, jak w przypadku łososia i ośmiornicy, gdzie rozmnażanie równa się śmierci – wspólny motyw w naturze, jak u jętek, które spędzają produktywne życie, jako larwy pod wodą i przekształcają się w swoją formę płciową (która nie ma nawet aparatów gębowych wymaganych do przyjmowania pożywienia), aby żyć przez jeden dzień, łączyć się w pary, składać jaja i umierać. Ostatecznym „celem" ich życia jest reprodukcja.

Przejdźmy jednak od biologii do historii, aby wyjaśnić, w jaki sposób połączenie darwinowskiej zasady doboru naturalnego i genetyki Mendla utworzyło tak zwaną „nowoczesną syntezę", która zdominowała klasyczną teorię ewolucyjną i była odpowiedzialna za współczesne i nadal nieprawidłowe rozumienie starzenia się. Jest to interesujące z filozoficznego, psychologicznego i politycznego punktu widzenia, ponieważ ta teoria reprezentuje główne stanowisko nauki w walce z religią, a ja uważam, że jest ona błędna.

5

Pochodzenie gatunków

Dzieło stworzone przez Darwina (a także Alfreda North Wallace'a) w 1859 r., obecnie zatytułowane *O powstawaniu gatunków drogą doboru naturalnego*, pierwotnie miało nosić tytuł *O powstawaniu gatunków przez przetrwanie najsilniejszych*, ale Darwin uważał to za zbyt radykalne. Niemniej jednak, fraza ta reprezentuje prosty sylogizm, że ci, którzy wnoszą najbardziej żywotne, zdolne do reprodukcji potomstwo, będą mieli większy udział w składzie genetycznym przyszłych pokoleń. Podstawowym założeniem tej teorii jest to, że populacje są ograniczone przez warunki środowiskowe, pomysł, który Darwin zaczerpnął ze słynnej pracy Malthusa, której przesłanie można sprowadzić do stwierdzenia, że *wzrost populacji następuje w sposób geometryczny (tj. wykładniczy), a wzrost podaży żywności w sposób arytmetyczny* – co byłoby dla nas katastrofalne, gdyby nie ludzka pomysłowość i postęp nauki. Zakłada się również, że zmienność zawsze będzie istniała w naturalnych populacjach (wiele informacji uzyskano z korespondencji z hodowcami zwierząt) oraz, że istnieje „zasada rozbieżności", zgodnie z którą najbardziej rozbieżni przedstawiciele gatunku będą mniej skłonni do dzielenia wspólnej niszy (siedliska, miejsca lęgowego, preferencji żywieniowych) i tym samym będzie między nimi mniejsza konkurencja wewnątrzgatunkowa. Wobec tego, dobór naturalny wykazuje tendencję do faworyzowania dywergencji.

Tak więc dobór naturalny, czyli przetrwanie najlepiej przystosowanych, reprezentuje mechanizm, w którym naturalna zmienność powoduje adaptację gatunku do jego środowiska — następuje udoskonalenie i dostosowanie gatunku, szczególnie dotyka to skrajności, promowane są osobniki lepsze od przeciętnych a eliminowane jednostki poniżej średniej. Ale czy naprawdę mówimy o tworzeniu nowych gatunków? Sam Darwin stwierdził w przedmowie do ostatniego wydania *O powstawaniu gatunków*, że uważał „dobór naturalny" tylko za jeden z wielu sposobów działania ewolucji i był rozczarowany, że ta uwaga nie została zauważona w ogólnym entuzjazmie dla idei „przetrwania najlepiej przystosowanych". Rzeczywiście, idea ta została łatwo przyjęta przez entuzjastyczną publiczność kształtującą Ruch Eugeniczny, „naukowy" rasizm i nazizm. Ludziom nieznającym dobrze historii i nowoczesnej nauki daje ona pretekst do rasistowskich twierdzeń o wyższości i niższości.

Przetrwanie najsilniejszych nie jest testem na „wyższość"; jest to po prostu kryterium, na podstawie którego potomstwo części osobników będzie miało większy udział w przyszłości gatunku. Podczas gdy film *Południowy Pacyfik* mówi nam, że rasizmu „trzeba się uważnie uczyć", dowody wskazują, przynajmniej ja tak uważam, że podstawową częścią ludzkiej natury jest podejrzliwość wobec tych, którzy nie wyglądają jak ty i ludzie z twojego kręgu. Na poziomie plemiennym członkowie często nazywają siebie „ludem" (w ich języku), a innych określają jako nieludzi, gorszych lub złych. W tej chwili w USA i w całej Europie możemy to zaobserwować jako Supremację Białych— w następnym stuleciu może to być supremacja narodu Han, zwłaszcza jeśli USA zwróci się w stronę przesądów, korupcji i rządów ignoranckiego motłochu kierowanego przez kaznodziejów, podczas gdy Chiny będą nadal rozwijać nauki ścisłe.

Tak się składa, że nauka czasami spychana jest na boczny tor przez zdroworozsądkowe i często fałszywe założenia autorytatywnych postaci, a nawet polityków. Uważam, że to właśnie taki wyimaginowany pogląd stworzyły opozycję między darwinistami i autorytetami religijnymi, sprzeciwiającymi się teorii ewolucji, dotyczy to głównie kościołów protestanckich, zwłaszcza „ewangelickich". Kościoły katolicki i episkopalny w końcu zaakceptowały góry dowodów na istnienie ewolucji z zastrzeżeniem, że to Bóg ją kontrolował – to tak zwany „argument teleologiczny", użyty przez księdza Teilharda de Chardin, aby ostatecznie przekonać do tego Kościół (naraził się tym samym na niebezpieczeństwo ekskomuniki, która dla wierzących katolików jest dosłownie „losem gorszym niż śmierć").

Istotą tego argumentu jest, że to Bóg użył ewolucji, aby stworzyć ludzkość — ewolucja była więc jedynie Jego narzędziem. Mądrzy księża są bardziej regułą niż wyjątkiem; wierzę, że wymuszanie celibatu na duchownych katolickich było sposobem na wyeliminowanie z puli rozrodczej najzdolniejszych przedstawicieli prostego ludu — czy było to działanie celowe, czy nie, to powinno finalnie wywołać właśnie taki efekt. Oczywiście na wyższych szczeblach średniowiecznego Kościoła posiadanie nieślubnych dzieci (przykładem rodziny Medyceuszy) nie było wyjątkiem.

Jednak nadal trwała walka między religią a nauką: według Biblii cały proces stworzenia został przeprowadzony w sześć dni. Wszystkie zwierzęta, ptaki i pełzające stworzenia powstały w ciągu tych sześciu dni. W ten sposób pojawiły się akademickie spory, czy „dni" wymienione w Biblii są dzisiejszymi 24-godzinnymi dniami, czy tysiącletnimi dniami przed stworzeniem słońca (które nastąpiło trzeciego dnia stworzenia). To słońce wschodzące na wschodzie i zachodzące na zachodzie jest miarą naszych dni. Czy coś poza czasem podróży słońca na niebie może wyznaczać długość dnia? Już kilkadziesiąt lat po śmierci Darwina powszechnie podejrzewano, że Ziemia ma miliony lat. Przemawiały za tym dowody w postaci radioaktywnego datowania warstw skalnych.

Czy zatem to zgodność lub niezgodność z Biblią ma decydować o poprawności teorii naukowej? Prawdziwe pytanie brzmi: dlaczego tekst z wczesnej epoki żelaza powinien zdominować nasze rozumienie wszechświata, mimo, że wiemy o wiele więcej niż dwa tysiące lat temu? Galileusz twierdził, że „Bóg napisał podręcznik Niebios i jest on napisany językiem matematyki". Również on wyraził opinię, że „Biblia pokazuje drogę do nieba, a nie drogę, którą podążają niebiosa". Jeśli musimy zaprzeczyć rzeczywistości, aby zaakceptować religię, to naszym pierwszym aktem w tej religii jest kłamstwo. Sam Darwin i darwinizm stały się rodzajem religii, ze ścisłymi regułami opartymi na autorytecie jego działa. Zostawimy teraz Darwina (choć warto poświęcić mu trochę czasu) i zobaczymy, jak jego teoria, ograniczona przez gorliwych zwolenników indywidualnego doboru, wpłynęła na większość współczesnych teorii starzenia, bo na tym nam najbardziej zależy. Co mówi darwinizm o ewolucji długości życia?

Czynniki wpływające na ewolucję

Po pierwsze, zanim zaakceptujemy „dobór naturalny" jako kluczowy *mechanizm* ewolucji, rozważmy dodatkowe czynniki, które z większym prawdopodobieństwem mogą prowadzić to tworzenia nowych gatunków niż udoskonalać już istniejące. Jak zauważył dr David Neill (co zaraz omówimy), dobór naturalny wyjaśnia mikroewolucję, ale nie długoterminowe zmiany na poziomie gatunku i zmiany w wyższych taksonach (takich jak rodzaj, rodzina, klasa i rząd). Jedną z części myślenia Darwina, która skłoniła go do uznania, że ewolucja zachodzi małymi krokami, przez pokolenia, była analogia do nadzwyczajnych odmian zwierząt tworzonych przez hodowców — jak chociażby, odbiegające mocno od normy, „wymyślne" rasy gołębi, jednak należy wziąć pod uwagę, że nadal jesteśmy w stanie rozpoznać, że to gołębie.

Czynniki inne niż „dobór naturalny", które wpływają na ewolucję:

1. **Masowe wymierania:** podczas ewolucji życia na Ziemi miało miejsce kilka masowych wymierań, które określiły trajektorię życia na Ziemi.

2. **Obiecujące potwory:** mutacje pojedynczych genów o efektach plejotropowych mogą mieć znaczący wpływ na populacje.

3. **Dryf genetyczny:** jest ważny w małych populacjach, gdzie zdarzenia losowe mogą wyeliminować rzadkie allele, które mogą być powszechne w większych populacjach. Efekt ten jest szczególnie widoczny, gdy wyspy są zamieszkiwane przez niedostatek gatunków (tak jak słynne Wyspy Galapagos, gdzie Darwin widział wyraźne dowody wysiłków ewolucji, zmierzających do przystosowania populacji do środowiska). Populacje założycielskie są skrajnym przykładem, w którym protoplaści nowej geograficznie populacji są tak nieliczni, a co za tym idzie tak ograniczeni w różnorodności, że ich potomstwo będzie genetycznie ograniczone do alleli (wariantów genów — na przykład będą występowały raczej czarne oczy niż niebieskie), które nosili założyciele, co może nie być reprezentatywne dla większych populacji, z których się wywodzili.

4. **Przepływ genów:** gdzie geny są wymieniane przez populacje, posiadające różne od siebie allele.

5. **Epigenetyka (i podejście evo/devo):** kiedy powstała „nowoczesna synteza" teorii ewolucji i genetyki Mendla (odniesienie do tytułu książki, *Evolution: The Modern Synthesis* opublikowanej przez

Juliana Huxleya w 1942 roku — więc było to podejście bardziej „nowoczesne" niż w czasach „secesji"), prawie całkowicie pomijano związek między embriologią a rozwojem. „Embriologiczny punkt widzenia", zgodnie z którym „ontogeneza podsumowuje filogenezę" — to znaczy, że rozwój organizmu od zygoty (zapłodnionej komórki jajowej) do narodzin jest odtworzeniem (jak twierdzimy) rozwoju gatunku od prostszych przodków — został odłożony na bok, bez negowania jego prawdziwości, i skupiono się na prowadzonych wtedy matematycznych badaniach nad znacznie uproszczonymi systemami, jak chociażby, prace Dobzhansky'ego nad genetyką populacyjną.

Zasady evo-devo zostaną omówione później, ale na razie zauważmy jedynie, że natura nie jest utracjuszem, tylko utrzymuje to, co działa przez eony. Zachowuje razem funkcjonalne kolekcje genów i ich produktów, takie jak wieloskładnikowe sieci regulacji genów (GRN), na długich odcinkach dystansu ewolucyjnego (w niektórych przypadkach — takich jak kontrola energetyki komórkowej przez system rozpoczynający się od receptora insuliny i kończący się na białkach mTOR lub FOXO — od robaków obłych aż po ludzi). Widzimy również, że te same sieci GRN kontrolują progresję wieku komórkowego u wszystkich zwierząt od nicieni po ssaki naczelne.

6. **Dobór grupowy:** pierwszy przykład doboru grupowego podał sam Darwin w swojej książce *O pochodzeniu człowieka*, w której pisze: „Gdyby jeden człowiek z plemienia (...) wymyślił nową pułapkę lub broń, plemię urośnie liczebnie, rozprzestrzeniani się i wyprze inne plemiona. W plemieniu, które stało się w ten sposób liczniejsze, zawsze istniałaby większa szansa na narodziny innych doskonalszych i bardziej pomysłowych członków" [25]. Jednak na długo przed latami sześćdziesiątymi teoria ewolucji nie akceptowała już doboru grupowego jako ważnego mechanizmu ewolucji, z wyjątkiem owadów społecznych, w których „dobór krewniaczy" był mechanizmem akceptowanym przez autora *Samolubnego genu*, Richarda Dawkinsa, którego tezą było, że selekcja zachodzi nie tylko na poziomie jednostki, ale na poziomie genu. W tej koncepcji ludzie są jedynie mułami niosącymi swoje geny (Dawkins był także twórcą słowa i koncepcji *memu* — samopowielającego się bytu mentalnego). W rzeczywistości to, co wydaje się być reprezenta-

tywne dla myślenia w tym czasie, to jego stwierdzenie, że „dobór grupowy na poziomie gatunku jest wadliwy, ponieważ trudno jest zobaczyć, jak presja selekcyjna zostałaby zastosowana do konkurujących/niewspółpracujących ze sobą osobników" [26].

Dla mnie jest to kolejny przykład „argumentowania brakiem wyobraźni". Uważam, że to fundamentalne ograniczenie „doboru naturalnego" do doboru indywidualnego przekształciło naukę o starzeniu w intelektualną grę towarzyską, a nie poszukiwanie prawdy. Jasne jest, że celem biologii jest wytworzenie nieśmiertelności i jak dotąd tylko religia może twierdzić że do tego prowadzi, choć bez konkretnych dowodów. Kiedy odrzucimy nasze uprzedzenia, ograniczenia naszych własnych umysłów, zobaczymy, że biologia może osiągnąć te cele, o których mówią religie, ale z dowodami, bogactwem dowodów.

Teoria ewolucji i znaczenie starzenia się

Swoją, bardzo interesującą, propozycji przedstawił David Neill w pracy zatytułowanej *Ewolucja długości życia* [27]. Już sam tytuł jego eseju powinien być bezsensowny, ponieważ według autorytetów, którzy opracowali współczesną teorię starzenia — „nowoczesną syntezę" — starzenie się nie było cechą dostępną dla działania doboru naturalnego. Dlaczego tak było? Ponieważ starzenie się, które ma miejsce w okresie postreprodukcyjnym zwierzęcia, nie może podlegać selekcji — gdyż zachodzi w okresie po utraceniu zdolności reprodukcyjnych, nie powinno więc wpływać na wkład jednostki w przyszłość gatunku. Artykuł dr Neilla wyraźnie przedstawia problem, gdy cytuje on Johna Maynarda-Smitha w odniesieniu do teorii Augusta Weismanna — czołowego biologa współczesnych mu czasów, który w swojej książce z 1882 roku Über die Dauer des Lebens stwierdził, że proces starzenia byłby pomocny w usunięciu pokolenia rodzicielskiego, aby uwolnić zasoby dla ich sprawniejszego potomstwa. „Jednak Teoria Weismanna nie jest uważana za ogólnie stosowaną, ponieważ implikuje selekcję na poziomie gatunku, a nie na poziomie jednostki" – powiedział John Maynard-Smith w 1976 roku. Zwróć uwagę, że Maynard-Smith był matematykiem, a nie biologiem i zredukował teorię ewolucji do uproszczonych modeli, w których tylko „sprawność" i indywidualny dobór określały reguły gry w tych zabawkowych systemach.

Rozumowanie stojące za tym jest takie, że aby ograniczyć długość dorosłego życia, część jednostek musiałyby poświęcić swoją ciągłość życia i ciągłość produkcji własnego potomstwa dla dobra grupy, oraz że geny takiego altruistycznego zachowania wobec niebezpośrednio spokrewnionych i aktywnie konkurujących osobników tego samego gatunku zostałyby utracone, ponieważ indywidualna rywalizacja o zasoby i produkcja potomstwa z czasem wyeliminowałaby osobniki z takimi „altruistycznymi genami". To rozumowanie uznano za wystarczające do wyeliminowania doboru grupowego jako uzasadnionego mechanizmu, a przedmiotem gry stało się wyjaśnienie ograniczania długości życia bez powoływania się na dobór grupowy.

Najwyraźniej organizm, który żyłby dłużej, wydawałby więcej potomstwa, tak więc wydłużenie życia powinno być możliwe wyłącznie dzięki indywidualnej selekcji. Powszechnie wiadomo, że gatunki mają maksymalną długość życia, tak że człowiek rzadko może dożyć 120 lat, ale nigdy (bez jakiejś specjalnej interwencji) nie dożyje 200; płetwal błękitny może żyć do 200 lat, ale nie dożyje 1000 lat itd. Powszechnie wiadomo również, że w obrębie gatunku różne grupy mogą mieć różną długość życia, tak że małe psy mogą żyć 12 lat, a duże psy mniej niż 9 lat, podczas gdy wśród delfinów samice żyją dwa razy dłużej niż samce (ponad 60 lat). Dobrze znany jest również fakt, że długość życia odpowiada wskaźnikowi drapieżnictwa u wielu zwierząt — myszy, które mają wysoką śmiertelność z powodu drapieżnictwa, żyją krótko i bardzo szybko osiągają dojrzałość płciową, podczas gdy zwierzęta o niskim stopniu drapieżnictwa, takie jak wiewiórki, mają znacznie dłuższe życie i później się rozmnażają. Omówimy to dalej, zwłaszcza w odniesieniu do obserwacji przyrodnika Roberta Ricklefsa, że „żaden pojedynczy schemat w życiu, w tym rozwój, dojrzałość i starzenie się, nie różni się między gatunkami kręgowców jedynie poprzez wydłużenie lub skrócenie wspólnej skali czasu" [28].

Po tym omówieniu pochodzenia wielu nowoczesnych „teorii" starzenia wrócimy do innowacyjnych pomysłów Davida Neilla. Najbardziej interesujące jest to, że Neill próbował wyjaśnić dwa problemy za pomocą jednego rozwiązania:

1. Dlaczego stosunek wieku dojrzałości płciowej jest zawsze ułamkiem całkowitej długości życia, przy czym ta część jest specyficzna dla poszczególnych grup kręgowców lądowych (płazy, gady, ssaki i ptaki), ze stosunkiem wieku w momencie dojrzałości płciowej do długości życia (średnia lub maksymalna długość życia, ponieważ one też są proporcjonalne) wzrastającym w tej samej kolejności

klas kręgowców, tak że ptaki mają najwyższy stosunek długości życia do wieku osiągnięcia dojrzałości płciowej (wydaje się, że ta sama reguła może być zastosowana także dla orzęsków — że istnieje określony stosunek wieku, w liczbie podziałów komórkowych, osiągnięcia dojrzałości płciowej i całkowitej długości życia klonów, także w podziałach komórkowych)?

2. Ewolucja, przynajmniej taka, którą definiuje naturalna zmienność i dobór naturalny, tj. ewolucja darwinowska, nie powinna mieć mechanizmu tworzącego coraz bardziej złożone formy i skutkującego pojawianiem się inteligencji, które jednak obserwujemy w czasie jej przebiegu. Ewolucja przystosowania się do środowiska ma do wyboru większą lub mniejszą złożoność i nie ma powodu do preferowania bardziej skomplikowanych rozwiązań — w rzeczywistości jest jednak odwrotnie.

Jak powiedziałem, omówimy teorię dr Neilla, która, jak sądzę, zawiera kilka ważnych punktów i wyjaśnia niektóre aspekty starzenia się. Jednak ponieważ dr Neill przyjął ideę, że program starzenia się wymaga selekcji grupowej, a więc nie jest ogólnie stosowany, poprowadziło go to, podobnie jak wielu innych, w złym kierunku.

Zabawa ze starzeniem

Smutne i trochę niesprawiedliwe, jest nazywanie „badania" nad starzeniem się zabawą, podczas gdy poznaliśmy już tak niewiarygodną ilość mechanizmów życia komórkowego. Gdyby jednak było ono czymś więcej niż zabawą, przyniosłoby wyniki, a tak się do tej pory nie stało — przynajmniej żadne znaczące, takie jak zwielokrotnienie, a nie jedynie niewielki ułamkowy wzrost długości życia. Jednak nasza grupa (Nugenics Research / Yuvan Research) osiągnęła znaczące wyniki, z potencjałem osiągnięcia nieśmiertelności. Dokonaliśmy tego nie wierząc w „mądrość", która nagromadziła się od czasu odrzucenia przez naukę głównego nurtu, zaproponowanego przez Augusta Weismanna (w 1882 r.) „programu starzenia". Odrzucenie to nie opierało się na dowodach, ale na braku wyobraźni i być może głębokim strachu przed zaprogramowaną śmiercią. To był naprawdę przejaw niesamowitej arogancji, ponieważ pod koniec XIX wieku nauka głównego nurtu prawie nic nie wiedziała o podstawach życia. Dla mnie było to odrzucenie argumentu, na podstawie braku możliwości wyobrażenia sobie, że mogłoby być tak, jak zasugerowano — dowód poprzez brak wyobraźni.

Uważam, że z tego powodu Kościół wybrał rozsądną hipotezę opracowaną przez Platona, a następnie Arystotelesa, że dusza jest niefizyczna — i jak powiedziałem, prawie wszystkie opisy właściwości „duszy" Arystotelesa opisują funkcjonowanie układu nerwowego i systemu hormonalnego — i jedyną część, którą Arystoteles uważał za niepowiązaną z ciałem, zdolność rozumowania, zrównalibyśmy z „umysłem"; jednak twierdzenie, że umysł jest „nieśmiertelny" (choć bez uczuć, tylko czysty rozum) nie ma żadnego uzasadnienia. Platon myślał, że nieśmiertelny umysł powracał do świata idei, aby odświeżyć się i odrodzić w innym ciele (a więc nawet nie posiadasz swojej duszy na własność). To, że coś niewidzialnego — twoja „część myśląca" — było nieśmiertelne i pozostawiło ciało, by zamieszkać w Niebie stworzonym przez Boga, aby tam odbierać wieczną nagrodę za bycie posłusznym na Ziemi lub ponosiło wieczną karę za nieposłuszeństwo, nie było poglądem, głoszonym przez Jezusa. Jednak „reinkarnacja", chociażby z rozłożonych zwłok zmarłych, była czymś, co było poza ludzką logiką i zrozumieniem, ponieważ wszechświat jest ograniczony zdolnością ludzkości do jego pojmowania.

„Dusza" była według starożytnych (choć źle zdefiniowaną i poważnie ograniczoną) repliką istoty ludzkiej. Życie w podziemnym świecie było w związku z tym poważnie ograniczoną formą życia na Ziemi. Filozofowie greccy utrzymali tę ideę, ale dlaczego? Czy oni też nie chcieli umrzeć? Idee wiecznej kary i wiecznej błogości pochodziły z perskiej religii zoroastryjskiej. Tak naprawdę, wczesny Kościół wydawał się być dość eklektyczny w wyborze najlepszej z mitologii, aby stworzyć religię, która dawała Kościołowi całkowitą kontrolę nad człowiekiem, zarówno w życiu doczesnym, jak i pozagrobowym. Jeśli słuchałeś i robiłeś tak, jak ci kazano (to były generalnie dobre zalecenia — nie zrozum mnie źle, Jezus, a nawet niektórzy „Ojcowie Kościoła" mieli wiele dobrych rzeczy do powiedzenia [i wiele złych]), możesz spodziewać się wiecznej błogości, ale jeśli zrobiłeś rzeczy, których biblijne przykazania i prawo kościelne zabraniały ci robić, zakładając, że były wystarczająco złe, kara była surowa (Dante, na przykład, stworzył listę grzechów i grzeszników godnych piekła — ci ostatni byli zwykle jego wrogami politycznymi).

Wróćmy więc do rozumowania. Początkowo wielcy genetycy i ewolucjoniści Haldane, Hamilton i Fisher zaobserwowali, że starsze zwierzęta produkują mniej potomstwa, a płodność spada wraz z wiekiem. Następnie podczas wykładu w 1951 roku Peter Medawar stwierdził, że starość jest wynikiem mutacji nagromadzonych w linii zarodkowej, które działały dopiero w późniejszym, postreprodukcyjnym życiu, a więc były odporne na selekcję. Teraz widzimy, choć wtedy było to najwyraźniej niezauważone, że wyjaśnienie to było rozumowaniem kołowym: propozycja była taka, że starość pojawiła się, ponieważ szkodliwe mutacje zachodzące w czasie ewolucyjnym zostały oszczędzone przed selekcją, ponieważ pojawiły się dopiero pod koniec życia i dlatego były odporne na presję selekcyjną, ponieważ reprodukcja spowolniła, ale założył również, że starość i okres postreprodukcyjny wystąpiły z powodu tych samych mutacji, które powodują spowolnienie reprodukcji i zostały oszczędzone przez ewolucję, ponieważ przejawiały się dopiero w starszym wieku (postreprodukcyjnym). W tym rozumowaniu geny, które spowodowały starzenie się, wynikają ze starzenia się, ponieważ utrata potencjału reprodukcyjnego wraz z wiekiem jest częścią starzenia się. Co więcej, jak to wyjaśniałoby stałą długość życia zwierząt (lub roślin — wiele grzybów wydaje się nieśmiertelnych, nawet te duże wielokomórkowe)?

W 1957 roku George Williams przedstawił inne wyjaśnienie zwane „antagonistyczną plejotropią", które może lepiej uzasadnić starzenie się i śmierć [29]. W tym przypadku „teoria" Williamsa opierała się na niedawno zdobytej wiedzy, że białka mogą mieć kilka zupełnie różnych funkcji dla tej samej cząsteczki; cząsteczka będąca enzymem metabolicznym w cytoplazmie może być czynnikiem transkrypcyjnym (cząsteczką kontrolującą wytwarzanie innych cząsteczek na poziomie transkrypcji [kopiowanie DNA do RNA, które zostanie poddane translacji do białka]) w jądrze. Co by się stało, gdyby, jak przypuszczał George Williams, w młodości białko wykazywało swoje „dobre" funkcje plejotropowe, tak że zwiększało zdolność organizmu do pomyślnej reprodukcji, ale w starszym wieku to samo białko wykazywało teraz swoją złą plejotropową twarz wobec komórki, wyrządzając więcej złego niż dobrego? Zgodnie z rozumowaniem Medawara [30], jako że białko wywoływało dobre efekty w młodości, powinno być ono wysoko selekcjonowane, a tak wysoce efektywni reproduktorzy powinni dominować w następnych pokoleniach, nawet jeśli ich pogarszająca się kondycja w okresie postreprodukcyjnym (ze względu na fakt, że wcześniejsze dobroczynnie działające białka o twarzy dr Jekylla, w późniejszym czasie ujawniają swoje plejotropowe efekty o obliczu pana Hyde'a) powodowałyby starzenie się i śmierć.

To oczywiście zakłada, że takie białka istnieją, jednak ja przewiduję, że nie. Co więcej, dlaczego i kiedy ta plejotropowa twarz podobna do doktora Jekylla nagle „postanawia" zmienić swoje działania na szkodliwe występki pana Hyde'a? W jakim wieku to się dzieje i dlaczego? Vijg i Kennedy w swojej pracy *The Essence of Aging* przytaczają to, co opisują jako przykład działania „antagonistycznej plejotropii" sformułowany przez samego George'a Williama: „Postawił on hipotezę, że gen szybkiego zwapnienia kości, zostanie wybrany podczas rozwoju pomimo faktu, że może to również prowadzić do odkładania się wapnia w ścianach tętnic, co jest fenotypem związanym ze starzeniem, który występuje już w średnim wieku lub nawet wcześniej"[31]. Chociaż prawdą jest, że ten sam gen może odpowiadać za oba zjawiska — mineralizację kości podczas rozwoju („korzystne") i mineralizację żył podczas starzenia („szkodliwe") — zachodzi tutaj podstawowe nieporozumienie związane z funkcjonowaniem genów.

Podczas gdy wcześni genetycy poszukiwali różnic między ludźmi a innymi gatunkami ssaków w oparciu o różnice między ich genami, prawda jest taka, że z ponad 20 000 genów w ludzkim genomie prawie identyczną liczba niemal takich samych genów posiada każdy inny ssak! W większości przypadków to nie obecność lub brak genów w genomie determinuje fenotyp (wygląd i zachowanie itp.) zwierzęcia, ale moment, miejsce, czas trwania i zakres ekspresji tych genów (wraz z momentem, miejscem, czasem trwania itp. innych genów, które mogą z nimi oddziaływać), oraz wiele innych czynników, takich jak obecność hormonów lub pobliskich komórek, które mają wpływ na fenotyp. Oznacza to, że znacząca nie jest jedynie obecność lub brak samych genów, ponieważ są one praktycznie powszechnie obecne u wszystkich ssaków i w dużej mierze wymienne. W rzeczywistości nawet geny z prostych organizmów, takich jak *C. elegans*, odpowiednio zastąpią homologiczne geny [*] organizmów wyższych, takich jak ssaki i odwrotnie. Tak więc prawdziwe pytanie powinno brzmieć: dlaczego żyły aktywują geny, które powodują ich mineralizację w średnim i starszym wieku, a nie wcześniej w młodości (i odwrotnie – i tu już znamy część odpowiedzi – dlaczego kości zaprzestają swojej mineralizacji po osiągnięciu określonego wieku)?

Tak więc, istnieje różnica w czasie i miejscu (młode kości, stare żyły) w ekspresji genu — funkcja (aktywność plejotropowa) się nie zmienia, gen nadal pozyskuje wapń do tworzenia złogów, ale w okresie starzenia się, nie w tym samym czasie i nie w tym samym miejscu, co w młodości. Zatem,

---

* „Geny homologiczne" to geny w różnych taksonach (gatunkach, rodzajach, a nawet królestwach i domenach), które mają wspólnego przodka i podobne sekwencje nukleotydów, kodujące białka (w przypadku mRNA) o podobnych sekwencjach aminokwasów (lub nawet zbliżonych konformacjach przestrzennych). Geny homologiczne są zwykle odkrywane przez poszukiwanie długich ciągów sekwencji, które są identyczne (lub prawie takie same), u różnych organizmów. Geny te często pełnią bardzo podobne lub takie same funkcje).

według Vijga i Kennedy'ego, „ikoniczny" przykład Williamsa, jaki został właśnie przeanalizowany, nie potwierdza jego tezy, że gen zmienił swoje zachowanie; zachowanie pozostało takie samo, ale podczas starzenia zostało wykorzystane jedynie w innym, destrukcyjnym celu. Funkcja młotka nie zmienia się bez względu na to, czy użyjesz go na gwoździu, czy na ludzkiej głowie, nadal dostarcza dużo energii kinetycznej na niewielkim obszarze.

Podczas gdy większość badaczy akceptuje „antagonistyczną plejotropię", rozumieją ją bardziej w sensie metaforycznym. Na przykład produkt genowy (białko) zwany TOR przyczynia się do wzrostu podczas rozwoju, ale także zapobiega naprawie i utrzymaniu organizmu podczas starzenia, chociaż funkcja TOR nie zmienia się — nadal promuje procesy wzrostu i hamuje czynnik transkrypcyjny FOXO (który promuje transkrypcję genów zaangażowanych w naprawę i konserwację). Lek rapamycyna, wyizolowany z grzyba znalezionego na Wyspie Wielkanocnej (której mieszkańców wiecznie strzegą te gigantyczne kamienne posągi z długimi płatkami uszu), zwanej przez jej mieszkańców *Rapa Nui*, w szczególności hamuje TOR (skrót ten oznacza „Cel Rapamycyny" od ang. *target of rapamycin*) i umożliwia ekspresja FOXO, wydłużając w ten sposób czas życia w kilku modelach zwierzęcych (zwróć uwagę, że tutaj naprawa istniejących uszkodzeń wydłuża żywotność).

Rosyjski naukowiec Blagosklonny wierzy, że droga do ludzkiej długowieczności polega na hamowaniu kompleksu mTORC1 (ssaczego lub „mechanistycznego" kompleksu TOR), który jest fizycznie związany z lizosomem [32]. Omówimy jednak, w jakim stopniu jest to niezadowalające rozwiązanie, ponieważ może w najlepszym razie opóźnić to, co nieuniknione. Należy pamiętać, że chociaż „odmowa" zezwolenia na konserwację i naprawę przez mTOR (a dokładniej kompleks mTOR-C1) może być uważana za działający mechanizm, który z czasem ulega „zepsuciu" i, niestety, ta jego awaria skraca żywotność, można ją również uznać za doskonale działający mechanizm zwiększania ryzyka śmiertelności wraz z wiekiem, za ważną część „programu starzenia się" odrzuconego przez współczesnych Augustowi Weismannowi.

Jeszcze zanim George Williams opublikował swoją teorię „antagonistycznej plejotropii", inny mechanizm, dzięki któremu może wystąpić starzenie się, był lansowany przez Denhama Harmana, inżyniera tak podekscytowanego perspektywą zrozumienia starzenia się, że zdobył stopień naukowy, aby ten cel realizować (jego podstawowa teza była pierwotnie zaproponowany przez dr Gershmana w 1954 r., ale zasadniczo była to obserwacja Weismanna, że wraz ze starzeniem się organizmy stają się mniej sprawne).

Jako inżynier Harman wiedział, że w naszym środowisku istnieją wszelkiego rodzaju destrukcyjne siły, takie jak promienie kosmiczne i normalne promieniowanie tła i w miarę upływu czasu spodziewał się, że nagromadzenie uszkodzeń osiągnie toksyczne poziomy, powodując starzenie się. Wraz z dalszą wiedzą innych badaczy, że metabolizm oksydacyjny komórek w samych mitochondriach wytwarza toksyczne wolne rodniki, takie jak anion rodnika ponadtlenkowego (O_2^{-}) i nadtlenek wodoru (H_2O_2) (których białe krwinki używają do zabijania bakterii), stanowiące stałe źródło makromolekularnych uszkodzeń oksydacyjnych, tym samym pomysł ten został dodatkowo poparty. Stał on się wtedy, oprócz „antagonistycznej plejotropii" (przynajmniej w przekonaniu większości), głównym celem pola przeciwstarzeniowego: starzenie się wynikało z uszkodzeń makromolekularnych (zwykle DNA) w wyniku losowych, potencjalnie destrukcyjnych zdarzeń o wysokiej energii (takich jak, chociażby, przeniesienie pojedynczego elektronu do tlenu atmosferycznego) kumulujących się w czasie. Tak więc, mutacje somatyczne (zmiany ważnych sekwencji DNA) były uważane za mechanizm starzenia — ale nie było na to definitywnych dowodów (jednak może to być mechanizm odpowiedzialny za powstawanie nowotworów).

Później uszkodzenie mitochondrialnego DNA wyparło jądrowe uszkodzenia DNA jako przypuszczalną przyczynę starzenia, ponieważ zmniejszona wydajność mitochondriów obserwowana w „starych" komórkach doprowadzała do zwiększonego wewnątrzkomórkowego stężenia reaktywnych form tlenu (znanych jako ROS – ang. *reactive oxygen species*; anionorodniki ponadtlenkowe, nadtlenki i różne związki azotu, takie jak NO) i innych wysokoenergetycznych, a tym samym destrukcyjnych form molekularnych (będziemy używać ROS jako ogólnego określenia zarówno dla ROS, jak i tych innych wysokoenergetycznych form). Tak więc, stężenie ROS okazuje się być najwyższe w mitochondriach, a przy tym, systemy naprawy mitochondrialnego DNA są mniej wydajne od systemów jądrowych.

W rzeczywistości SENS Research Foundation (SRF) — instytucja mocno zaangażowana w badania nad starzeniem się — była w stanie przenieść geny z mitochondriów do jądra (podobnie jak podczas ewolucji geny mitochondrialne przeniosły się do jądra bez pomocy z zewnątrz) w celu ich ochrony od uszkodzeń ROS. To oczywiście ciekawy eksperyment, ale prawdopodobnie nie będzie miał nic wspólnego z powstrzymaniem starzenia. Z pewnością nie pomoże to tym z nas, którzy żyją obecnie, ale może (chociaż w to wątpię) wydłużyć życie naszych dzieci, jeśli takie manipulowanie ludzką ewolucją z całkowicie nieznanymi, i tak naprawdę, niemożliwymi do przewidzenia skutkami będzie kiedykolwiek dozwolone (mam nadzieję, że nie, chociaż nie sprzeciwiłbym się ujrzeniu całego zwierzęcia [powiedzmy myszy], którego komórki zostały tak przekonfigurowane).

Tak więc, w poprzednich akapitach wspomniałem o naprawie DNA, a ponieważ przypuszczalnym mechanizmem starzenia się były przypadkowe uszkodzenia, wprowadzenie zdolności komórki do enzymatycznej naprawy takich uszkodzeń wydaje się wywoływać przerażenie u wszystkich zwolenników stochastycznych teorii starzenia, zakładających, że starzenie się i śmierć wynikały dokładnie z takich przyczyn, jak nagromadzone uszkodzenia: jeśli komórka była w stanie naprawić uszkodzenia makromolekularne (a jedynym naprawdę istotnym uszkodzeniem było to zawarte w DNA, ponieważ każdą inną uszkodzoną część można było zastąpić instrukcjami zawartymi w DNA), to co spowodowało procesy degeneracyjne w starzejących się komórkach?

Jedną z popularnych odpowiedzi było to, że zdolności naprawcze komórki nie były w stanie nareperować każdego rodzaju uszkodzenia lub dokonać tej naprawy bezbłędnie. Zatem długość życia powinna zależeć od tego, jak skutecznie korygowane są uszkodzenia w DNA; w latach osiemdziesiątych pojawiły się argumenty, że mysz nie żyje tak długo jak człowiek, ponieważ jej endonukleaza naprawcza nie jest tak wydajna jak ludzka. „Endonukleaza naprawcza" to enzym, który rozpoznaje uszkodzenie DNA i umieszcza w jego pobliżu „nacięcie" („nacięcie" to indywidualne przerwanie pojedynczej nici dwuniciowego DNA), dzięki czemu inne enzymy mogą rozpoznawać, usuwać i zastępować ten wadliwy fragment prawidłowo zsekwencjonowanym i nieuszkodzonym DNA (enzym naprawczy, polimeraza DNA — enzym odpowiedzialny za wykonanie tej naprawy — uzyskuje informacje z komplementarnej nici DNA). Ale ten opis naprawy DNA jest bardziej odpowiedni dla znacznie prostszych systemów bakteryjnych, ponieważ proces naprawy DNA jest bardziej złożony u eukariontów, z DNA otoczonym białkami histonowymi i niehistonowymi, a także nićmi RNA różnych typów.

W tych wczesnych ewolucyjnych teoriach starzenia się, za jego mechanizm odpowiadały uszkodzenia stochastyczne. Środowisko zawierało wystarczająco dużo źródeł destrukcyjnego, wysokoenergetycznego promieniowania i cząsteczek, aby ostatecznie uszkodzić ważne dla życia biomolekuły. Jednak z czasem stało się jasne, że natura nie była nieświadoma tych ciągłych ataków na integralność komórkową i opracowała sposoby przeciwdziałania im — naprawę DNA, inne formy naprawy (na przykład białka opiekuńcze, które naprawiają nieprawidłowo sfałdowane białka) i mnóstwo enzymów do regulowania potencjałów redoks różnych przedziałów komórkowych (tj. jądra, cytozolu [cytoplazmy bez organelli], mitochondriów, retikulum endoplazmatycznego itd.).

W rzeczywistości naprawa DNA była tak fundamentalna dla życia, że nawet tak dziwne stworzenia jak wirusy, które wiszą na granicy między istotami żywymi a światem nieożywionym, nawet te wirusy, które atakowały bakterie (i prawdopodobnie istniały przed pierwszymi komórkami eukariotycznymi), miały własne systemy naprawy DNA i różne ich typy dla różnych rodzajów uszkodzeń. Komórka nie jest pasywnym „workiem treningowym natury", ale może reagować naprawą na pojawiające się uszkodzenia.

Thomas Kirkwood zauważył, że odkrycie istnienia naprawy DNA i innych rodzajów napraw komórkowych zmieniło argumentację. W jaki sposób przypadkowe, skumulowane uszkodzenia mogą być przyczyną starzenia, skoro takie uszkodzenie może zostać naprawione przez komórkę? Najwyraźniej (jak po raz pierwszy wskazał August Weismann), komórki somy (ciała) i linii zarodkowej rozdzieliły się na wczesnym etapie rozwoju, i chociaż komórki linii zarodkowej były zdolne do niemal doskonałej naprawy, która pozwoliła ich zawartości pozostać niezmienioną przez tysiąclecia (gdzie zauważalne mutacje stanowią wyjątek, a nie regułę), komórki somatyczne miały ograniczone czasy życia i zgodnie z panującymi stochastycznymi teoriami starzenia się, ograniczoną zdolność do doskonałej naprawy samych siebie, tę nieudolność powodującą starzenie się i śmierć. Ostatnie dowody pokazują, że to nieprawda, że komórki rozrodcze starzeją się, a początkowy wiek embrionów jest podobny do wieku ich matek. W ten sposób linia zarodkowa rzeczywiście się starzeje, ale kiedy dochodzi do gastrulacji (wczesne stadium embrionalne), a jego rozwój kontrolują własne geny zarodka, komórki zarodka resetują swój wiek do zera (i najwyraźniej przeprowadzają doskonałą naprawę) [33].

W tym czasie (około lat 80.) dla większości badaczy ewolucji było jasne, że nieśmiertelność pojedynczego organizmu nie była jednym z jego celów, było nim wieczne trwanie gatunku. Ale dlaczego nie uczynić osobnika tak nieśmiertelnym, jak to tylko możliwe (przynajmniej naprawić defekty we wszystkich jego komórkach, somatycznych i zarodkowych)? Odpowiedź Kirkwooda na to pytanie była taka, że w naturze energia dostępna każdemu organizmowi była ograniczona i musiała być wykorzystywana tylko do najważniejszych funkcji, a ponieważ historia życia liczy ponad 3,5 miliarda lat, jasne jest, że najważniejszą funkcją była reprodukcja w celu zapewnienia kontynuacji własnego gatunku.

Argumentem za „teorią" Kirkwooda, znaną jako *jednorazowa soma*, jest to, że ponieważ natura dostarcza każdemu organizmowi na wolności przeciętnie tylko znikomej ilości energii, to jest ona przeznaczona na rozmnażanie. Pozwala to jedynie komórkom zarodkowym, oddzielonym, podczas rozwoju embrionalnego, od „somy" (ciała), aby wykorzystać ograniczone jej zasoby do przeprowadzenia bezbłędnej naprawy. Dzieje się tak ponieważ linia zarodkowa musi trwać przez całą historię gatunku, podczas gdy brak energii poważnie ogranicza przydział zdolności naprawczych do komórki somatycznej, a ciało danego osobnika jest nieistotne dla przetrwanie gatunku. Jednostka musiała żyć wystarczająco długo, aby się rozmnażać, a u ssaków i ptaków, aby wychować potomstwo do osiągnięcia samowystarczalności (samice ośmiornic napowietrzające i chroniące własne potomstwo również wpisują się w ten schemat).

Tak więc, ta „teoria" *jednorazowej somy* (w rzeczywistości Kirkwood nie udaje, że jest to teoria w definicji naukowej, ponieważ to nie wyniki kilku sprawdzonych hipotez zbiegają się ze sobą dając dokładniejsze zrozumienie, ani nie można na jej podstawie, dokonać dalszych predykcji) po prostu dostarcza „wyjaśnienia" tego, jak organizm, który ma zdolność komórkową, jak wykazano w komórkach linii zarodkowej, do doskonałego naprawiania samego siebie, nie robi tego, a zatem starzeje się i umiera.

Te „teorie" przedstawione powyżej są tak zwanymi „ewolucyjnymi teoriami starzenia". Teorie Medawara zakładają, że szkodliwe geny działają dopiero pod koniec życia (poprzez wadliwy proces błędnego rozumowania, które zasadniczo mówi, że starość powoduje starość). A jednak są takie geny; na przykład nośnik hormonów tarczycy, transtyretyna, jest nadmiernie produkowany w trakcie procesu starzenia, chociaż nie pełni już funkcji transportowania hormonów tarczycy, a ponieważ jest białkiem tworzącym amyloid, przyczynia się do amyloidozy obserwowanej wraz ze starzeniem się; jednak nie jest to mutacja w genie transtyretyny, ale w jego regulacji. Nie mamy dowodów na mutacje, które nagle pojawiają się w średnim lub starszym wieku, po prostu mamy różne fenotypy związane z wiekiem, objawiające się w na różnych etapach życia. Gdyby rozumienie starzenia się przez Medawara było poprawne i mielibyśmy szukać drogi do nieśmiertelności, należałoby znaleźć i skorygować te szkodliwe mutacje, które pojawiają się dopiero pod koniec życia, ale nie ma takich mutacji — nie znajdziemy tutaj recepty na nieśmiertelność.

Gdyby teoria Williamsa była prawdziwa, nie byłoby absolutnie żadnego sposobu na kontrolowanie charakteru genów Jekylla i Hyde'a, które są korzystne w młodości i zabójcze w późniejszych latach. W tym modelu nie mamy pojęcia, kiedy gen zmieni swój charakter na jakąś szkodliwą formę. Przyjrzeliśmy się, przedstawionemu w późniejszym czasie przez George'a Williamsa, ikonicznemu przykładowi genu wykazującego „antagonistyczną plejotropię", białku wiążącemu wapń, które mineralizowało kości w młodości i żyły w starszym wieku, ale stwierdziliśmy, że nie jest to przykład jednego genu przyjmującego różne formy i funkcje, był to raczej jeden gen wykorzystywany na różne sposoby w różnych tkankach, na różnych etapach życia. Gen, który pierwotnie mineralizował kości przez wiązanie wapnia w tkance kostnej na jednym etapie rozwoju, był po prostu używany do innego celu w innej tkance (żyły) na innym etapie rozwoju, po osiągnięciu dorosłości. O tym, czy cel tej zmiany w stosowaniu był korzystny, czy zgubny, nie decyduje to białko wiążące wapń, którego aktywność pozostaje taka, jaka była (wiązanie wapnia), ale komórki, które je wytworzyły.

Można by zapytać (i będziemy mieć na to odpowiedź), dlaczego komórki żylne powinny chcieć depozytów wapnia, ale nie należy pytać o to genu, ponieważ nie miał on udziału w tej decyzji, ale raczej komórkę, która go wywołała. Droga do nieśmiertelności, a przynajmniej znacznego przedłużenia życia, nie mogłaby powstać, gdyby ten model był prawdziwy. Osobiście nie wierzę, że jest w tym chociaż ziarno prawdy, a stanowisko to można lepiej wyrazić za pomocą stwierdzenia, że *geny, mogą zmieniać swoje funkcje w przestrzeni wielowymiarowej, która obejmuje typ tkanki, stadium rozwojowe, narząd oraz środowisko międzykomórkowe i wewnątrzkomórkowe.*

Wreszcie, najbardziej wszechstronna ze stochastycznych „ewolucyjnych" teorii starzenia się (dziwny rodzaj teorii ewolucyjnej, bez odwołania do biologii, historii życia czy nawet selekcji grupowej), która pozwoliła matematykom takim jak Thomas Kirkwood zaangażować się w ewolucyjną grę towarzyską, jest następująca: gdybyśmy mogli przekonać komórki, że zawsze będą miały wystarczająco dużo energii (nie prowadzimy już dzikiego życia, a brak energii — kalorii z jedzenia — jest najmniejszym zmartwieniem obywateli większości uprzemysłowionych państw), czy mogłyby zacząć wykorzystywać tę energia do naprawy komórek? Nie ma na to łatwego sposobu i wydaje się, że komórki pozostaną zadowolone z nieśmiertelności linii zarodkowej (lub przynajmniej jej części). Ale istnieje tutaj pewna możliwość uzyskania nieśmiertelności (jedynie zmiana warunków, aby umożliwić doskonałą naprawę w komórkach innych niż komórki embrionalne), po prostu poprzez zmianę czasu, w którym komórki somatyczne tracą zdolność naprawy, i w zasadzie tak działa E5 (związek, którego używaliśmy aby odmłodzić szczury) — przez oszukanie komórki tak, by myślała, że jest komórką młodego zwierzęcia.

Tym, co odróżnia te powszechnie uznane teorie od innych, które wymienię po krótkiej pogawędce na temat świata przyrody, jest to, że we wszystkich tych ewolucyjnych „teoriach" długość życia nie jest powiązana z wpływem otaczającego zwierzę środowiska. Długość życia jest, w ocenie Medawara, zdeterminowana przez losowe mutacje, jakich gatunek doświadczył w swojej długiej historii, mutacje chronione przed doborem poprzez występowanie na skraju życia, które powodują jego kres. Tak więc tutaj, jeśli zawiesimy naszą niewiarę, możemy założyć, że długość życia gatunku jest całkowicie przypadkowym wynikiem szkodliwych mutacji, nabytych przez gatunek w swojej historii, które wyrażają się na etapach życia, które dla danego gatunku uznajemy za „starość". Nie ma związku między czasem życia a niszą ekologiczną — długość życia jest wyznaczana losowo.

W rozszerzonej wersji „antagonistycznej plejotropii" George'a Williamsa pierwotne twierdzenie o plejotropowym białku zastąpiono plejotropowym „systemem", takim jak yin-yang, odwieczną bitwą między wzrostem, reprezentowanym przez kompleks mTORC1, a utrzymaniem i naprawą, reprezentowanymi przez czynnik transkrypcyjny FOXO (który kontroluje ekspresję wielu takich genów naprawczych i konserwujących). Tak jak w młodości kompleks mTORC1 kierował komórką we właściwym kierunku wzrostu, tak po zatrzymaniu wzrostu wzajemne hamowanie kompleksu mTORC1 przez FOXO i FOXO przez mTORC1 oraz ciągła aktywacja mTORC1 uniemożliwia naprawę komórki, gdy byłaby taka konieczność. Dla wielu jest to potwierdzenie „antagonistycznej plejotropii", ale w rzeczywistości tak nie jest, ponieważ funkcją kompleksu mTORC1 pozostaje stymulowanie wzrostu i tłumienie naprawy, nawet jeśli nie jest to najlepsze rozwiązanie (z naszego punktu widzenia) dla komórki lub ciała.

Nie jest więc zaskakujące, że dr Blagosklonny uważa, że przyhamowanie mTOR (który jest bezpośrednim celem rapamycyny — i substancji będących jej analogami tzw. rapalogów — w kompleksie mTORC1, ale nie w kompleksie mTORC2) powinno wydłużyć życie, co ma miejsce, ale tylko o niewielki jego ułamek i ze skutkami ubocznymi. Prawdziwym problemem jest jednak to, że Blagosklonny nie zdaje sobie sprawy, że hamowanie kompleksu mTORC1 ma jedynie marginalne skutki w organizmach wyższych, ponieważ nie rozumie on istoty procesu starzenia. Ponownie, teoria „antagonistycznej plejotropii" również losowo przypisuje długość życia nieznanemu mechanizmowi, który powoduje, że białko lub sieć regulatorowa genów

(GRN) zmienia się w szkodliwą formę na pewnym konkretnym etapie życia organizmu, bez wiedzy, dlaczego lub kiedy to się stanie.

I wreszcie, wyłączając zdolność naprawczą komórek somatycznych, teoria „ciała jednorazowego użytku" ogranicza długość życia do prawdopodobieństwa wystąpienia, po pewnym czasie, przejścia komórek w stan uśpienia lub ich mutacji i nie ma innego mechanizmu określania długości życia niż czysty przypadek.

Świadomość, że istnieje maksymalna długość życia dla danego gatunki, dowodzi, że czas ten nie jest zdeterminowana czystym przypadkiem. Moim zdaniem, kreskówkowe odwzorowanie życia przedstawione przez grupę neodarwinowskich „ewolucjonistów", którzy chcą upchnąć całą naukę ewolucyjną w ciasnym, małym pudełeczku, utrzymywanym w całości przez „zmienność naturalną" i „dobór naturalny na poziomie jednostki" i odczytywanie wyników rysunkowych procesów życiowych z ich uproszczonych modeli komputerowych, nie jest właściwym sposobem aby zbudować podstawy teorii.

Odnosząc się do problemu przedłużenia życia w modelu „jednorazowej somy", jeśli mechanizmy naprawcze, które rzekomo zapewniają doskonałą wierność linii zarodkowej (w rzeczywistości okazały się fałszywe, jak wspomniano powyżej — to wczesny embrion resetuje swój wiek do zera) nie mogą być przywołane przez somę, problem można następnie rozwiązać, zapobiegając powstawaniu uszkodzeń. Doprowadziło to (częściowo wraz z pomysłami Harmana na akumulację uszkodzeń związanych ze starzeniem się) do pojawienia się idei, że związki, które zapobiegają tworzeniu się (lub przechwytują i dezaktywują powodujące uszkodzenia) wolne rodniki i inne ROS spowalniają procesy starzenia. Witaminy przeciwutleniające, a nawet enzymy, takie jak dysmutaza ponadtlenkowa (która jest po prostu trawiona jak każde inne białko) były przyjmowane w dużych ilościach w celu spowolnienia starzenia — ale nie było widocznych efektów (chociaż częściowe efekty uzyskano na prostych organizmach i w kulturach komórkowych), nie uzyskano wydłużenia życia ani (jak wielu zakładało) spadku zachorowalności na raka. W rzeczywistości eksperymenty oceniające wpływ przeciwutleniacza beta-karotenu na palaczy papierosów (co powinno być oczywiste zgodnie z powszechnymi teoriami akumulacji uszkodzeń, powodowania starzenia się i raka) zostały przerwane z powodu zbyt wysokiego wskaźnika zachorowań na raka płuc, u osób, które otrzymały dawki przeciwutleniacza, beta-karotenu, w porównaniu do osób otrzymujących placebo („pigułkę cukrową") [34].

Różne związki, które były przeciwutleniaczami, „pułapkami" na wolne rodniki zaprojektowanymi w celu neutralizacji ROS — z których wiele wykazywało działanie przeciwstarzeniowe w kulturach komórkowych i prostych organizmach — nie wykazywały żadnego lub jedynie ograniczone działania u ludzi. Temat ten był na tyle głośny, że nawet tak popularny magazyn naukowy jak Scientific American, poświęcił cały numer na ostrzeżenie czytelników przed brakiem jakichkolwiek udowodnionych wyników stosowania tych „nutraceutyków" i innych dostępnych bez recepty (OTC, ang. *over-the-counter drug*) kombinacji witamin i minerałów wraz z przeciwutleniaczami, które zalały rynek, gdy pokolenie wyżu demograficznego zaczęło się starzeć. Istniało wtedy wiele wymówek, dlaczego te przeciwutleniacze nie działały — niektórzy nawet wysunęli teorię, że sztuczne przeciwutleniacze wyłączają produkcję naturalnych. Ale wyraźnie droga do nieśmiertelności, a nawet znacznego przedłużenia życia, nie prowadziła w tym kierunku. Jeśli ROS rzeczywiście były przyczyną starzenia się, to dlaczego wszystkie te przeciwutleniacze nie działały? Tak potraktowane zwierzęta musiały mieć komórki w niemal idealnym stanie za sprawą całej tej ochrony, prawda? Jedna wskazówka jest taka, że działały wystarczająco dobrze w kulturach komórkowych, ale nie u zwierząt. Możliwe, że starzenie się komórek i organizmu działa poprzez różne mechanizmy. Krótka odpowiedź, do której odnoszą się nasze własne badania, potwierdza tą tezę, ale nie do końca, ponieważ istnieje sprzężenie zwrotne między komórkami a organizmem.

Co ma z tym wspólnego życie?

Wszystkie powyższe „ewolucyjne" teorie życia są, jak powiedziałem, wynikiem modeli matematycznych abstrahujących od rzeczywistości i złożoności życia oraz zdarzeń czysto przypadkowych — takich jak kilka masowych wymierań, w których zginęły znaczne części istot żywych, całkowicie zmieniając środowisko i pozwalając nowym systemom życia zastąpić stare. Na przykład, ryczące gigantyczne dinozaury wymarły, podczas gdy maleńkie, podobne do ryjówek ssaki, które zjadały ich jaja, stały się nami, na skutek bliźniaczo podobnych katastrof, uderzenia asteroidy na meksykańskim półwyspie Jukatan i ogromnej erupcji lawy i gazów w regionie indyjskich Trap Dekanu. Trudno byłoby uwzględnić te wydarzenia i przewidzieć ich skutki w prostych cyfrowych reprezentacjach świata żywego, których poziom skomplikowania możemy porównać do rysunkowego Kaczora Donalda jako reprezentacji prawdziwej żywej kaczki.

Jeden artykuł, który czytałem i zapadł mi w pamięci, wykazywał, że skrócona długość życia może prowadzić do większej średniej gęstości populacji (więcej biomasy), gdy zwierzęta są rozmieszczone geograficznie. Nie byłem tak zachwycony samym wynikiem (chociaż był to pierwszy dowód za pomocą modelowania komputerowego, że skrócenie życia może być korzystne dla gatunku — samo to było przełomem, idea ta wyszła z MIT), ale byłem zdumiony, że wcześniejsze modele komputerowe, których badacze używali do walidacji „teorii starzenia" (bardziej poprawnie „hipotezy starzenia"), nie uwzględniały rozmieszczenia geograficznego. Czy to oznacza, że te hipotetyczne zwierzęta rozwinęły się w jednowymiarowym świecie? Jak ktokolwiek mógł zaakceptować taki model „rzeczy żywych" rywalizujących o „zasoby" w jednowymiarowym „świecie" jako wystarczający dowód do modelowania tak ważnego tematu, jak długość życia? A jednak ludzie tak do tego podeszli.

Zanim zostawię temat „ewolucyjnych" teorii starzenia się, należy wspomnieć, że sugestia, że dobór grupowy nie jest ważną siłą ewolucyjną, jest sprzeczna z fenomenem, który jest powszechnie obserwowany w obecnym świecie, ale nie był szeroko znany ani odnotowany w okresie, w którym pojawił się po raz pierwszy klasyczny darwinizm, chodzi o introdukcję gatunków obcych. Twierdzę, że kiedy azjatycka ryba wężogłowa zaatakuje staw w USA, nawet najpodlejszy samogłów czy najtwardszy okoń nie będą miały z nią szans. We wschodnich Stanach Zjednoczonych przybyły z Anglii wróbel prawie całkowicie zastąpił błękitnika rudogardłego, a teraz pyton birmański staje się czołowym drapieżnikiem w Everglades na Florydzie, konkurując z powodzeniem z aligatorem i nie wiemy, co stanie się na tym obszarze wraz ze wzrostem poziomu mórz.

Chodzi mi więc o to, że wydarzenia naturalne (a obecnie, także wydarzenia spowodowane przez człowieka), w tym pojawienie się nowych gatunków i katastrofy (takie jak uderzenia asteroid), sprawiły, że dobór grupowy stał się ważnym źródłem zmian populacji w poszczególnych regionach na przestrzeni czasu. Selekcja grupowa może leżeć u podstaw zmian gatunkowych. Kiedy organizmy fotosyntetyzujące, wytwarzające tlen, zaczęły „zatruwać" atmosferę, nastąpiło pierwsze wielkie wymieranie beztlenowców, a te nieliczne, które pozostały, były teraz zamknięte w ukrytych miejscach na planecie, a aeroby zyskały nowe i potężniejsze źródło energii (utlenianie przy pomocy tlenu), musiały się tylko nauczyć go używać, i my to zrobiliśmy.

Więc znowu, jeśli chcesz zbadać starzenie się, czy chcesz zacząć od zabawkowych teorii matematycznych, które zmieniają przewidywania w oparciu o pomysłowość i skrupulatność modelarza, a nie faktycznie przyglądać się temu procesowi u biologicznie starzejących się organizmów? Jeśli to jednak zrobimy, zauważymy, że istnieje szeroki zakres rozkładów długości życia; niektóre pierwotniaki i grzyby są nieśmiertelne, a śmiertelność wśród orzęsków jest dość ograniczona (jak wcześniej zauważyliśmy). Istnieją również gąbki — zwierzęta mające około dziesięć różnych typów komórek, które można nazwać koloniami choanocytów (jednokomórkowych, wiciowych komórek „kołnierzykowych"), wśród których amebocyty trawią i rozprowadzają pożywienie (zarówno choanocyty, jak i amebocyty mogą stać się gametami i dać początek wszystkim innym typom komórek) — które mogą żyć dłużej niż 10 000 lat, a nawet bardziej złożone płazińce również mają ten potencjał. Są małże żyjące 500 lat i homary, które żyją kilkaset lat (czy one się nie starzeją?). Samica rekina grenlandzkiego staje się płodna dopiero w wieku 150 lat, co również wskazuje na bardzo długą żywotność.

Jednak gdy już dotrzemy do lądowych kręgowców, takich jak my, długość życia znacznie się skraca. Ale co o niej decyduje? Ewolucjoniści mówią nam, że jest to nieuniknione, choć przypadkowe, ale przyrodnicy obserwują co innego. Istnieją wzorce długości życia, które są przewidywalne i możliwe do wyjaśnienia — wzorce, łączące długość życia z rolami ekologicznymi; to jednak nie może być prawdą, jeśli długość życia nie jest otwarta na selekcję, jeśli jest determinowana przez czysto losowe procesy. Omówmy więc dwie teorie, wyjaśniające długość życia jako proces niestochastyczny, „teorię tempa życia", która wiele wyjaśnia, ale ma wiele wyjątków, oraz powiemy trochę więcej o teorii dr Neilla, która również wiele wyjaśnia, ale jak wskazują nasze dowody, jest skierowany w złym kierunku. Zobaczymy, jak kilka drobnych zmian w punkcie widzenia prowadzi do tego, co jest coraz częściej postrzegane jako droga do nieśmiertelności.

OK, wiem, że jesteś zmęczony tymi teoriami, które decydują o tym, jak może zachować się życie ograniczone przez „myślenie ewolucyjne", ale chcę zagłębić się w te dwie teorie. Nie dlatego, że mają uzasadnienie z punktu widzenia ewolucji, ale dlatego, że prezentują zupełnie inną interpretację długości życia, opartą na obserwacji starzenia się organizmów. I na koniec, po tych dwóch teoriach, przedstawię swoją własną.

Teoria tempa życia

Prawie każdy zna tę niezwykle popularną teorię starzenia się. Ogólnie rzecz biorąc, wygląda to tak: wszystkie zwierzęta żyją przez określoną liczbę uderzeń serca lub oddechów. Oczywiste jest, że małe ssaki żyją krótko, z wyjątkami; szybko dojrzewają (płciowo) i umierają młodo. Z drugiej strony duże ssaki, takie jak płetwal błękitny, żyją znacznie dłużej i dojrzewają później. Naukowe podstawy teorii tempa życia rozpoczęły się od obserwacji Maxa Rubnera z 1908 roku, że większe zwierzęta żyły dłużej i miały wolniejszy metabolizm. Później zaproponowano związek między masą zwierzęcia a jego metabolizmem. Zostało to nazwane prawem Maxa Kleibersa; mówi ono, że podstawowa przemiana materii (BMR) organizmu jest proporcjonalna do jego wagi do potęgi 3/4 (co oznacza podniesienie do sześcianu pierwiastka czwartego stopnia — ale jest bliskie 1). Tak więc możemy teraz powiązać tempo metabolizmu z wagą (masą), a więc długość życia z tempem metabolizmu. Podstawowa teoria tempa życia postawiła hipotezę, że istnieje odwrotna (negatywna) zależność między długością życia a wydatkami energetycznymi, jak pokazano na rysunku 11.

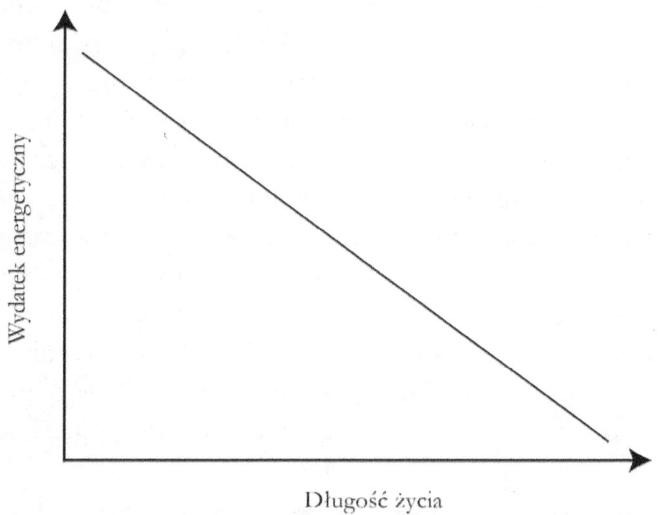

Rysunek 11: Przedstawienie podstawowej idei teorii tempa życia.

Dodatkową atrakcją tej teorii była wiedza, że wytwarzanie energii przez mitochondrialną fosforylację oksydacyjną ma efekt uboczny w postaci tego, że 0,1% do 3% cząsteczek tlenu używanych w procesie przenosi tylko jeden elektron do tlenu — tworząc anion ponadtlenkowy, będący wolnym rodnikiem. W kategoriach chemicznych oznacza to, że (co najmniej) jeden atom takiej cząsteczki ma „niesparowany" elektron (elektrony mają silną preferencję do parowania z innym elektronem o przeciwnym spinie) — jego symbol zapisujemy tak: $O_2^{\cdot-}$, gdzie kropka w górnym indeksie reprezentuje niesparowany elektron, a minus jego pojedynczy ładunek ujemny. Podsumowując, mamy obraz „szybciej żyjącego" organizmu produkującego więcej ROS, a tym samym więcej uszkodzeń, co skutkuje szybszym starzeniem się i krótszym życiem, ponieważ u niektórych organizmów w procesie syntezy ATP ROS powstaje z 3% cząsteczek tlenu, w przeciwieństwie do organizmów „wolniej żyjących", u których odsetek ten wynosi zaledwie 0,1%. Ponadto, przeprowadzono kilka eksperymentów na bezkręgowcach, które wydawały się zgadzać z tym wnioskiem.

Raymond Pearl w swojej książce *The Rate of Living* z 1928 r., na przykładzie zwierząt domowych, omawia pomiary potwierdzające i ugruntowujące idee Rubnera. Oczywiście problem polega na tym, że korelacja nie jest przyczyną i chociaż korelacja między wielkością a długością życia może w pewnym stopniu odzwierciedlać przyczynowość, wniosek, że długość życia i podstawowa szybkość metabolizmu są czymś więcej niż korelacją, nie jest poparty danymi; biorąc pod uwagę rozmiar, nie ma związku między podstawową przemianą materii a długością życia [35]. Oczywiście, pojawia się również pytanie, czy podstawowa przemiana materii jest dobrą miarą wydatku energetycznego w ciągu życia. Jeden z ciekawszych, wczesnych eksperymentów wykazał, że usuwanie skrzydeł muchom, a tym samym poważne ograniczenie ich zapotrzebowania na energię (ponieważ lot wymaga znacznego jej wydatku), znacznie wydłuża ich życie (iluż chłopców w wieku szkolnym przeprowadziło ten eksperyment z niewłaściwych powodów?). W przypadku *Caenorhabditis elegans* („konia roboczego" nauki o starzeniu się), mutacje pojedynczych genów mogą znacząco wydłużyć życie, co doprowadziło do przekonania (przynajmniej w mojej głowie), że istnieją geny, które ograniczają długość życia [36].

Jeden z wczesnych zarzutów dotyczących teorii tempa życia pochodził z porównywania małych ssaków z ptakami, gdzie ptaki znacznie przewyższają tempem metabolizmu małe ssaki, a mimo to żyją dłużej. Wyjaśniono to później jako zwiększoną wydajność pracy mitochondriów u ptaków w porównaniu do ssaków [37]. Być może to samo dotyczy nietoperzy, które są niezwykle długowieczne, biorąc pod uwagę wysoki metabolizm wymagany do lotu. Ale istnieje podstawowy problem przy porównywaniu różnych klas organizmów: te same zdolności do naprawy nie są obecne, w tym samym stopniu, u różnych klas kręgowców (przykładowo), więc aby ocenić, czy jedna konkretna zmienna determinuje długość życia, należy konieczne, wyizolować tę zmienną.

Co mówią przyrodnicy

Przyrodnik Robert Ricklefs przetestował pewne założenia dotyczące starzenia się za pomocą statystycznego modelu, który lepiej pasował do danych pochodzących od zwierząt w terenie. Odkrył, że zwierzęta o niższej początkowej śmiertelności starzeją się wolniej, ale większy odsetek zgonów u tych gatunków wynika ze starości, co oznacza, że nadal istnieją potencjalne czynniki przedłużające życie, możliwe do doboru. Wykluczyło to akumulację mutacji i antagonistyczną plejotropię, jako przyczyny starzenia się i doprowadziło Ricklefsa do wniosku, że starzenie się wynika z jednej strony ze „zużycia" się organizmu, a z drugiej strony z genetycznie kontrolowanych mechanizmów konserwacji i naprawy. „Najwyraźniej środki, które mogłyby zaradzić na skrajne pogorszenie stanu fizjologicznego w starszym wieku albo nie mieszczą się w zakresie zmienności genetycznej, albo są zbyt kosztowne, by faworyzować je w trakcie selekcji" [38], to była jego konkluzja – co w większości pokrywało się z teorią „ciała jednorazowego użytku". W tym przypadku, mimo, że Ricklefs wiedział, że zarówno czas do dojrzałości płciowej, jak i długość życia zależą od ryzyka drapieżnictwa, nie mógł znaleźć dla nich wspólnego mechanizmu. Jeśli David Neill ma rację, tym mechanizmem łączącym jest częstotliwość „zegara życia". Stwierdzenie to zakłada, że „środki zaradcze" są niezbędne do przeciwdziałania pogarszaniu się stanu fizjologicznego, spowodowanemu starzeniem się. Chociaż wydaje się, że natura się z tym nie zgadza, co można zaobserwować w postępującym obniżeniu aktywności procesów naprawczych i ciągłemu zwiększeniu poziomu niszczących cytokin i chemokin (takich jak cytokiny zapalne i chemokina eotaksyna).

Jednak Ricklefs, a później João Pedro de Magalhães (dr de Magalhães badał prawie każdy aspekt starzenia się i długości życia), doszli do tego samego wniosku; głównym wyznacznikiem długości życia (czyżby de Magalhães uważał, że długość życia jest cechą podlegającą selekcji?) jest drapieżnictwo; stąd powodem, dla którego małe zwierzęta mają krótki czas życia, jest to, że są bardziej podatne na drapieżnictwo (małe zwierzęta, które nie są narażone na drapieżniki, jak chociażby golec piaskowy, żyją długo).

Jednak de Magalhães dodał coś więcej, potwierdzając wiele badań z wykorzystaniem znacznie obszerniejszych niż w przeszłości baz danych, stwierdzając, że średnia lub maksymalna (bo są one proporcjonalne) długość życia jest funkcją „czasu rozwoju". Po dokładnym badaniu setek gatunków ssaków i ptaków napisał: „Ogólnie rzecz biorąc, wyniki te wskazują, że niezależnie od wielkości ciała, czas rozwoju jest silnie powiązany z maksymalną długością dorosłego życia"[39]. W rzeczywistości de Magalhães, podobnie jak wielu innych autorów, ustalił funkcje, których wartością wejściową jest czas do osiągnięcia dojrzałości płciowej, a na wyjściu otrzymujemy długość życia, zarówno dla ssaków, jak i ptaków.

Zatrzymajmy się więc na chwilę, aby zrozumieć tę nową obserwację, jako że została ona wyprowadzona na podstawie danych, a nie jedynie teorii; przez „czas rozwoju" rozumie się czas od zapłodnienia do narodzin dodany do czasu od narodzin do dojrzałości płciowej. Dowody (które mają długą historię), że długość życia po osiągnięciu dojrzałości płciowej jest funkcją czasu od zapłodnienia do dojrzałości płciowej zarówno u ssaków, jak i ptaków, są przytłaczające i obejmują tysiące gatunków. Dlaczego tak może być? Wróćmy do tego, co myśli o tym David Neill.

Jeszcze jedna uwaga, napisana przez Ricklefsa i Wikelskiego, którą warto przytoczyć w całości: „Współczynnik reprodukcji, wiek dojrzałości i maksymalna długość życia różnią się znacznie między gatunkami. Większość tych wariacji w historii życia przypada na przeciwległe bieguny wolne - szybkie, z niskim tempem reprodukcji, powolnym rozwojem i długim okresem życia z jednej strony, a przeciwstawnymi cechami z drugiej. Brak alternatywnych kombinacji tych zmiennych implikuje ograniczenie dywersyfikacji historii życia, ale natura tego ograniczenia pozostaje nieuchwytna"[40].

Zatem, ponownie przeanalizujmy to stwierdzenie. Mówią, że pomimo szerokich zakresów wieku osiągania dojrzałości, tempa reprodukcji i długości życia zwierząt (wybrali ptaki ze względu na obfitość danych), cechy te nie są niezależne, ale są zgrupowane razem, na obu końcach tego, co nazywają przestrzenią szybko - wolno — organizmy albo żyją krótko, wcześnie dojrzewają i szybko się rozmnażają, albo żyją długo, z późnym dojrzewaniem i niskim tempem reprodukcji (pomyśl o zestawieniu mysz kontra słoń). Tak więc nie mamy krótko żyjących zwierząt o niskim wskaźniku reprodukcji i późnej dojrzałości ani długowiecznych zwierząt o wczesnej dojrzałości i wysokiej reprodukcji. Innymi słowy, jest to sposób na stwierdzenie, że istnieje proporcja między tymi wskaźnikami (dojrzałość, okres niedojrzałości i długość życia), która nie ma jasnego wyjaśnienia.

David Neill, część 2

Deklarowanym celem Davida Neilla było wyjaśnienie stałego stosunku (lub przynajmniej funkcjonalnej zależności) długości życia po osiągnięciu dojrzałości od okresu rozwojowego, jak to opisano powyżej. Sposób, w jaki to rozwiązano, był zupełnie inny od założeń akumulacji mutacji lub antagonistycznej plejotropii i można go najlepiej wytłumaczyć, patrząc na ilustrację tego procesu na rysunku 12.

Trzy puste „fazy" na końcu okresu życia przedstawione na rysunku 12 mają reprezentować fakt, że oscylacje wytwarzające kolejną fazę życia same w sobie nie są ograniczone, ale ich ustanie wynika ze śmierci organizmu, z powodu braku dalszych stadiów rozwojowych. Tak więc przyjęto tu założenia, że postulowany „zegar życia" dzieli życie na fazy o równej długości oraz że liczba faz przed dojrzewaniem (cztery na schemacie) do maksymalnej liczby faz po dojrzewaniu (dziewięć, w naszym przypadku) dla każdej klasy kręgowców pozostaje stały (chociaż istnieją od tego wyjątki).

Zakłada się dalej, że klasyczna „akumulacja uszkodzeń", tj. „zużycie organizmu", jest głównym czynnikiem prowadzącym do śmierci — ponieważ „w okresie PD (po osiągnięciu dojrzałości) następuje stopniowy spadek inwestycji w konserwację i naprawę komórek", z narastaniem uszkodzeń (na poziomie komórkowym) ostatecznie prowadzącym do śmierci [27]. W późniejszych okresach dorosłego rozwoju, rezygnacja z inwestycji w naprawy i konserwację powinna rosnąć, a zatem nagromadzenie uszkodzeń powinno przyspieszać wraz z wiekiem. Wykazano to wielokrotnie (np. odporność na uszkodzenia popromienne spada z wiekiem), przy czym, rezultat tego — wzrost śmiertelności w czasie — rośnie wykładniczo.

Neill proponuje to na podstawie własnego artykułu z 2010 roku, który podsumowuje jako: „Zamiast ścieżki/programu genetycznego, ta teoria proponuje mierniczego czasu życia, który może opóźnić tempo akumulacji uszkodzeń komórek w okresie po dojrzewaniu" [27]. Tak więc tutaj „zegar życia" (który według Neilla musi być wewnątrzkomórkowy i obecny we wszystkich komórkach) wyznacza jego tempo. Wspomniano o kilku obwodach oscylacyjnych, które mogą działać jako zegary, z których wiele to zegary ultradobowe, których oscylacje występują kilka razy dziennie, a Neill wspomina również o zegarze dobowym, który oscyluje co 24 godziny (lub mniej więcej w takim czasie).

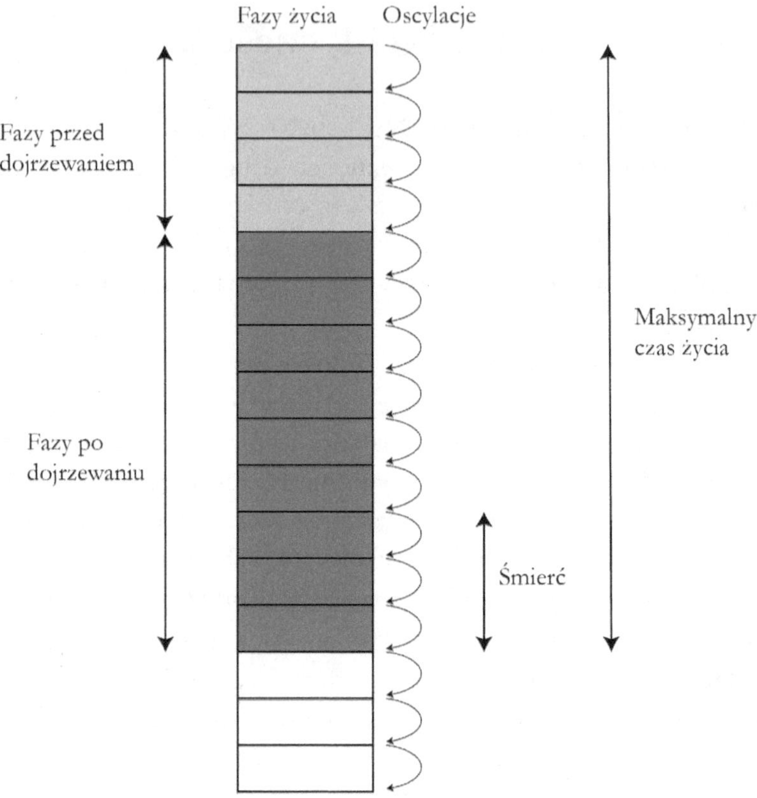

Rysunek 12: Przedstawienie faz życia sterowanych oscylacjami, prowadzącymi do śmierci. Przerysowany [27].

Na diagramie na rysunku 12 Neill stwierdza, że każda oscylacja definiuje „fazę", ale co w tym sensie oznacza ta faza? Najwyraźniej fazy niedojrzałe odpowiadają w pewien sposób stadiom rozwojowym — zygota, embrion, płód (jest jeszcze jest wiele obecnie nienazwanych). Zakładając jednak, że zegar jest zegarem dobowym — na co przedstawię dowody — nie ma żadnych znanych nam 24-godzinnych faz życia (za wyjątkiem cyklu komórkowego, który jest regulowany przez zegar dobowy i wpływa na stan redoks cytozolu i jądra). A co z fazami następującymi po osiągnięciu dojrzałości? Czy znamy jakieś etapy życia występujące po dojrzewaniu? Później zajmę się tym dokładniej, ale krótka odpowiedź brzmi: tak – młody dorosły, osoba w średnim wieku i starszy człowiek to niektóre, niezbyt naukowo nazwane, późniejsze fazy życia.

W modelu Davida Neilla istnieją tysiące lub dziesiątki tysięcy faz, ale co one oznaczają? Według Neilla „zegar życia" (LT – ang. *life timer*) kontroluje rozwój w niedojrzałych stadiach i degradację organizmów po osiągnięciu dojrzałości. Jak zobaczymy, LT kontroluje progresję rozwojową – skoordynowane starzenie się narządów, prowadzące do śmierci, odzwierciedla po prostu fenotypy wieku, które są zgodne (z indywidualną zmiennością) w obrębie gatunku.

Badacze zajmujący się starzeniem się i biolodzy zajmujący się ontogenezą rozróżniają rozwój — w którym, w niektórych przypadkach, ale nie we wszystkich, zwierzę przekształca się w bardziej złożoną i sprawną formę — oraz „starzenie się", kiedy ciało przyjmuje mniej złożoną i mniej sprawną postać. Jest to jednak podział bez wyraźnego rozróżnienia; u wielu gatunków złożone formy ruchliwe stają się prostszymi formami osiadłymi, filtrującymi wodę w poszukiwaniu pokarmu, które faktycznie zjadają własne mózgi, aby oszczędzać energię, ale nadal uważamy to za część normalnego rozwoju takich gatunków. Założenie, że starzenie się jest po prostu pogorszeniem stanu młodych dorosłych, pomija wiele cech charakterystycznych dla wieku, które nie są szkodliwe (na przykład inne zadania życiowe wymagane od zwierząt w średnim wieku w porównaniu z młodymi dorosłymi, przynajmniej u wyższych kręgowców), a co do gatunków, to istnieją ogromne ilości dowodów na to, że długość życia jest cechą gatunkową, która jest zachowywana i podlega selekcji. Na przykład, u afrykańskiej słodkowodnej ryby z rzędu karpieńcokształtnych, z gatunku Nothobranchius furzeri, długość życia jest ściśle dostosowana do czasu, przez jaki baseny utworzone w porze deszczowej pozostają płynne. Należy przy tym wspomnieć, że różnice w poszczególnych częściach Afryki sięgają nawet kilku miesięcy, jednak te ryby przechodzą swoje cykle życia — od urodzenia poprzez rozmnażanie na śmierci ze starości kończąc — których długość jest dostosowana do lokalnych warunków, tak aby zapewnić im pełne życie, reprodukcję i śmierć, zanim ich stawy zamienią się w twarde błoto.

Przejście przez fazę młodego dorosłego, kiedy organizm wykazuje się zdolnością do zapewnienia sobie partnera (do rozmnażania), wiek średni, gdzie w przypadku wielu ssaków rozmnażający się osobnik, w średnim wieku, ma obowiązki względem partnera i potomstwa, wreszcie stary wiek, w którym organizm nie może już konkurować z młodymi i przekazuje przywództwo do następnego w kolejce (choć niechętnie i w wielu przypadkach w wyniku walki), jest powszechnym wzorcem cyklu życia ssaków, podobnie jak to mam miejsce u bezkręgowców. Pytanie tylko, czy ten wzorzec jest zaprogramowany i czy można go zmienić?

Duże zbiory danych i jeszcze większe pomysły

„Prawo wielkich liczb" polega na tym, że gdy liczba obserwacji wzrośnie wystarczająco, ujawnione zostaną swoiste prawdopodobieństwa, a nie jedynie statystycznie implikowane wyniki, jak w przypadku niewielkich eksperymentów. Używając małej liczby zwierząt (*C. elegans*), stwierdzamy, że 50% populacji umiera w ciągu dwóch tygodni; kiedy używamy dużych liczb (ponad 100 000 osobników), „prawo dużych liczb" sprawia, że ten sam wynik określa prawdopodobieństwo śmierci w ciągu dwóch tygodni. Dlatego szczególnie interesujące było to, że laboratorium Waltera Fontany na Harvardzie (Fontana Lab), z pomocą biologa matematycznego, Nicholasa Stroustrupa, odkryło matematyczne podstawy, związanego z wiekiem, spadku sprawności organizmu.

Koncepcja była prosta: na Harvardzie, Fontana i jego współpracownik Stroustrup, opracowali zautomatyzowany system, który mógł wykryć, w ciągu 20 minut od tego zdarzenia, śmierć każdego robaka z ponad 100 000 *C. elegans*, hodowanych w różnych środowiskach. Doprowadziło to do powstania krzywych śmiertelności o niespotykanej dotąd dokładności. We wstępie do swojego artykułu piszą: „Obserwujemy tutaj, zbierając precyzyjne statystyki śmiertelności z dużych populacji, że interwencje tak różnorodne, jak zmiany diety, temperatury, narażenie na stres oksydacyjny i zakłócenia genów, w tym czynnik szoku termicznego hsf-1, czynnik indukowany niedotlenieniem hif-1 oraz składniki szlaku insulina/IGF-1 daf-2, age-1 i daf-16 zmieniają rozkład długości życia poprzez widoczne rozciąganie lub skracanie jego czasu" [41].

Nota osobista — kiedy próbowałem promować własny pomysł na ten temat, mówiąc o zegarze (podobnie do stanowiska prezentowanego przez Neilla), Fontana sprzeciwił się opublikowaniu mojego komentarza na temat jego zabiegów przyspieszających lub spowalniających „starzejący się zegar" w „Nature" i odrzucił pomysł zegara lub systemu odliczającego czas. Druga grupa redaktorów zgodziła się ze mną, ale trzecia stwierdziła, że mój komentarz, choć trafny, był zbyt ważny, aby pozostać tylko komentarzem, i zasugerowali, abym rozwinął moje pomysły jako osobny artykuł (cóż, tak się stało i właśnie gdy czytasz). Tak naprawdę myślałem, że po prostu chcieli uciszyć nieznanego badacza na rzecz profesora z Harvardu — nie jestem pewien, czy ich za to winię.

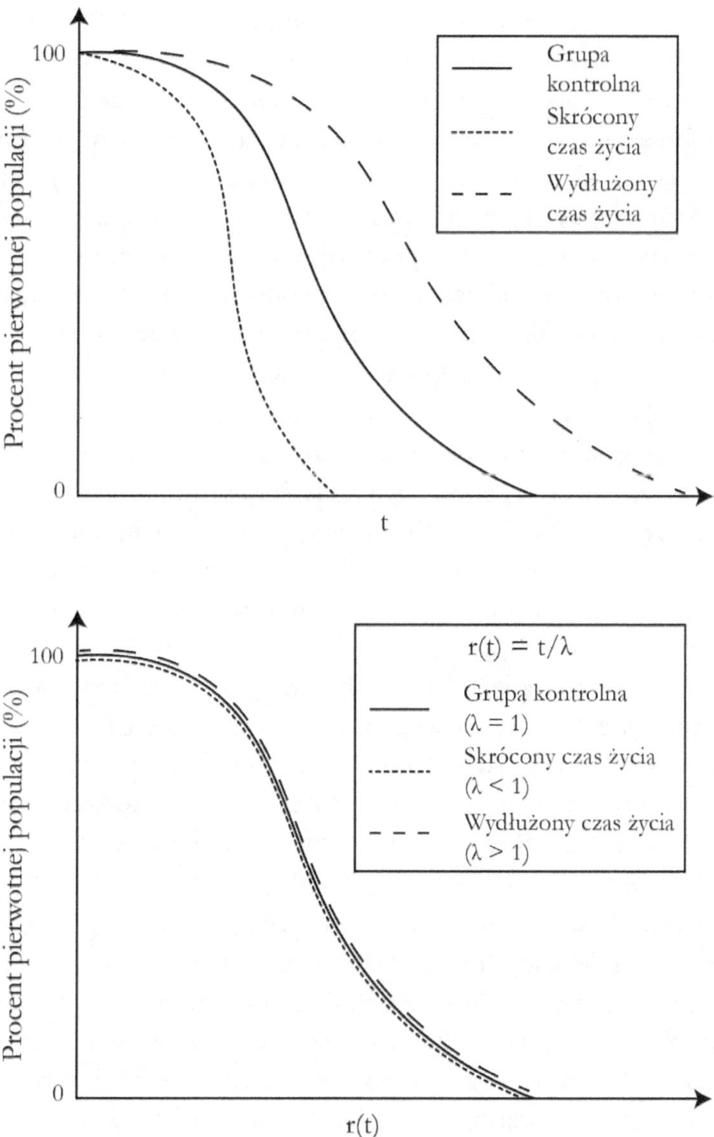

Rysunek 13: Krzywe przeżycia dla grupy kontrolnej i grup o skróconym i wydłużonym czasie życia, dla trzech populacji *C. elegans*. Przerysowany [41].

Dowody na to kurczenie się lub rozciąganie czasu (czasu biologicznego) są oczywiste i uderzające i opierają się na tak zwanych „krzywych przeżycia". Te krzywe po prostu pokazują procent pierwotnej populacji (wykreślony na osi pionowej z populacją rozpoczynającą się od 100% i kończącą się na 0%) pozostałą po okresie czasu rozpoczynającym się od wyklucia (ten czas jest wykreślony na osi poziomej, jak widać na rysunku 13). Jeśli spojrzymy na górny wykres, zobaczymy normalną krzywą śmiertelności (tj. grupę kontrolną robaków hodowanych w standardowych warunkach) w postaci linii ciągłej; populacja zaczyna się od 100% i opada w dół, w sposób przypominający rozkład wykładniczy, aż do zera. Należy zauważyć, że ogromna liczba zwierząt, które sprawiają, że badanie to jest na tyle istotne, że zmieniają wyniki eksperymentalne w twarde prawdopodobieństwo przyszłego przeżycia ze względu na „prawo wielkich liczb", nie obowiązuje już na końcu krzywej, gdzie liczby zwierząt, które przeżyły, są znacznie zmniejszone.

Na dwóch pozostałych krzywych górnego wykresu widać skutki interwencji. Robaki są umieszczone w środowiskach lub mają mutacje, które przyspieszają starzenie, tj. skracają życie (różne emitery ROS, wyższe temperatury, zakłócenie genów szoku cieplnego itp.) lub są hodowane pod wpływem warunków, które wydłużają ich życie (niższe temperatury, mutacje DAF-2 i obecność w ich środowiskach czynników redukujących, takich jak N-acetylocysteina). Na dolnym wykresie ilustracji grecka litera λ jest równa długości życia grupy eksperymentalnej podzielonej przez żywotność grupy kontrolnej, a więc zakładając, że wydłużony czas życia (krzywa przerywana na ilustracji) jest dwukrotnością czasu życia kontrolnego, to $\lambda = 2/1 = 2$. Teraz możemy stworzyć funkcję $r(t) = t/\lambda$. Jeśli wtedy, zamiast wykreślać każde przeżycie jako procent przeżycia w funkcji czasu od urodzenia, podzielimy ten czas (t) od wylęgu przez λ, tworząc $r(t)$, zobaczymy, że wszystkie krzywe przeżycia utworzone w ten sposób zachodzą na siebie!

Ponieważ wykorzystano dużą liczbę zwierząt, możemy wziąć dowolny punkt na tych krzywych i zdefiniować śmiertelność specyficzną dla tego wieku $d(\log t)/dt$ (z dokładnością do 20 minut), którą możemy określić jako „fazę", punkt przegięcia, kiedy śmiertelność zaczyna wzrastać, może być jedną z takich faz; wydaje się, że pojawia się mniej więcej w pierwszej 1/3 całkowitej długości życia w grupie kontrolnej — i można zaobserwować, że występuje w tym samym miejscu we wszystkich różnych zbadanych warunkach, czy to przy czasie życia skróconym przez ciepło, czy wydłużonym przez mutacje. Kiedy procentowe przeżycie jest wykreślane względem $r(t)$ (a nie „t"), wszystkie krzywe przeżycia nakładają się na siebie, jak pokazano na dolnym wykresie ilustracji. Można z tego wywnioskować, że bez względu na rzekomą przyczynę śmierci, różnica w porównaniu z niepoddaną manipulacjom grupą kontrolą polega tylko na długości faz życia, ponieważ wszystkie krzywe przeżycia mają identyczny kształt, gdy wykreśla się je w odniesieniu do r(t). Jedynym czynnikiem, który wpłynął na szansę przeżycia u tych robaków, była proporcja długości życia, przez którą już przeszły.

Tak więc, ten jeden czynnik determinował śmiertelność ze wszystkich przyczyn. Badanie Stroustrupa i Fontany ujawniło, że długość życia jest funkcją „odporności"; chociaż badanie nie ujawniło żadnego dalszego mechanizmu „odporności", stwierdzono, że zgon z jakiejkolwiek przyczyny wynika z jednej zmiennej związanej z długością życia w porównaniu z długością życia w korzystniejszych warunkach [41]. Stroustrup i Fontana nazywają tę zmienną „odpornością" i obarczają jej utratę odpowiedzialnością za wszystkie przyczyny śmierci. Odporność maleje wraz z wiekiem, aż nie jest już wystarczająca do podtrzymania życia zagrożonej komórki.

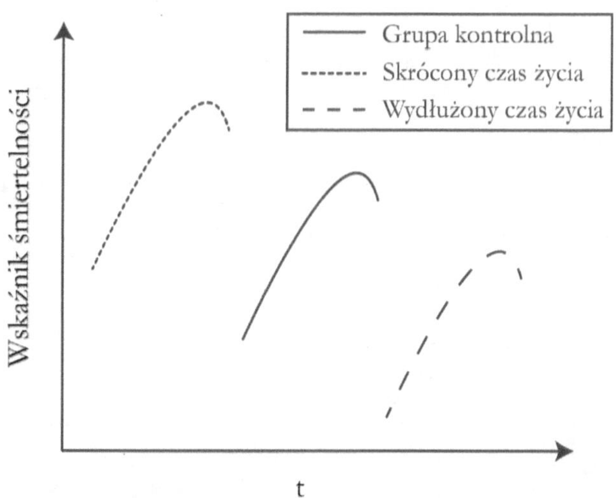

Rysunek 14: Wskaźnik śmiertelności jako funkcja czasu dla trzech populacji *C. elegans*. Przerysowany [41].

Czy zatem „odporność" jest tylko słowem, abstrakcyjnym pojęciem utraty czegoś zdefiniowanego jako zdolność do przezwyciężenia trudności? Co zatem odpowiada za „odporność" — co to tak naprawdę jest? Czy, zatem, w ocenie Davida Neilla (jego teorii starzenia się), byłaby to ciągła zdolność LT do przedłużania młodości, czy też utrata zdolności do pokonywania przeciwności? A co to za tajemnicze LT? Czy to samo dotyczy wyższych organizmów? Istnieją na to dowody, które omówię później. Jeśli zamiast patrzeć na krzywe przeżycia, spojrzymy na krzywe śmiertelności, wynik jest przedstawiony na wykresie znajdującym się na rysunku 14.

Widzimy podobieństwo w tych krzywych, chociaż w rzeczywistości różnica długości życia pomiędzy poszczególnymi grupami wynosi więcej niż rząd wielkości [41] — jest to szczególnie uderzające, ponieważ jest to wykres półlogarytmiczny; wyraźna liniowa natura tych przebiegów ujawnia wykładniczy wzrost współczynnika ryzyka śmierci przez całe życie. „Hak" w dół, który pojawia się na górnym końcu każdej krzywej, może oznaczać zmniejszenie się intensywności starzenia, lub, ponieważ większość dużych populacji jest już martwa w tym momencie, może to po prostu oznaczać utrzymywanie się naturalnie odpornego wariantu populacji.

6

Dlaczego starzejące się komórki umierają?

We wszystkich omówionych do tej pory teoriach starzenia się, starzenie się prowadzi do utraty komórek i chociaż jeszcze o tym nie mówiliśmy, to w szczególności prowadzi do utraty komórek „macierzystych" i „progenitorowych" — komórek przeznaczonych do produkcji komórek somatycznych, potrzebnych dla dalszego życia. W niektórych przypadkach komórki zachowują się nienormalnie, albo przez skrócenie się telomerów, poniżej „długości krytycznej", albo przez nadmierną produkcję onkogenów (genów, które powodują raka w przypadku ekspresji przez niektóre komórki — większość z nich to czynniki wzrostu) lub w inny sposób, cyklicznie komórki stają się „starzejącymi się komórkami", które są usuwane z cyklu komórkowego *. Te niereprodukujące się już i pozornie pozbawione funkcji starzejące się komórki, niewinnie z pozoru, ale nieustępliwe stare komórki, wyjęte z cyklu komórkowego i odłożone na emeryturę, tak naprawdę wcale nie są martwe ani umierające,

---

* Cykl komórkowy lub cykl podziału komórki to seria zdarzeń zachodzących w komórce, które powodują jej podział na dwie komórki potomne.

są bardzo aktywne metabolicznie i przekazują do organizmu wiele substancji (zjawisko starzejących się komórek wydzielających potencjalnie szkodliwe produkty nazywamy SASP — ang. *Senescence Associated Secreatory Phenotype*, co oznacza fenotyp sekrecyjny związany ze starzeniem się). Produkty te promują starzenie się innych pobliskich komórek, a te starzejące się komórki wydzielają również enzymy, które zakłócają macierz komórkową (strukturę utrzymującą komórki ze sobą). To z kolei umożliwia migrację komórek nabłonka, które uległy transformacji; EMT (ang. *epithelial-mesenchymal transition*, przejście epitelialno-mezenchymalne) daje komórkom nabłonkowym (nowotwory oparte na komórkach nabłonkowych nazywane są *rakiem*, jest to najczęstszy rodzaj nowotworu u ludzi) zdolność do opuszczenia swoich lokalizacji (normalne komórki nabłonkowe umierają po usunięciu z jednokomórkowych grubych arkuszy, które tworzą) i przedostania się do krwiobiegu lub układu limfatycznego (układu równoległego do układu krążenia, który zapewnia usuwanie odpadów komórkowych i wytwarza komórki odpornościowe do zwalczania najeźdźców). Po opuszczeniu miejsca pochodzenia te przekształcone komórki nabłonkowe (teraz, dzięki EMT, wyglądają już jak komórki mezenchymalne) są w stanie utworzyć mikrokolonie w całym ciele. Jeśli te mikrokolonie przetrwają, stają się guzami nowotworowymi.

Przekształcone komórki nowotworowe mają tę zaletę, której nie mają inne komórki: nie są kontrolowane przez organizm (normalne komórki są posłuszne jego regułom) i są nieustannie pobudzane (często samoistnie) do rozmnażania. Normalnie, komórki, które są poważnie uszkodzone, ulegają samozniszczeniu, na wiele wewnętrznych sposobów — apoptoza jest najlepiej poznanym sposobem, również dobrze znana jest ferroptoza, podobnie jak zwykła martwica, ale komórki rakowe tego nie robią.

W 2013 r. López-Otín i in. napisali podsumowanie, zatytułowane *The Hallmarks of Aging* [42], uważane przez przeważającą większość badaczy za będące wyczerpującym przeglądem literatury. Podobnie jak, wcześniej opublikowana praca, o zbliżonej nazwie, *The Hallmarks of Cancer* [43], ten artykuł z 2013 r. miał na celu zdefiniowanie dziedziny starzenia się. Chociaż miał on być podsumowaniem całego procesu, okazuje się zawierać jedynie opis niektórych właściwości starzenia się komórek. Generalnie, na podstawie wniosków autorów, można wyróżnić trzy rodzaje cech charakterystycznych dla starzenia:

- Cechu pierwotne (przyczyny uszkodzeń): niestabilność genomu, zużycie się telomerów (nadmierne skrócenie), zmiany epigenetyczne, utrata homeostazy białkowej (proteostazy)

- Cechy antagonistyczne (odpowiedzi na uszkodzenia): zaburzona detekcja składników odżywczych, dysfunkcja mitochondriów, starzenie komórkowe
- Cechy integracyjne (sprawcy fenotypu): wyczerpanie zasobów komórek macierzystych, zmieniona komunikacja międzykomórkowa [42].

Ma to oznaczać, że **niestabilność genomowa** — uszkodzenia DNA na wszystkich poziomach, od prostych mutacji jednozasadowych po aneuploidię (za dużo lub za mało chromosomów) — jest „przyczyną" starzenia. **Skracanie się telomerów** jest zwyczajną częścią cyklu życia komórki, te ochronne „skuwki" chromosomu (telomery) są skracane podczas każdego podziału komórki, proces ten ma miejsce na przeciwległych końcach każdej chromatydy, na każdym chromosomie, ponieważ telomery nigdy nie są w pełni kopiowane za każdym razem, gdy komórka się dzieli. Enzym, telomeraza, kontroluje długość telomerów, ale występuje tylko w komórkach embrionalnych i komórkach macierzystych (chociaż i tam jego aktywność spada wraz z wiekiem). Okazuje się, że nie możemy traktować tego zjawiska jako zegara, w takim stopniu jak zakładały początkowe teorie, które zrównywały nadmierne skrócenie telomerów z limitem Hayflicka (maksymalną liczbą podziałów, jakie może przejść pojedyncza komórka, zanim przestanie się dzielić — tzw. starzenie replikacyjne). Zanim Leonard Hayflick odkrył ograniczenie w liczbie podziałów komórki, Alexis Carrel, laureat Nagrody Nobla, który jako pierwszy opracował hodowlę komórkową, „udowodnił", że komórki są nieśmiertelne, ale później okazało się, że stale uzupełniał utrzymywane przez siebie kultury młodymi fibroblastami, komórkami bardzo podatnymi na namnażanie. Po przekroczeniu tego limitu albo komórki się już nie dzielą, albo jeśli tak się stanie, jedna lub obie komórki „córki" powstałe po podziale (ang. *"daughters of division"* - świetna nazwa dla kapeli składającej się wyłącznie z dziewcząt) umrą.

Zmiany **epigenetyczne** to coś, nad czym spędzimy dużo czasu, ponieważ, wszyscy zgadzają się, że korelują one ze zmianami związanymi z wiekiem (i, jak sądzą niektórzy, z prawdopodobieństwem dalszego utrzymania życia, jak później omówimy) — jednak, tutaj główną tezą jest to, że starzenie się zachodzi na poziomie komórkowym: zatem, to nagromadzenie uszkodzeń DNA i skracanie telomerów, dostarczają nam sposobu pomiaru wieku, w liczbie podziałów komórkowych, tak jak w przypadku omawianych przez nas pantofelków. Wspomniane zmiany epigenetyczne są w dużej mierze wynikiem „dryfu epigenetycznego", który pojawia się wraz z wiekiem, gdy mechanizmy epigenetyczne ulegają uszkodzeniu.

Utrata proteostazy dotyczy głównie niesfałdowanych lub nieprawidłowo sfałdowanych białek, które kumulują się z czasem. Najbardziej śmiercionośne działanie tych białek objawia się poprzez zbijanie się ich w duże skupiska, co prowadzi do odkładania się złogów amyloidowych w starzejących się tkankach. Przyczyna tego nie jest znana, ale później zetkniemy się z pewną hipotezą.

„Cechy antagonistyczne" nie są, jak proponują autorzy, „odpowiedzią na uszkodzenie" (która ze strony komórki może obejmować jego naprawę), ale raczej natychmiastowymi skutkami uszkodzenia. **Starzenie się komórek** „wynika" ze zużywania się telomerów (a dodatkowe formy tego starzenia wynikają z innych przyczyn, takich jak nadekspresja onkogenów, tj. „genów nowotworowych"). Przypuszczenie, że **wyczerpanie komórek macierzystych** (jedna z „integracyjnych cech") jest wynikiem zużycia się telomerów jest zaskakujące, ponieważ komórki macierzyste powinny być w stanie samoodnawiać się i odbudowywać zasoby większości pozostałych typów komórek oraz powinny mieć aktywną telomerazę, która utrzymuje ich telomery w odpowiedniej długości – ale one też starzeją się i tracą tę zdolność. Pozostałe komórki starzeją się, a być może nawet stają się komórkami nowotworowymi lub umierają w wyniku apoptozy, albo na skutek jakiegoś innego sposobu komórkowego samobójstwa, czy nawet prostej martwicy — zwyczajnie umierają.

Z pewnością starzenie się koreluje ze zmianami epigenetycznymi, ponieważ wiek można zmierzyć, jak omówimy, za pomocą zmian metylacji DNA (DNAm) przy użyciu „zegara" DNAm, czyli procesu wspomaganego przez AI, który oblicza udział wybranej (informacyjnej) próbki w dziesiątkach tysięcy miejsc w DNA kręgowców, obejmuje ona dinukleotyd CpG, w którym „C" (reszta cytozyny) ma możliwość przechwycenia i dołączenia do siebie dodatkowej grupy metylowej w celu wytworzenia 5-metylocytozyny, sygnału, który może blokować dostępność DNA dla czynników transkrypcyjnych i enzymów naprawczych, co w niektórych przypadkach może mieć również pozytywny efekt. Ocena proporcji poszczególnych „informacyjnych" miejsc gdzie występuje CpG z metylacją dokładnie określa wiek zwierzęcia, od którego pobrano DNA, ale o tym porozmawiamy później.

Dysfunkcja mitochondriów zasadniczo oznacza, że mitochondria stają się mniej wydajne w wykorzystaniu siły protonomotorycznej (dostarczanej przez NADH), która napędza maszynę mitochondrialną (protony wpompowane do przestrzeni międzybłonowej, starają się cofnąć z powrotem do macierzy mitochondrialnej) do tworzenia ATP, a więc zmniejszają produkcję ATP, ale także zwiększyć liczbę ROS wytwarzanych na każdą zużytą cząsteczkę tlenu. Tak więc istnieją dwa problemy: mniej energii wytwarzanej na każdą przyjętą cząsteczkę pokarmu i większa produkcja ROS, co wiąże się z nasileniem potencjalnych uszkodzeń.

„Integracyjne cechy" są końcowymi rezultatami poprzednich dwóch etapów, tak więc zarówno zużycia się telomerów, jak i niestabilność genomu mogą prowadzić do starzenia się komórek, a wszystkie te czynniki lub każdy z osobna mogą prowadzić do **wyczerpania komórek macierzystych**. Ostatnia kategoria, **zmieniona komunikacja międzykomórkowa**, ma wiele skutków związanych ze starzeniem się — takich jak, chociażby, wadliwa sygnalizacji Wnt w komórkach satelitarnych mięśni [44] — ale to, co szczególnie zaakcentowali López-Otín i in. to przede wszystkim stany zapalne, którym towarzyszy wytwarzanie zapalnych cytokin (szeroka kategoria małych białek, ważnych w sygnalizacji komórkowej) i skutki, jakie te cytokiny wywierają na organizm.

Opowiadamy tutaj wiele historii i podajemy wiele przyczyn dla wielu zjawisk, ale czy możliwe jest, że istnieje jedna przyczyna, leżąca u podstaw wszystkich tych pozornych przyczyn i efektów starzenia?

Wiemy już, że u *C. elegans* (López-Otín i in. skupili się głównie na starzeniu się kręgowców) występuje pojedyncza przyczyna starzenia, a przyczyną tą jest utrata „odporności" (jako rezerwy narządowej lub witalność), całkowitego źródła ochrony komórkowej; ale czym jest ta „odporność" i co się z nią dzieje? Co wiemy o tej „odporności", „rezerwie narządowej" lub „żywotności"? Oczywiście „odporność" oznacza zdolność do szybkiego powrotu do zdrowia po trudnościach, inaczej wytrzymałość, podczas gdy rezerwa narządowa sugeruje posiadanie większych zasobów niż to, co jest potrzebne do pokonania trudności – z witalnością jest podobnie. Tak więc mówimy o tym, że wszyscy członkowie tej samej populacji mają to samo środowisko i te same genotypy, jednak niektóre osobniki ulegają wszelkim uszkodzeniom wynikającym z ich środowiska — powinniśmy założyć, że tym osobnikom brakuje „odporności".

Inną rzeczą, jaką wiemy o odporności, jest to, że im większy jest stopień ekspozycji organizmu na niekorzystne czynniki, tym szybciej traci on swoją odporność, tak że incydenty, które łatwo przeżyć w młodości, są śmiertelne, gdy odporność wystarczająco spadła. Warunki, które zmniejszają poziom „stresu", takie jak zapewnienie *C. elegans* dostępu do przeciwutleniaczy, wydają się spowalniać utratę odporności. Być może jednak to warunki, w których brakuje systemów naprawczych, gdzie brak jest białek szoku cieplnego i DAF-16 (czynnik transkrypcyjny FOXO, który po aktywacji wnika do jądra i włączy wiele funkcji naprawczych i konserwacyjnych), powiedzą nam coś więcej?

Zatem, im więcej uszkodzeń, tym szybciej traci się „odporność" i tym krótszy jest czas życia, chyba że uszkodzenia zostaną naprawione. Tak więc, aby skrócić życie, możemy albo podnieść poziom uszkodzeń, albo obniżyć poziom naprawy. Możemy założyć, że każdy organizm otrzymałby taką samą ilość uszkodzeń (w przypadku mutacji wyłączających działanie HSP-1 i DAF-16, które są czynnikami transkrypcyjnymi wyzwalającymi naprawę), więc to nie poziom uszkodzeń powoduje (na przykład) skrócenie życia, ale to, czy uszkodzenia te zostaną naprawione, czy nie. Czym więc może być ta „odporność"? Okazuje się, że do wyjaśnienia tego wymagane jest przywołanie innej teoria starzenia; i jak zobaczymy, to bardziej fundamentalne zrozumienie, dlaczego komórki umierają, rzuca światło nie tylko na to, czym jest odporność, ale także na to, jak odnosi się ona do *prawdziwego* „zegara życia", którego znaczenia Neill się domyślał, ale później je odrzucił: do zegara dobowego.

Teoria starzenia się oparta na zmianach w reakcjach redoks

Temat reakcji redoks (redukcji i utleniania) to coś, o czym wielu zdążyło już zapomnieć z lekcji chemii w szkole średniej. W krajach angielskojęzycznych używa się akronimu oznaczającego utlenianie, LEO (ang. *Loss Of Electrons*) — utrata elektronów, utlenianie — do którego ja zawsze dodawałem GER (ang. *Gain Of Electrons*) — przyrost elektronów, redukcja, aby utworzyć zdanie pomagające zapamiętać istotę tych procesów — lew (LEO) mówi „GER". Teraz, przypomnijmy sobie fakt, o którym w zasadzie już mówiliśmy: całe źródło energii życia to elektrony o wysokiej energii (elektrony, które wolałyby być gdzie indziej, tj. niestabilne) przemieszczające się z miejsca o wysokiej energii potencjalnej do miejsca o niskiej energii potencjalnej — tak jak w baterii i tak jak w przypadku baterii, tę utratę energii potencjalnej można zamienić na pracę.

U zwierząt tlenowych większość elektronów o wysokiej energii potencjalnej jest przenoszona na cząsteczki tlenu, tworząc wodę — proces zwany fosforylacją oksydacyjną. Proces ten zachodzi w mitochondriach i jest pośredniczony przez akceptor jonów wodorkowych NAD$^+$, który następnie staje się NADH. NADH jest dinukleotydem (co oznacza, że są to dwa połączone ze sobą nukleotydy — DNA i RNA to polinukleotydy, tj. wiele połączonych ze sobą nukleotydów), ale z łączącym je nietypowym, wiązaniem difosforanowym, a nie pojedynczym wiązaniem fosforanowym (patrz rysunek 15). NAD$^+$ działa jako grupa prostetyczna (zwana również kofaktorem) dla klasy białek, w szczególności *dehydrogenaz*, odbiera jony wodorkowe i ostatecznie przekazuje je do łańcucha czterech kompleksów wielobiałkowych (kompleksów I – IV) z grupami prostetycznymi metal-siarka, które przyjmują elektrony o wysokiej energii i przekazują je do następnego kompleksu w cyklu. Wreszcie piąta grupa białek, chociaż osadzona w wewnętrznej błonie mitochondrialnej, posiada, jednak dostęp do macierzy mitochondrialnej, wykorzystuje potencjał chemiosmotyczny generowany przez cztery kompleksy tak zwanego łańcucha transportu elektronów (ETC) do wytwarzania ATP z nieorganicznego fosforanu i ADP.

Wiemy, że kilka enzymów wykorzystuje NAD$^+$, formę uboższą w energię, do innych celów niż transport elektronów, i dowiemy się, że może to stanowić problem, gdy zapasy są ograniczone: główną funkcją NAD$^+$ jest zbieranie jonów wodorkowych i przekazanie swoich elektronów o wysokiej energii i towarzyszących im protonów (normalny atom wodoru składa się z jednego elektronu krążącego wokół jednego protonu, a jon wodorkowy ma jeden proton i dwa elektrony) do mitochondrium, aby wytworzyć energię potrzebną komórce do wszystkich jej funkcji. Mitochondrium robi to za pomocą szeregu białek skoordynowanych z metalami (białek z jonami metali, takich jak żelazo i miedź, w centrum), tworzących szereg ścieżek dla elektronów o wysokiej energii, które podróżują przez wewnętrzną błonę mitochondrialną, ciągnąc za sobą proton, a takie protony mogą zostać przyciągnięte do przestrzeni międzybłonowej mitochondriów i skupione razem wbrew oddziaływaniom ich własnych ładunków dodatnich.

Gdy wszystkie te protony (jony wodorowe) są stłoczone razem, wywierają dodatnie ciśnienie. Ponieważ wszystkie protony odpychają się nawzajem, im bliżej się znajdują, tym silniejsze odpychanie, więc wypełnienie wewnętrznej błony mitochondrialnej protonami jest jak nadmuchiwanie balonu; jeśli trzymasz szyjkę balonu zaciśniętą, a następnie ją puścisz, wytwarza siłę, która spowoduje, że gwałtownie przeleci on przez pokój. Można nawet wyobrazić sobie, że nie pozwolimy mu się poruszać, i gdy nasz uścisk zostanie zwolniony, będziemy nadal trzymać balon w miejscu, wytworzy się wtedy „wiatr", który może obrócić łopaty wiatraczka lub turbiny, aby wygenerować prąd, prawda? Energia potencjalna napełnionego balonu zależy od ciśnienia w balonie. Kiedy go nadmuchujesz, zużywasz energię i walczysz z siłą powietrza, które stara się wydostać na zewnątrz. Protony przechowują jeszcze więcej energii, ponieważ wszystkie są naładowane dodatnio, więc generują znacznie większą przeciwstawną siłę, gdy próbuje się je upchnąć na niewielkiej przestrzeni.

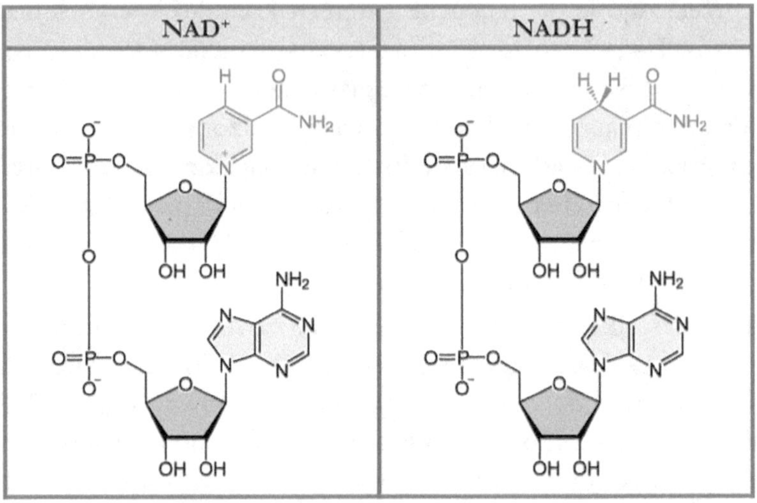

Rysunek 15: Na tym schemacie adenozyna jest dolnym nukleozydem złożonym z cukru (zwanego rybozą) w kolorze ciemnoszarym i podstawy, adeniny, w kolorze jasnoszarym. Górna część to drugi nukleozyd, również zbudowany z rybozy (ciemnoszary) i innej podstawy, zwanej nikotynamidem (jasnoszare wypełnienie z szarymi liniami). Nukleozydy górne i dolne są połączone wiązaniem difosforanowym, tworząc dinukleotyd. Na podstawie „Energy in living systems: Figure 1" OpenStax College, Biology (CC BY 3.0), https://creativecommons.org/licenses/by/3.0/us/.

Ponieważ energia jest równa sile przyłożonej na odległości, wpychanie protonów do przestrzeni międzybłonowej wymaga użycia siły na odpowiedniej odległości — co oznacza, że energia jest magazynowana jako gradient jonów wodorowych, ponieważ uzyskujemy wyższe stężenie w przestrzeni międzybłonowej niż wewnątrz macierzy mitochondrialnej. Energia elektryczna zmagazynowana w mitochondriach, w postaci protonów skoncentrowanych w przestrzeni międzybłonowej, wykorzystuje wzajemne odpychanie („siłę napędową protonów") do napędzania molekularnej turbiny zwanej syntazą ATP (faktycznie się ona obraca), która dodaje nieorganiczną grupę fosforanową (PO_4^{3-}) do ADP (adenozyno**di**fosforanu [dwa]), aby wytworzyć ATP (adenozyno**trój**fosforan [trzy]), wysokoenergetyczny bezwodnik kwasowy.

ATP to benzyna, która napędza wszystkie komórkowe „silniki" — cząsteczki białka, które coś *robią* (enzymy), takie jak kompleksy białek mięśniowych (aktyna-miozyna), które kurczą się, umożliwiając nam poruszanie się, lub inne, które działają jak pompy molekularne, przemieszczając ADP, ATP i całe mnóstwo małych cząsteczek w błonach komórkowych. Tak więc to ATP porusza naszymi mięśniami i molekułami. Ciekawą rzeczą jest to, że za pomocą mikroskopii elektronowej można zobaczyć, czy mitochondria komórki są aktywne, czy nie: te aktywne są spuchnięte, a te nieaktywne wyglądają na zapadnięte.

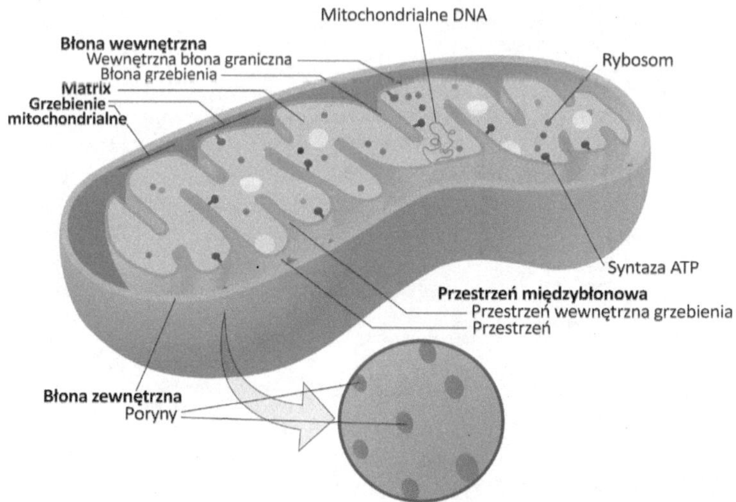

Rysunek 16: Struktura mitochondriów. Na podstawie Kelvinsong; zmodyfikowane przez Sowlosa, CC BY-SA 3.0 <https://creativecommons.org/licenses/by-sa/3.0>, za pośrednictwem Wikimedia Commons.

Rysunek 16 przedstawia ilustrację podstawowej struktury mitochondrium z dwoma nieprzepuszczalnymi „workami" błon, jeden z nich jest mniejszy, bardzo pomarszczony (tworzący grzebienie — przypominające palce, wypustki błony, zwiększające jego powierzchnię), a drugi to gładka zewnętrzna otoczka. Przestrzeń oddzielająca te powłoki to przestrzeń międzybłonowa i to właśnie ta przestrzeń wypełnia się protonami, gdy elektrony o dużej energii potencjalnej przechodzą przez, osadzone w wewnętrznej błonie mitochondrialnej, kompleksy łańcucha transportu elektronów (ETC) — I, II, III i IV — tracąc energię potencjalną na każdym kroku. Utracona energia potencjalna jest wykorzystywana do pompowania protonów do przestrzeni międzybłonowej wbrew gradientowi stężenia. Na każdy elektron transportowany wzdłuż ETC około 10 protonów jest transportowanych do przestrzeni międzybłonowej. To właśnie na tej ścieżce elektrony przechodzą parami do cząsteczek tlenu, tworząc wodę — ale także, gdy pojedyncze elektrony przechodzą do cząsteczek tlenu, aby utworzyć anionorodniki ponadtlenkowe.

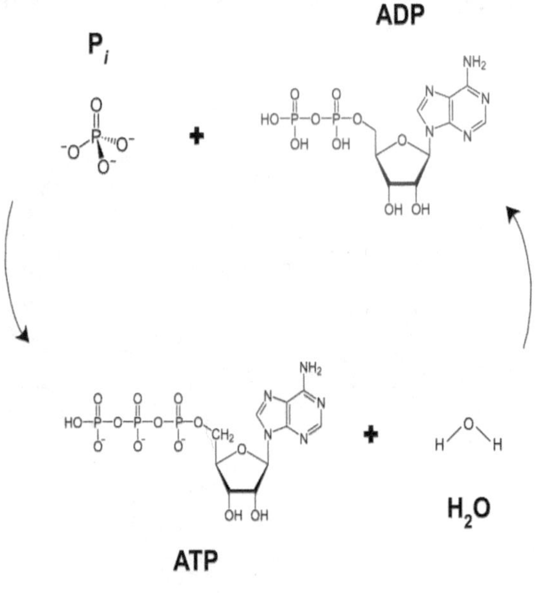

Rysunek 17: Konwersja ADP i fosforanu do ATP i vice versa. Zaadaptowane od użytkownika Butrboy, domena publiczna, za pośrednictwem Wikimedia Commons.

Ostatecznie siła napędowa protonów generowana przez wyższe stężenie jonów wodorowych w przestrzeni międzybłonowej staje się wystarczająco duża, żeby wytworzyć strumień protonów, obracający turbinę, czyli kompleks F_0F_1 (kompleks V), zwany syntazą ATP, która wykorzystuje energię mechaniczno-chemiczną do połączenia jonu nieorganicznego fosforanu (normalnego składnika napojów gazowanych) i cząsteczki ADP w celu utworzenia wysokoenergetycznego wiązania bezwodnika kwasowego, łączącego trzy grupy fosforanowe i w ten sposób magazynuje znaczną energię potencjalną w formie ATP. Cykl ATP/ADP pokazano na rysunku 17.

Chodzi więc o to, że stosunkowo proste, bogate w energię składniki odżywcze są dostarczane do mitochondriów, które zasadniczo spalają je tworząc dwutlenek węgla i wodę — zyskując ogromny wzrost uzyskiwanej energii w porównaniu z procesami beztlenowymi, ponieważ każda cząsteczka glukozy (prosty sześciowęglowy cukier) spalana przez komórkę beztlenową daje dwie cząsteczki ATP, podczas gdy ta sama cząsteczka glukozy, metabolizowana tlenowo w mitochondriach, daje 30 cząsteczek ATP. Jest to piętnastokrotny wzrost ilości otrzymywanej energii, więc jasne jest, dlaczego komórki, dzięki wchłonięciu, tego co uważamy za endosymbiotyczne alfaproteobakterie (które dały początek dzisiejszym mitochondriom) odniosły taki sukces.

Jednak, jak zauważyli ekolodzy (i o czym mówią podstawowe zasady termodynamiki), „nie ma czegoś takiego jak darmowy obiad". Jak powiedziałem wcześniej, od 0,1% do 3% atomów tlenu, które są przetwarzane przez mitochondrium, staje się anionorodnikami ponadtlenkowymi i ma znaczący wpływ na długość życia – i jak zwykle w biologii, jest to złożony proces. Należy jednak pamiętać, że ETC staje się mniej wydajny wraz ze starzeniem się, wytwarzając mniej cząsteczek ATP na cząsteczkę glukozy i większą ilość ROS.

Tak więc, uprośćmy to trochę — oto, coś na kształt, bardzo skróconego opisu tego, co się dzieje.

Komórka pobiera składniki odżywcze (a dla uproszczenia rozważymy w tym przypadku tylko jeden, glukozę, sześciowęglowy cukier, który napędza nasze komórki). Po pierwsze, glukoza jest rozbijana i utleniana, a pod koniec procesu zwanego glikolizą pozostaje nam wysoko utleniona trójwęglowa cząsteczka zwana pirogronianem (kwasem pirogronowym), która jest dalej rozkładana i łączona z molekularnym „uchwytem" (koenzymem A), aby stać się acetylokoenzymem A (acetylo-CoA). Następnie dołącza on do wesołego tańca cząsteczek, wirujących i wymieniających się partnerami (cykl kwasów trikarboksylowych lub cykl TCA), tworzony jest wtedy dwutlenek węgla, a także ATP (właściwie GTP, ale są one energetycznie równoważne i mogą być wzajemnie konwertowane, na zasadzie GTP + ADP → ATP + GDP), oraz nośniki elektronów o wysokiej energii, NADH (przenoszące parę elektronów) i $FADH_2$, który zawiera pojedynczy elektron o wysokiej energii. To są właśnie te elektrony, które są dostarczane do mitochondrialnego ETC, w celu przekształcenia ich w energię w formie ATP.

Podobnie jak prąd w nowoczesnym domu, ATP zasila większość procesów w komórce. Tak więc komórka eukariotyczna ma zdolność wykorzystywania wysokoenergetycznych cząsteczek w swoim środowisku do wytwarzania ogromnych ilości ATP, znacznie więcej niż jest to potrzebne jedynie do utrzymania życia.

Pod wieloma względami wprowadzenie przez komórkę eukariotyczną mitochondrium i fosforylacji oksydacyjnej było analogiczne do odkrycia ognia przez ludzkość – ale tak jak pożyteczny i skuteczny jest ogień, może być tak samo groźny. Zadaje również obrażenia, a z tymi, nieuniknionymi, obrażeniami należy sobie poradzić. W przypadku komórek, uszkodzenie to wynika z wytwarzania ROS (reaktywnych form tlenu), które powodują uszkodzenia oksydacyjne, a także wytwarzanie wysokoenergetycznych związków azotu.

Widzieliśmy, że pozornie niezamierzona produkcja anionorodnika ponadtlenkowego wynikała z błędnych reakcji, w których pojedynczy elektron zmienia cząsteczkę tlenu w wysoce reaktywny anionorodnik ponadtlenkowy, który może wyrządzić znaczne szkody, zwłaszcza gdy utknie w mitochondrium, które nie pozwala naładowanym cząsteczkom (wszystkie aniony są naładowane ujemnie w porównaniu z kationami, które mają ładunek dodatni) na przejście przez jego wewnętrzną błonę. Aby rozwiązać ten problem, mitochondrialny enzym dysmutaza ponadtlenkowa przekształca anionorodnik ponadtlenkowy w mniej reaktywny nadtlenek wodoru, cząsteczkę, która łatwo dyfunduje przez błony mitochondrialne, aby dostać się do cytoplazmy. W rezultacie nadtlenek wodoru (i tlenki azotu) powodują uszkodzenia ważnych biocząsteczek.

Uszkodzenia spowodowane przez nadtlenki i inne ROS muszą zostać naprawione, aby komórka nie uległa degradacji. Większość biologów zgadza się, że ostateczną przyczyną śmierci komórkowej w procesie starzenia się jest stres oksydacyjny (nadmiar ROS) — ale komórki eukariotyczne mają kilka systemów przeznaczonych do naprawy uszkodzeń redoks wyrządzonych przez ROS (a także wielu innych rodzajów uszkodzeń). W rzeczywistości komórki eukariotyczne, a nasze z pewnością, mają dwa współzależne systemy naprawy uszkodzeń oksydacyjnych, a w naprawie takiego stresu oksydacyjnego bierze udział wiele enzymów, które nie są powszechnie znane. Oba systemy oparte są na prostej cząsteczce, odmianie dinukleotydu NADH „oznaczonego" (przy czym, to oznaczenie nie wpływa na potencjał redoks NADH, ale jest tam z różnych, innych, powodów) z przyłączonym fosforanem, zwanym fosforanem dinukleotydu nikotynoamidoadeninowym lub NADPH.

NADPH jest tak jak NADH, donorem jonów wodorkowych, ale ma też inną funkcję (nawet ważniejszą dla życia niż sama naprawa uszkodzeń oksydacyjnych), którą jest wzrost i konserwacja. NADPH dostarcza aniony wodoru do redukcyjnej syntezy cząsteczek niezbędnych do kontynuacji życia; jest używany jako źródło potencjału redukcyjnego. Jedna część życiodajnej energii uzyskanej z wysokoenergetycznych elektronów pochodzących z NADH i FADH$_2$ jest wykorzystywana do utrzymania codziennych czynności życiowych — dostarczania energii do ruchu, funkcjonowania pomp jonowych, wytwarzania kwasu żołądkowego itp. W tym przypadku te dwa elektrony przenoszone przez NADH będą przekazane do wody przez łańcuch transportu elektronów (ETC) z utratą energii potencjalnej wystarczającą do wytworzenia trzech cząsteczek ATP dla każdego NADH, oddającego swoje elektrony do mitochondrialnego ETC. Jednak życie to coś więcej niż tylko istnienie; to także rozwój, konserwacja i naprawa, i to właśnie do tych celów wykorzystywane są elektrony o wysokiej energii zawarte w NADPH.

Przypomnienie: katabolizm i anabolizm

Powszechnie wiadomo, że starożytny taoistyczny symbol yin-yang wygląda tak, jak pokazano na rysunku 18.

Rysunek 18: Przedstawienie symbolu yin-yang. Zaadaptowano od użytkownika Iruka13, domena publiczna, za pośrednictwem Wikimedia Commons.

W taoizmie, o którym wcześniej nie wspomniałem — chińskiej religii i filozofii, opartej na wiecznych cyklach — nieśmiertelność jest zapewniona; każda śmierć jest początkiem nowego życia. Sam symbol reprezentuje dwa przeciwieństwa, które razem tworzą całość. Tak więc, nie ma ciemności bez światła. Nie ma suchego bez mokrego itd. Biała część reprezentuje yin, a czarna yang. Przyjmuje się, że pierwotnie symbol ten wyobrażał dwie ryby nieustannie krążące wokół siebie, rozważmy zatem tę analogię w odniesieniu do metabolizmu.

Do tej pory omówiliśmy połowę metabolizmu, część zwaną *katabolizmem*, czyli rozpad złożonych cząsteczek w celu uzyskania energii. Pomyślmy o tym jako o „yin": gdzie złożone cząsteczki zawierające chemiczną energię potencjalną są rozbijane, aby dostarczyć NAD^+ jonów wodorkowych, aby mogło stać się NADH (to znaczy przekazać swoją chemiczną energię potencjalną do utworzenia NADH) i ta energia jest później uwalniana, gdy elektrony przepływają przez ETC. Na każdym kolejnym „ogniwie" „łańcucha" czterech kompleksów elektrony mają coraz niższą energię potencjalną, ponieważ „zwabiają" towarzyszące im protony do mitochondrialnej przestrzeni międzybłonowej, aby wytworzyć ATP, którego organizm potrzebuje do ucieczki przed wrogami albo poszukiwania zdobyczy lub partnera. W tym procesie komórka uwalnia energię pozyskaną ze środowiska, rozbijając złożone, bogate w nią molekuły („żywność") i przejmuje ich energię, atomy oraz „specjalne związki chemiczne" (takie jak witaminy) aby potem użyć ich dla własnych potrzeb. Jednak to tylko utrzymanie się przy życiu — ale jest przecież coś więcej: reprodukcja, wzrost i konserwacja.

Podczas gdy w trakcie katabolizmu cząsteczki NAD^+ przyjmują jony wodorkowe, działając jak „muły" przenoszące je do ETC, gdzie ostatecznie wytwarzają ATP, w celu napędzania procesów komórkowych, w anabolizmie $NADP^+$ jest akceptorem jonów wodorkowych, tworząc NADPH, i chociaż ta cząsteczka ma dokładnie ten sam potencjał redukujący co NADH, ma zupełnie inne funkcje. Gdy znaczna część NAD^+ jest zamknięta w mitochondriach, zjawisko kompartmentacji, uprzedziałowienie komórki (ani $NAD(P)^+$ ani $NAD(P)H$ nie mogą przejść przez błony komórkowe), NADPH funkcjonuje w cytoplazmie (stwierdzono tylko 10% do 15% we frakcji mitochondrialnej), jako źródło potencjału redukcyjnego dla procesów syntezy i naprawy uszkodzeń oksydacyjnych, powstałych podczas katabolizmu. Czyli, gdy za yin przyjmiemy katabolizm przeciwstawnym do niego yang będzie *anabolizm* — który jest, jak w symbolu taoistycznym, dokładnie odwrotnością katabolizmu: w anabolizmie energia uzyskana przez komórkę (z katabolizmu) jest wykorzystywana do budowy złożonych, bogatych w energię cząsteczek.

Tak więc, na tym powierzchownym poziomie analogia yin-yang jest poprawna; nie można budować złożonych cząsteczek (anabolizm) bez energii i materiałów dostarczanych przez katabolizm, i podobnie katabolizm wymaga złożonych cząsteczek, takich jak enzymy, wytwarzanych w trakcie anabolizmu. Zatem, jedna „ryba" napędza drugą. Podczas gdy energia wychwycona przez NADH jest wykorzystywana do produkcji ATP, w celu zaspokojenia codziennych i doraźnych potrzeb organizmu, moc redukująca NADPH jest używana do dodawania elektronów w reakcjach syntetycznych. Na przykład, aby zsyntetyzować DNA, nukleozydy RNA oparte na cukrze, rybozie, muszą mieć swoje grupy rybozowe zredukowane do dezoksyrybozy, ponieważ to jest wymagane do wytworzenia DNA, gdzie NADPH jest kofaktorem enzymatycznym, który zapewnia moc redukującą dla przeprowadzenia tej reakcji.

Skąd bierze się moc redukująca NADP$^+$ i NADPH?

NAD$^+$ jest bezpośrednim prekursorem NADP$^+$; enzym kinaza NAD$^+$ („kinaza" to enzym, który dodaje grupę fosforanową do innej cząsteczki) działa na NAD$^+$, ale nie tak dobrze na NADH (formę „zredukowaną"). Różnica jest istotna, ponieważ z wiekiem następuje spadek NAD+, a z czasem także stosunku NAD$^+$/NADH. Wynika to po części z niszczenia NAD$^+$ przez kilka enzymów, które wykorzystują go jako substrat. Powoduje to również spadek stosunku NADPH/NADP$^+$, ponieważ NADPH jest utleniany w celu naprawy uszkodzeń spowodowanych stresem oksydacyjnym. Zmniejszenie proporcji NADPH/NADP$^+$, a zwłaszcza stosunku ilości utlenionego glutationu do jego zredukowanej formy (kolejnej biochemicznej cząsteczki antyoksydacyjnej) powoduje zmniejszenie potencjału redukcyjnego w cytozolu i jądrze. Zmiana potencjału redoks może mieć głęboki wpływ na enzymy z reaktywnymi tiolami (grupy -SH, cysteina i metionina to jedyne aminokwasy z tej grupy).

Podczas gdy większość jonów wodorkowych, które przyłączają się do NAD$^+$, pochodzi z enzymów dehydrogenaz, wykorzystywanych w glikolizie (enzymy, które wykorzystują NAD$^+$ jako kofaktor) i fosforylacji oksydacyjnej w mitochondriach, równoważniki redukujące uzyskane przez NADP$^+$ pochodzą z kilku różnych ścieżek. Szlak *pentozofosforanowy* (PPP – od ang. *pentose phosphate pathway*) jest najlepiej znanym szlakiem redukcji NADP$^+$ i jest alternatywnym szlakiem utleniania cukrów, które nie zostały skierowane do mitochondrialnej konwersji energii, ale do anabolicznych reakcji syntetycznych. Jednym z ważnych produktów tego szlaku jest, będąca cukrem, ryboza. W tych reakcjach dwa enzymy dehydrogenazy, które usuwają jony wodorkowe, wykorzystują $NADP^+$ jako akceptor wodorkowy i wytwarzają NADPH jako produkt, a trzy inne enzymy cytozolowe i pięć enzymów mitochondrialnych, również wykorzystują kofaktory $NADP^+$ jako akceptory wodorkowe.

Starzenie się, śmierć i energia

Jak wspomniano, innym ważnym celem, jakiemu służy NADPH, jest naprawa uszkodzeń oksydacyjnych powstałych podczas produkcji energii. Właściwie dopiero, gdy poznałem „zawiłości" teorii starzeniem się pod wpływem stresu redoks, zrozumiałem, że musi on brać udział w starzeniu komórkowym. W z wiekiem, istnieje ciągła utrata cytozolu (nieprzedziałowych części cytoplazmy komórki, nie wliczając w to organelli związanych z błoną cytoplazmatyczną), jak również stały wzrost potencjału redukcyjnego w retikulum endoplazmatycznym, które normalnie, na potrzeby fałdowania białek, jest utrzymywane na wysokim potencjale utleniania. Proces ten wymaga związków utleniających do utworzenia międzycząsteczkowego i wewnątrzcząsteczkowego wiązania dwusiarczkowego (-SS-), które często określa ostateczne kształty (i funkcje) białek i łączy je w większe kompleksy.

Widzimy, że to bardzo przypomina działanie entropii, z przedziałami komórkowymi, takimi jak cytozol i jądro, będącymi w młodości środowiskami silnie redukcyjnymi, w których większość NADPH i glutationu jest zredukowana. Glutation (GSH) jest tripeptydem (połączone trzy aminokwasy), jednym z nich jest aminokwas cysteina z grupą tiolową (-SH), która może być łatwo utleniona. Ten tripeptyd występuje w bardzo wysokich, milimolowych stężeniach, podczas gdy NADH i poszczególne białka występują w stężeniach mikro- i nanomolowych (i mniejszych).

Dzięki wysokiemu stężeniu grup tiolowych, zredukowany glutation oferuje szerokie i gotowe źródło równoważników redukujących. Zauważ, że potrzeba dwóch elektronów, aby zredukować utleniony glutation. Ostatecznym źródłem mocy redukującej GSH jest NADPH i enzym reduktaza glutationowa, która przenosi jon wodorkowy w celu redukcji glutationu. Istnieje wiele enzymów, wykorzystujących zredukowany glutation jako donor elektronów, na przykład glutaredoksyny, ważne enzymy, redukujące cząsteczki utlenione przez ROS, wytwarzane w procesie fosforylacji oksydacyjnej. Istnieje jednak inny równoległy system naprawczy, gdzie jony wodorkowe dostarczane przez NADPH są przekazywane do rodziny enzymów naprawczych redoks zwanych tioredoksynami (z ważną reduktazą tioredoksynową, która zależy od NADPH). Członkowie tej rodziny, którzy redukują nadtlenki, nazywani są peroksyredoksynami (fajnie to brzmi) i należą do najczęstszych enzymów w komórkach.

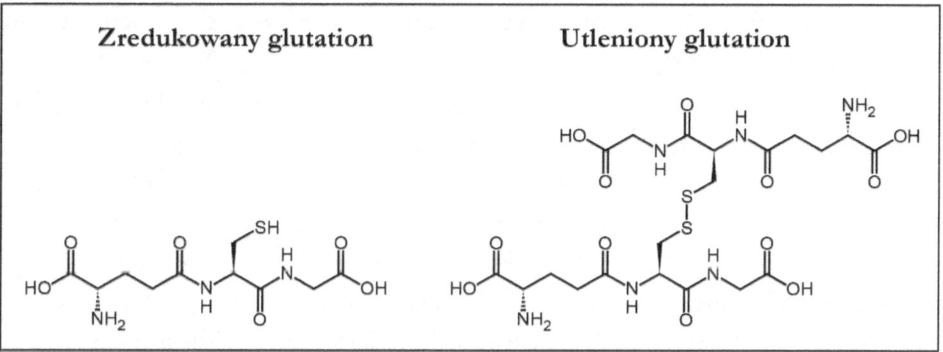

Rysunek 19: Struktura molekularna zredukowanych i utlenionych form glutationu (GSH).

Aubrey de Grey napisał mi kiedyś (w trakcie trwającej kilka miesięcy dyskusji), że wybranie przez naturę zarówno limitów długości życia, jak i udoskonalenia sprawności organizmu byłoby jak wciśnięcie hamulca i pedału gazu w tym samym czasie. Jest to błędne rozumowanie, jak wyjaśnię (ponieważ różne etapy życia mają różne fenotypy), ale na początku brzmi całkiem prawdziwie.

Jeśli więc mamy zestaw reakcji utleniania, niszczących biomolekuły w celu uwolnienia energii, a także reakcji redukcji wykorzystujących uwolnioną energię do tworzenia biomolekuł, czy nie jest to równoznaczne z wciśnięciem hamulca i przyspieszenia w tym samym czasie? Istnieją oczywiście rozwiązania tego problemu; jednym z nich jest fizyczne oddzielenie reakcji utleniania, używanych do odzyskania energii od reakcji redukcji wykorzystywanych w syntezie makromolekularnej i redukcji utlenionych cząsteczek komórkowych. Dzieje się się tak, ponieważ mitochondria wytwarzają ATP poprzez katabolizowanie żywności, a granularne retikulum endoplazmatyczne, cytozol i jądro syntetyzują nowe cząsteczki w oparciu o energię (ATP), dostarczaną przez mitochondria do produkcji trifosforanów nukleozydów, czy to ATP, CTP, GTP, UTP lub TTP — każdy o tej samej chemicznej energii potencjalnej.

Podczas syntezy DNA i RNA, dla każdego nukleotydu dodanego do rosnącego łańcucha DNA lub RNA, jeden równoważnik energii ATP jest tracony. Podczas syntezy białka na każdy aminokwas dodany do rosnącego łańcucha białkowego wymagane są około trzy równoważniki ATP. Każdy ruch komórki, w tym ruch jej wici lub cytoszkieletu, wymaga rozpadu ATP (ATP→ADP + fosforan + energia). Energia zużywana na wzrost i utrzymanie musi być dostarczana przez katabolizm zachodzący w mitochondrium (oraz w mniejszym stopniu w cytozolu).

Synteza niezbędna do wzrostu i naprawy ogranicza się do energii dostarczanej przez katabolizm (zachowanie zapasów energii). Fakt, że pokłady energii spadają wraz z wiekiem, jest oczywisty dla osób starszych — w rzeczywistości David Neill twierdził, że to brak energii odpowiada za starzenie się. Ale dlaczego miałoby tak być? To prawie tak, jakby komórka lub organizm był jak bateria, naładowana określoną ilością energii, która w końcu się wyczerpuje. Jednak energia komórki lub ciała jest zdeterminowana przez przyjmowanie pokarmu, więc jak to możliwe? Jeśli potrzeba więcej energii, to dlaczego po prostu nie jeść więcej?

Co jest zauważalne w starzejącej się komórce — komórkach starszych organizmów pozbawionych „odporności" Stroustrupa i Fontany — to brak NAD$^+$ (podczas gdy u młodych organizmów dominuje NAD$^+$, w komórkach starych organizmów dominuje zredukowana forma NADH). I podczas gdy w młodych komórkach NADPH występuje głównie w formie zredukowanej, w komórkach starych zwierząt wzrasta udział jego formy utlenionej [45]. Stały, zależny od wieku spadek zawartości narządów (rozumiany w ilości komórek danego narządu) oraz spadek stężenia GSH w osoczu są uznanymi markerami starzenia [46] i wiążą się z licznymi chorobami. Uważamy, że utrata mocy wytwarzania energii przez mitochondria, wraz ze zwiększoną produkcją ROS, które w coraz większym stopniu utleniają cytozol i jądro, oraz coraz bardziej redukujące środowisko retikulum endoplazmatycznego, są w sumie „odpornością", traconą wraz ze starzeniem się i przyczyną wszystkich „cech charakterystycznych" starzenia. Ale jak i dlaczego zachodzą te zmiany?

Rytm dobowy i sen

Po łacinie *circa* oznacza „około, prawie, blisko", a *dia* oznacza „dzień", więc *circadian* oznacza „około dnia". Wiadomo, że wszystkie wyższe kręgowce mają wbudowany rytm, tak że czasy aktywności, odpoczynku i snu są z góry określone dla gatunku. Wiadomo również, że zakłócenie tego harmonogramu skraca żywotność.

Czemu zatem niektóre ssaki (jak psy) spędzają pół dnia śpiąc? Nie jest to kwestia do pominięcia, ponieważ sen jest powszechny u kręgowców (a analogiczne stany występują również u bezkręgowców). Aby organizm mógł spędzić znaczną część swojego życia w stanie, który nie przyczynia się do pobierania energii i niezbędnych materiałów ani nie wspomaga rozmnażania, a ponadto pozostawia zwierzę bezbronnym i nieruchomym, stan ten musi mieć ogromne znaczenie. Opiszemy sen jako zjawisko globalne, ale ta funkcja jest tak podstawowa dla neuronów, że nawet proste sieci neuronowe wyhodowane in vitro wykazują cykle snu i czuwania. Niedawna praca Steve'a Horvatha przekonująco pokazuje, że to w mózgu, a nie w żadnym innym testowanym narządzie, geny ustalające rytm dobowy ulegają hipermetylacji wraz ze starzeniem się (co oznacza, że epigenetyczne markery starzenia związane z rytmem dobowym znajdują się w mózgu) [47]. Funkcjonalne powiązania między zmianami wzorców snu i ogólnym rozproszeniem rytmów okołodobowych wraz z wiekiem są jasne.

Rozmawialiśmy, że oddzielenie procesów metabolicznych, które mogą ze sobą kolidować — fizyczne oddzielenie przez nieprzepuszczalne bariery, tj. „kompartmentacja" — było częścią rozwiązania, ale procesy te są również rozdzielone czasowo, a wnikliwy czytelnik mógł już rozpoznać, że sen — czas odpoczynku (noc u ludzi, dzień u szczurów) — byłby czasem, kiedy rozległa synteza ATP może nie być potrzebna do bieżących czynności, a więc byłby to dobry czas na wzrost i naprawę. Sam Szekspir zanotował ten fakt, gdy napisał „Sen, niewinny sen, który zwikłane węzły trosk rozplata".

Zegar dobowy jest obecny w każdej ludzkiej komórce, a mimo to jest kontrolowany przez region w podwzgórzu mózgu zwany jądrem nadskrzyżowaniowym (SCN – od ang. *suprachiasmatic nucleus*). Na poziomie organizmu, podwzgórze okresowo uwalnia hormony (w rzeczywistości hormony, uwalniające inne hormony w przysadce mózgowej — tak zwane „liberyny podwzgórzowe"), które kontrolują czas w innych narządach. W niedawnym badaniu Cai Dongsheng z Albert Einstein College of Medicine wykazał, że obniżony poziom hormonu uwalniającego GnRH (Gonadoliberyny), w starzejącym się podwzgórzu, niekorzystnie wpłynął na zegary w pozostałych tkankach, powodując ich starzenie się; suplementacja GnRH znacząco wydłużyła życie myszy [48]. To właśnie ten zegar, obecny w komórkach SCN, kontroluje jego działanie.

Na poziomie komórkowym jasne jest, że istnieje złożony system zwany pętlą sprzężenia zwrotnego transkrypcji i translacji (TTFL – od ang. *transcription-translation feedback loop*), który określa, kiedy zachodzą reakcje kataboliczne prowadzące do produkcji ROS i w konsekwencji stresu oksydacyjnego, a kiedy mają miejsce operacje syntezy i naprawy, z zastosowaniem równoważników redukcyjnych. Mówiąc najprościej (pętla ta ma inne podpętle, którymi nie będziemy się zajmować, ponieważ są one nieistotne dla naszej historii), dwa białka — Bmal1 i Clock — tworzą dimer, dzialajacy jako czynnik transkrypcyjny, powodujący transkrypcję kryptochromu (CRY) i białka okresu (PER). Białka te, ulegają translacji w cytoplazmie (jak to ma normalnie miejsce), ostatecznie tworząc heterodimery PER-CRY, które wędrują z powrotem do jądra, gdzie zapobiegają własnej transkrypcji poprzez hamowanie transkrypcji białek Bmal1 i Clock.

W końcu, PER-CRY zostaje zniszczony i cykl zaczyna się od nowa. Jednak ten sprytny mechanizm wydaje się nałożony na głębsze rytmy utleniania i redukcji, które istnieją nawet wtedy, gdy mechanizm TTFL jest wyłączony — stwierdzono, że stan utlenienia peroksyredoksyn (rodziny enzymów antyoksydacyjnych), obecnych w ludzkich czerwonych krwinkach, które nie mają jądra, więc nie mogą zawierać TTFL, oscyluje z rytmem dobowym. Według Sandipana Raya i Akhilesha B. Reddy'ego, naukowców z University of Cambridge, „oscylacje białek peroksyredoksyny (PRX) zostały ustalone jako ewolucyjnie zachowane markery mechanizmu zegarowego, wskazując na cykle redoks jako zunifikowany mechanizm dla różnych organizmów" [49].

Stan redoks cytozolu i jądra ma duży wpływ na wiele enzymów, które posiadają reaktywne grupy tiolowe (-SH) obecne na resztach cysteinowych i metioninowych (aminokwasy w łańcuchu białkowym), zmieniając wiele właściwości enzymów, w tym aktywność, wiązanie białko-białko i wiązanie białko-kwas nukleinowy [50]. Wśród innych enzymów szczególnie interesująca jest telomeraza — enzym, który wpływa na wydłużanie telomerów po podziale komórki. Telomeraza działa w warunkach redukujących, nie funkcjonuje w środowisku utleniającym.

Łatwo sobie wyobrazić, że inne enzymy będą zmieniać swoje właściwości (w sposób podobny do zmian zachodzących podczas starzenia) w coraz bardziej utleniającym środowisku. W rzeczywistości wiązanie dimeru Clock-Bmal1 z DNA zależy od stosunku $NAD^+/NADH$ („potencjału redoks" komórki). Podczas gdy stan redoks kontroluje „zegar", dzieje się także odwrotnie, „zegar" kontroluje stan redoks, ponieważ wiele enzymów antyoksydacyjnych i kofaktorów oraz genów reagujących na ROS jest kontrolowanych przez „zegar". Należy pamiętać, że ponieważ stosunek $NAD^+/NADH$ wpływa na wiązanie Clock-Bmal1, istnieje bezpośrednie połączenie między stanem redoks a zegarem okołodobowym.

U muszki owocowej *Drosophila melanogaster*, około dwudziestu neuronów odpowiada za sen. Neurony te są kontrolowane przez aktywność enzymu (właściwie kanału potasowego — otworu wewnątrz białka, przebijającego błonę komórkową, umożliwiajacego przepływ strumienia jonów potasu do lub z komórki) z kofaktorem NADPH , który jest wystawiony na działanie utleniających produktów ubocznych metabolizmu mitochondrialnego; gdy ROS utleni ten kofaktor do $NADP^+$, kanał zamyka się, zwiększając w ten sposób potencjał czynnościowy tych neuronów i wywołując sen [51].

W drugą stronę, geny zegara kontrolują wiele procesów metabolicznych związanych z produkcją energii i regulacją genów — przy użyciu białka Clock wraz z Sirt1 (sirtuiny są rodziną deacetylaz białkowych, co oznacza, że usuwają z białek grupy acetylowe [$-CH_2COOH$]). Jest to dla nas szczególnie interesujące, ponieważ dodanie tych grup acetylowych do chromatyny — do „białek histonowych", tworzących nukleosomowe krążki hokejowe, wokół których owinięte jest nasze DNA — „otwiera" strukturę chromatyny, pozwalając genom na transkrypcję do mRNA (messenger RNA). Jednak w starszym wieku odcinki DNA, które powinny być deacetylowane, nie są, co powoduje nieprawidłową ekspresję genów (niewłaściwą regulację genetyczną) w komórkach starszych zwierząt. Odpowiedzialny jest za to ubytek NAD^+, ponieważ NAD^+ jest niezbędny do przeprowadzenia deacetylacji.

Jak stwierdziliśmy, dochodzi do utraty NAD^+ w starzejących się komórkach, ale dlaczego tak się dzieje? Wiemy, że zegar dobowy kontroluje wiele aspektów metabolizmu tych ważnych zapasów równoważników redukcyjnych; między innymi kontroluje szlak odzyskiwania NAD^+, który jest używany jako substrat przez sirtuiny i rozbijany w tym procesie, a szlak ratunkowy przywraca NAD^+ do jego pierwotnej postaci. Gdyby tego było mało, nawet synteza NAD^+ wymaga enzymu NAMPT (fosforybozylotransferazy nikotynamidu, z ang. *nicotinamide phosphoribosyltransferase*), którego poziom także zmienia się rytmicznie. Enzym kinaza NAD^+ , przekształcający NAD^+ w $NADP^+$, jest także okresowo kontrolowany. Główny enzym metaboliczny, wytwarzający acetylo-CoA, zasilający mitochondria, jest również kontrolowany rytmicznie. Ponadto SIRT3 w mitochondriach jest kontrolowany przez zegar i steruje rytmem funkcjonowania mitochondriów. Jak wiemy, praca zegara jest zakłócona przez starzenie się (a to zaburzenie powoduje również skrócenie długości życia), utrata silnego rytmu dobowego podczas starzenia się może stanowić część problemu ubytku energii.

Sen ma niezliczone funkcje; na przykład usuwa potencjalnie toksyczne substancje z mózgu (który w rzeczywistości kurczy się, ponieważ te uboczne produkty metabolizmu są przekazywane przez płyn mózgowo--rdzeniowy do sieci glimfatycznej — będącej rodzajem naczyń limfatycznych dla mózgu). To podczas snu wspomnienia się utrwalają. We wczesnych fazach snu NADPH jest używany do redukcji rybonukleotydów do deoksyrybonukleotydów, niezbędnych do produkcji DNA, tłuszczów (cholesterolu) i do wielu innych celów syntetycznych (wszędzie tam, gdzie musi nastąpić redukcja syntetyczna).

Jednak podczas późniejszej części cyklu snu, głównym celem wydaje się być przywrócenie komórkowego potencjału redoks i naprawa uszkodzeń oksydacyjnych, aby, po prostu, przywrócić komórki organizmu do stanu, w jakim były dnia poprzedniego, „odświeżyć" je, że się tak wyrażę. Okazuje się jednak, że tak się nie dzieje. Każdego dnia kompartmenty cytozolowe i jądrowe stają się bardziej utleniające, podczas gdy kompartment endoplazmatyczny jest bardziej redukujący (co prawdopodobnie prowadzi do niewłaściwie sfałdowanych białek, co skutkuje odpowiedzią stresową komórki na niesfałdowane białka). Dlaczego komórka nie alokuje energii potrzebnej do pełnego zregenerowania się? Codzienna utrata cytoplazmatycznego i jądrowego potencjału redukcyjnego oraz wzrost potencjału utleniającego retikulum endoplazmatycznego kumulują się i stają się miarą starzenia. Potencjał redukcyjny (trzymajmy się tego) cytoplazmy zmniejsza się wraz ze spadkiem stosunku NADPH/NADP$^+$ i ilości GSH. Wiadomo, że zaburzenia cyklu dobowego wpływają zarówno na starzenie się, jak i degenerację neuronów, ale dlaczego?

To zawsze był problem. Dlaczego komórka utlenia się? Co dzieje się z jej potencjałem redukcyjnym? Dlaczego poziom GSH spada z wiekiem? Dlaczego NADP$^+$ nie jest redukowany przez PPP (szlak metaboliczny, który zużywa glukozę i generuje NADPH) i jego różne inne odnogi?

Jak omówimy, wiele z tych rzeczy jest powiązanych ze sobą przez związaną z wiekiem regulację w dół niektórych, ale nie wszystkich, genów (oraz związaną z wiekiem regulację w górę innych, szczególnie związanych ze stanem zapalnym).

Podczas gdy synteza białek w starzejących się komórkach spowalnia i gdy globalnie spada ilość produkowanych białek, większość białek jest nadal produkowana tak, na normalnym poziomie. Jednak wytwarzanie części z nich jest regulowane w dół — a niektóre z nich są bardzo szczególne, takie jak syntaza gamma glutamylo-cysteiny (enzym wytwarzający GSH), różne enzymy naprawcze DNA, ważne enzymy metaboliczne, takie jak G6DH (pierwszy enzym utleniający PPP który ładuje NADPH) oraz enzymy do naprawy uszkodzeń oksydacyjnych, w tym tioredoksyny i enzymy reduktazy tioredoksyn.

Pomimo ciągłego zapotrzebowania komórki na dodatkową energię, kofaktory i przeciwutleniacze, komórka traci zdolność ich wytwarzania. Konsekwencją tego jest to, że NAD^+ jest zużywany przez sirtuiny w reakcjach deacetylacji, zostaje spolimeryzowany przez PARP - polimerazę poli (ADP rybozy), w celu utworzenia łańcuchów poli ADP, używanych do oznaczania uszkodzeń DNA i konsumowanych przez CD38. CD38 to białko znajdujące się na limfocytach, które może działać albo jako receptor aktywujący, powodując aktywację komórek T (limfocytów T) w celu produkcji różnych cytokin, albo jako enzym wytwarzający cząsteczki sygnałowe ADP-rybozę i niewielkie ilości cyklicznej ADP-rybozy. Potrzeba 100 cząsteczek NAD^+ do wytworzenia jednej cząsteczki ADP-rybozy [52]. Konwersja NAD^+ do $NADP^+$ przez kinazę NAD^+ jest również spowalniana wraz ze spadkiem poziomu NAD^+.

Złożoność wszystkich tych reakcji i ich skutki uboczne wciąż nie są do końca poznane. Na przykład PARP1 — enzym tworzący łańcuchy poli-ADP, które oznaczają uszkodzenia DNA — również reguluje funkcje zegara, podczas gdy sirtuiny (SIRT3) kontrolują rytm oddychania mitochondrialnego. Nie omówiliśmy nawet reakcji komórki na te warunki. Normalnie omówilibyśmy czynniki transkrypcyjne (FOXO, HSP1), które uwalniają wiele enzymów naprawczych do walki z problemem utleniania i innymi uszkodzeniami, ale jeśli już wiemy tyle, co wiemy — jeśli założymy, że zwiększenie poziomu GHS, $NAD^+/NADH$ i $NADPH/NADP^+$ oraz pozbycie się ROS powinny przedłużyć życie i wydaje się, że tak jest — możemy przyjąć inne podejście.

Praca Davida Sinclaira [53] i Leonarda Guarente [54] wykazała (na przykładzie myszy), że przekonanie, w jakiś sposób, komórek zwierzęcia do produkcji większej ilości NAD^+ lub znaczne zmniejszenie produkcji ROS, w pewnym stopniu wydłuża żywotność. Przedłużenie życie o kolejne 30% z pewnością byłoby dobrodziejstwem — zwłaszcza, że opóźniłoby i złagodziło choroby związane ze starzeniem się, które są ogromnym kosztem dla starzejącej się populacji, ale jest jeden szkopuł: jak widzieliśmy w eksperymentach Stroustrupa i Fontany, takie rozwiązania proporcjonalnie wydłużają wszystkie etapy życia. Jeśli więc takie zabiegi się powiodą, przedłużymy także starość.

Przypomina to legendę o bogini Eos. Kochała ona młodzieńca Titonosa i jej błagania do innych bogów o uczynienie go nieśmiertelnym zostały spełnione — ale to, o co Eos zapomniała poprosić, to aby bogowie dali Titonosowi również wieczną młodość, dlatego z czasem starzał się on i stawał coraz brzydszy, aż Eos po prostu zamknęła go z dala od swojego wzroku. To nie jest dobry plan, ponieważ poszukujemy nieśmiertelnej młodości, choć wydaje się, że klasyczne teorie starzenia nigdy nie dadzą nam takiej możliwości. Jasne, możesz utrzymać starego gruchota na chodzie, ale czy możemy zrobić coś lepszego? Gdybym tego nie wiedział, nie pisałbym tej książki.

Zanim zobaczymy, jak można to osiągnąć, chcę całkowicie zmienić kierunek konkluzji Davida Neilla o „Liczniku życia" (za który uważam zegar dobowy). Dr Neill pisze o swojej teorii starzenia się, że „zamiast ścieżki/ programu genetycznego, teoria ta proponuje licznik czasu życia, który może spowolnić i tym samym opóźnić tempo kumulacji uszkodzeń komórek w okresie po dojrzewaniu" [27].

Pokażę wam, że jest odwrotnie, i powiedziałbym o mojej własnej teorii, że zamiast programu genetycznego, program epigenetyczny współpracuje z cyklami metabolicznymi kontrolowanymi przez zegar okołodobowy, powodując przyśpieszoną akumulację uszkodzeń komórek w okresie po dojrzewaniu, skutkującą śmiercią w momencie osiągnięcia maksymalnej długością życia dla danego gatunku lub wcześniej.

7

Notka autobiograficzna, lub dwie

Pamiętam jak byłem dość młody (miałem około ośmiu lat), leżałem w nocy w łóżku i rozmyślałem o „celu" życia. Wszystko wydawało się sprowadzać jedynie do reprodukcji i śmierci. To wtedy, po raz pierwszy, zacząłem naprawdę myśleć o starzeniu się i śmierci. Następnie, w wieku mniej więcej 14 lat, moja mama zachorowała na raka jelita grubego — i przez cztery straszne lata patrzyłam, jak umiera w takim bólu, że modliła się o śmierć, która w końcu do niej przyszła. Czy zatem warto żyć, skoro co byśmy nie robili to i tak skończymy w wiadomy sposób? Taki był problem Gilgamesza, kiedy zmarł jego przyjaciel Enkidu, co zostało opisane w *eposie o Gilgameszu* i omówione na początku tej książki.

Skończyłem szkołę średnią i po o wiele za długim czasie, dłuższym niż ktokolwiek powinien na to poświęcić, skończyłem studia — nie byłem pilnym studentem, a były wtedy lata sześćdziesiąte i obfitujące w mnóstwo przyjemnych rozrywek. Jednak po okresie pracy jako nauczyciel w gimnazjum w Kingston, w stanie Nowy Jork, zdałem sobie sprawę, że choć praca ta była przyjemna, czułem się niespełniony i postanowiłem wrócić na studia, aby uzyskać wyższy stopień naukowy. Miałem już wtedy dyplom z fizyki, postanowiłem jednak wziąć udział w kursach i egzaminach GRE (ang. *Graduate Record Examinations*, to egzamin wymagany w przypadku większości przyjęć do szkół wyższych w Stanach Zjednoczonych i Wielkiej Brytanii), aby uzyskać stopień magistra biologii — moje dawne dywagacje o życiu i śmierci nadal dominowały w moim myśleniu. W tym czasie byłem żonaty i mięliśmy jednego syna, Dannego (który był Ojcem Smoków w serialu *Gra o tron*), a także oczekiwaliśmy drugiego dziecka (córki Rachel), więc zdecydowałem się na The City University of New York (kampus Herberta H. Lehmana na Bronksie), ponieważ był stosunkowo tani i dogodnie dla mnie zlokalizowany. Tam, po pewnym czasie, rozpocząłem pracę w laboratorium dr Susan Wallace, która specjalizowała się w naprawie DNA.

W tamtych czasach „oczywistym" wydawało się, że to uszkodzenie DNA stanowiło „przyczynę" starzenia. Tak więc, to badania nad naprawą DNA stały się moim głównym obszarem zainteresowań — miałem, nawet, okazję prowadzić prace nad kilkoma interesującymi zagadnieniami, których wyniki zostały ostatecznie opublikowane w „*Biochemistry*". Chwilę przed uzyskaniem doktoratu poszedłem na Uniwersytet Południowej Kalifornii, aby pracować z ojcami bioinformatyki, Michaelem Watermanem i Temple Smithem. Tam nauczyłem się wykorzystywać komputery do poznawania interesujących faktów na temat DNA. Bardzo burzliwe wydarzenie, które miało miejsce w tym czasie, zmieniło cale moje późniejsze życie. Miałem zepsuty ząb, tylny trzonowiec, który zaczynał już poważnie boleć. Dentysta, będący jednocześnie kierownikiem budynku kampusu, gdzie mieszkałem, cały czas przekładał termin mojego badania. Próbowałem wszystkiego, co przyszło mi do głowy, aby stłumić tę infekcję, która w tym momencie spowodowała już obrzęk prawej połowy mojej twarzy i szyi. Dostałem się w końcu do „dentysty", i usłyszałem, że z taką infekcją nie jest w stanie mi już pomóc — powinienem iść do prawdziwego lekarza. Byłem coraz bardziej chory gdy zadzwoniłem do szpitala Kaiser Permanente, powiedziałem im o swoim stanie, a potem, naprawdę, ostatkiem sił, pojechałem tam autobusem miejskim.

Po przyjeździe podszedłem do recepcji i zapytałem, gdzie mam iść. Powiedziano mi, że nie mają pojęcia i powinienem po prostu zostać na izbie przyjęć, tak jak inni pacjenci czekający na leczenie. W tym czasie mój stan się gwałtownie pogarszał — moja szyja była wybrzuszona jak piłka, a na izbie przyjęć tego wielkomiejskiego szpitala były dziesiątki, jeśli nie setki osób. Już miałem zemdleć, kiedy usłyszałem, jak ktoś woła moje imię. Doktor Golan, któremu nigdy nie będę w stanie wystarczająco podziękować, wiedział, że mam zostać przyjęty na oddział szpitalny, a skoro mnie tam jeszcze nie było, poszedł mnie poszukać. Jestem pewien, ze niewielu lekarzy pracujących w dużych szpitalach by się tak zachowało. Kiedy zabierał mnie na operację, boleśnie wstrzykiwał mi w szyję coś, co, jak przypuszczam, było środkami przeciwbólowymi, ale nie czekał aż w pełni zadziałają, tylko natychmiast przystąpił do przecięcia mojej szyi. Powiedziałem mu, że zemdleję, ale dr Golan stwierdził że nie, a następną rzeczą, jaką sobie uświadomiłem, było to, że leżałem w łóżku na oddziale intensywnej opieki, z rurką wprowadzoną do tchawicy, otoczony mnóstwem maszyn wydających różne sygnały dźwiękowe i mrugających czerwonymi światełkami, a kroplówka wlewała do moich żył silne antybiotyki. Byłem bardzo chory i nie wiedziałem, czy dożyję następnego dnia. Tej własnie nocy miałem sen, który miał zmienić całe moje życie.

W dzisiejszych czasach rzadko pamiętam swoje sny, ale to doświadczenie było inne. Znajdowałem się w pomieszczeniu, wysoko nad ciemną drogą, oświetloną przyćmionym czerwonym słońcem. Ale to było południe, nie wieczór — i tą drogą maszerowali żołnierze, a jakaś ważna osoba przemawiała do nich i zdałem sobie wtedy sprawę, że maszerują na moją cześć. Wiedziałem, że nie jestem na Ziemi, ale być może na planecie krążącej wokół czerwonego karła. Wiedziałem, być może na podstawie tego, co powiedział mówca, że dzieje się to w przyszłości, za 400 lat; Nie pamiętam każdego słowa w przemówieniu tego urzędnika, ale zdanie, które wyryło się w mojej głowie i zmieniło moje życie, brzmiało: „Na cześć Harolda Katchera, który przyniósł ludzkości nieśmiertelność". Doznanie to nie było zwykłym snem, to było coś na kształt wizji, zawierającej wiadomość, że nie umrę, i niewyobrażalnie więcej.

To był dosłownie sen w gorączce; jednak w tym momencie wiedziałem już, że nie umrę. Mimo to, myśl, że przyniosę ludzkości „nieśmiertelność" wydała mi się niewyobrażalnie szalona. Byłem już w miejscu, w którym porzuciłem koncepcję, że ze starzeniem można zrobić cokolwiek więcej niż je złagodzić, a być może opóźnić. Wcześniej już zaproponowałem schematy konstruowania bakteryjnych enzymów naprawczych DNA zawierających plazmidy (być może w liposomach), aby pomóc komórkom naprawiać się i nawet napisałem prośbę o przyznanie dotacji na badania, jednak nic z tego nie wyszło.

Niemniej jednak, do tego momentu skończyłem z nauką i aroganckimi naukowcami, z którymi pracowałem, i zdałem sobie sprawę, że z ówczesnymi teoriami na temat starzenia się (obecnie wciąż aktualnymi — Fundacja Badawcza SENS nadal akceptuje ideę, że uszkodzenia można powstrzymać lub „obejść" — chociaż coraz lepiej rozumiemy znaczenie biologii redoks, która zmieniła niektóre opinie, jak omówiliśmy, ale w tamtym czasie liczyły się nadal jedynie uszkodzenia DNA), ta dziedzina badawcza próbowała zrobić coś takiego, jak cofnięcie przypływu przy pomocy miotły. Dla mnie perspektywa umieszczenia enzymów naprawczych we wszystkich komórkach ciała wydawała się niemożliwa. Jak wprowadzić enzymy naprawcze do trylionów komórek w całym organizmie? Pomimo moich marzeń wiedziałem, że nie ma sposobu, aby zrobić coś więcej niż umiarkowane przedłużenie życia — poprzez zmniejszenie tempa uszkodzeń i zwiększoną ekspresję czynników naprawczych. Niemal wszyscy eksperci zgodzili się z tezą, że wysiłek w celu przedłużenia życia byłby ogromny i kosztowny, a stopień możliwego do uzyskania dodatkowego czasu nie byłby nawet wart poniesionych kosztów.

Tak więc, skoro uważałem, że moje marzenie było tylko niemożliwym do ziszczenia snem, porzuciłem naukę, aby zostać programistą komputerowym (choć byłem samoukiem, to radziłem sobie całkiem nieźle). Pieniądze w tej branży były wtedy znacznie lepsze (początek lat 90.) i do tego uwielbiałem to robić (to nadal moje hobby). Pracowałem w komercyjnej firmie, pisząc rutynowe programy i oczyszczając kod programisty (okropnie napisany), który mnie poprzedzał — i przyznam, że byłem szczęśliwy. Mieszkałem w Salt Lake City z żoną Fatemeh i córką Sashą. W tym czasie moja pozostała dwójka dzieci, Rachel i „Dragon" Dan, była już dorosła i ze mną nie mieszkała. Mimo, że w weekendy mój pager nazbyt często się odzywał (pamiętasz, jeszcze czasy przed telefonami komórkowymi?) i musiałem poświęcać je próbując debugować oprogramowanie płacowe lub jakąś inną ważną funkcję, generalnie było to całkiem przyjemne życie.

Kiedy jednak otrzymałem ofertę z University of Maryland, aby dołączyć do ich zagranicznego programu, moja żona, która uwielbia podróżować, była za tym abym ją przyjął. Przed przybyciem żony i dziecka spędziłem kilka miesięcy w Taegu w Korei, w Camp Henry, a kiedy wszystko wydawało się wystarczająco dobrze urządzone, postanowiłem sprowadzić moją rodzinę. Moja córka miała wtedy nieco ponad dwa lata. Taegu, choć prawdopodobnie nigdy o nim nie słyszałeś, to milionowe miasto w środkowej Korei Południowej — które, szczerze mówiąc, niezbyt mnie interesowało (chociaż uwielbiałam koreańskie jedzenie); strasznie się tam nudziłem. Na szczęście poznaliśmy wielu przyjaciół, zarówno koreańskich, jak i amerykańskich wojskowych, a czego można chcieć więcej niż dobrych przyjaciół?

Cóż, w naszym wynajętym mieszkaniu (bardzo trudno o to w Korei) słychać było biegające po suficie szczury, jednak nigdy nie weszły do środka i czuliśmy się wystarczająco bezpiecznie.

Po około dwóch latach — byłem odnoszącym sukcesy i lubianym profesorem, i chyba w nagrodę (na wydziale wiedziano, że praca w Korei jest równoznaczna ze „spłacaniem swoich długów”) — wysłali nas (na pokładzie transportowego C5, z siedzeniami z siatki, pustą puszką po farbie zamiast łazienki, i czołgami na pokładzie) do Misawy (co po japońsku oznacza „Trzy bagna”). Była to duża amerykańska baza wojskowa w małym nadmorskim miasteczku rybackim, które było o wiele ładniejsze, niż sugerowałaby jego nazwa. Krótko mówiąc (chociaż historia ta mogłaby być materiałem na osobną książkę), awansowałem na profesora zwyczajnego, a następnie mianowano mnie dyrektorem akademickim ds. nauk przyrodniczych w dziale azjatyckim — Japonia, Korea, Okinawa (choć oficjalnie część Japonii, mieszkańcy Okinawy nie uważają się za Japończyków) i Guam.

Chociaż wszystko szło bardzo dobrze, po prawie dziesięciu latach życia w Japonii moja żona zdecydowała, żet nie chce tam umrzeć — i postanowiliśmy wrócić do USA. Ponieważ miałem obowiązki, moja żona i dziecko polecieli pierwsi, a ja wkrótce podążyłem za nimi. Wróciłem do naszego domu w Salt Lake City, i ponieważ zbliżałem się już do wieku emerytalnego, to planowałem do niego doczekać nadal pracójac na Uniwersytecie jako adiunkt, prowadząc, tym rzem, kursy online. Wierzę, że w tamtym czasie my — UMUC (ang. *The University of Maryland University College*), teraz UMGC (*Global Campus*) — mieliśmy największy na świecie program online.

Tak więc przypuszczam, że byłoby to marzeniem większości ludzi; móc pracować z domu i nadal zarabiać przyzwoitą pensję i mieć ciekawą pracę (uczyłem zarówno nauk fizycznych, jak i biologicznych, chociaż brakowało mi nauczania matematyki, co robiłem wcześniej w Azji). A co z tym snem? Nigdy o nim nie zapomniałem, ale do tego czasu było już jasne, że to się nigdy nie wydarzy; byłem prawie na emeryturze, nie miałem dostępu do laboratorium i nie miałem bladego pojęcia, jak tego dokonać. Właściwie uczyłem wtedy biologii starzenia się i wszystkiego, co było wiadomo o naprawie DNA, stresie oksydacyjnym, systemach naprawczych mTOR-FOXO i tych zwykłych rzeczach, które można znaleźć w podręcznikach i artykułach. Chociaż wiedzieliśmy dużo więcej o starzeniu się komórek, wciąż niewiele można było zrobić. W końcu ten sen był tylko marzeniem.

Ogólnie rzecz biorąc, starzenie się można podsumować w następujący sposób: z powodu uszkodzeń nagromadzonych przez całe życie, komórki rozwijają wszystkie te warunki, które López-Otín i *in.* opisali w pracy *Hallmarks of aging*, i ostatecznie giną, gdy uszkodzenia pokonują ich zdolność do podtrzymania życia; tak więc, gdy starzenie zabija komórki lub sprawia, że stają się one nieaktywne, prowadzi to do ogólnie znanego faktu, że całe tkanki zaczynają tracić komórki, gdyż także komórki macierzyste umierają i starzeją się. Ta utrata wędruje w górę hierarchii, ponieważ jeśli brakuje komórek lub działają one nieprawidłowo, tkanka, z której składają się, przestaje właściwie działać, a narządy, z których składają się te tkanki, tracą funkcjonalność. Dalej, układy narządów, których te narządy są częścią, są wtedy mniej zdolne do wypełniania swoich funkcji i na samym końcu organizm zaczyna słabo radzić sobie z codziennymi wyzwaniami, to właśnie nazywamy „starzeniem się" i w to wierzył wówczas prawie każdy naukowiec na świecie, oprócz mnie. Nie było drogi do nieśmiertelności — rzeczy się zużywają, a kiedy traci się również informację o ich naprawie (zawartą w DNA), nie ma już nadziei. Nie ma komórkowego „zmartwychwstania".

Chociaż spędzałem wiele godzin na zajęciach ze studentami (online), wciąż miałem mnóstwo wolnego czasu — a ponieważ uczyłem biologii starzenia się, nadal „nadążałem" za tą dziedziną (choć sam jej nie rozwijałem). Byłem na emeryturze, wciąż ciesząc się dobrym zdrowiem fizycznym, pozostawałem zapalonym wędrowcem (a Utah jest jednym z najlepszych miejsc do tego typu aktywności) i zastanawiałem się nad założeniem jakiegoś serwisu online — moja żona i ja (ona także jest programistą komputerowym), byliśmy prawdopodobnie pierwszymi ludźmi, którzy planowali założyć internetowe biuro pośrednictwa pracy, co nam, na szczęście, nie wyszło.

Rozważając swoje opcje, przeczytałem w czasopiśmie sprzed około czterech lat (było to w 2005 r.), tekst traktujący o pracy wykonanej przez Irinę i Michaela Conboyów i in. [55], o której pomimo dość szerokiej znajomości literatury, nigdy wcześniej nie czytałem (a jednak pisali o tym w Nature!) i nigdy nie słyszałem żadnej wzmianki. Odszukałem więc szybko, źródłowy artykuł i przeczytałem go z narastającym podnieceniem. Wiedziałem teraz, jak zapewnić ludzkości „nieśmiertelność" — byłem tak przekonany, że powiedziałem o tym wszystkim moim krewnym (którzy na ogół mają o mnie dobre zdanie) i przyjaciołom. Ale wciąż byłem w tym samym miejscu, sześćdziesięciopięcioletni mężczyzna bez laboratorium i bez funduszy. Chociaż „niemożliwy sen" wydawał się już teraz bardziej możliwy, to nadal jego realizacja była wysoce nieprawdopodobna, chyba że znajdę kogoś kto będzie w stanie sfinansować to przedsięwzięcie. Żeby znaleźć takiego sponsora — głos wołający na puszczy — poświęciłem kilka następnych lat.

Co pokazały nam badania Iriny i Michaela Conboyów

Istnieje procedura zwana *parabiozą heterochroniczną*, w której „hetero” oznacza „mieszany”, a „chroniczny” odnosi się do wieku. Jednak to sama „parabioza” wymaga więcej wyjaśnień, zasadniczo oznacza ona „życie obok siebie”, ale ta parabioza jest znacznie bardziej intymna niż tylko to. W skrócie, dwa zwierzęta tego samego gatunku, często genetycznie izogeniczne (mające w przybliżeniu te same geny) są poważnie ranione, w taki sposób, że można je potem ze sobą złączyć. Podsumowując, jedno stare zwierzę i jedno młode zwierzę (zazwyczaj myszy lub szczury) są zszywane razem. To dość okrutna procedura, z wysoką śmiertelnością. Często większy szczur odgryzie głowę mniejszemu (u szczurów następuje znaczny przyrost masy podczas starzenia), więc po co ktoś miałby robić tak dziwaczny i okrutny zabieg [56]?

Badanie nad tą procedurą rozpoczęto już w XIX wieku; pierwsze prace wykorzystujące heterochroniczną parabiozę (HP) do badania nad starzeniem się zostały wykonane w latach 50. i wczesnych 60. przez naukowców takich jak Clive McCay [57] – który ustalił, że ograniczenie kalorii wydłużało długość życia – eksperymenty wskazywały, że jeśli połączyliśmy młode i stare zwierząt stosując HP, starsze zwierzę wyglądało na młodsze co można było zaobserwować po bielszych ścięgnach i innych tkankach łącznych, które zwykle żółkną wraz z wiekiem. Ponadto, tkanki były bardziej miękkie, ponieważ również twardnieją one u starych osobników (z powodu nagromadzenia złogów amyloidowych). W tamtym czasie nasza wiedza na temat biomarkerów starzenia się była ograniczona i niewiele zwierząt miało zsekwencjonowane DNA.

Jednak bardziej dla nas istotną, była praca z 1972 roku, w której Ludwig i Elashof określili wpływ tego eksperymentu na długość życia [58]. Tym razem obszerne badanie wykazało wzrost długowieczności, szczególnie w przypadku sparowanych samic, w porównaniu ze zwierzętami niesparowanymi lub parabiontami w tym samym wieku. Później, w latach osiemdziesiątych, miały miejsce liczne, poważne rosyjskie eksperymenty z tą techniką.

Badania Ludwiga i Elashofa z pewnością wykazały wzrost długowieczności, ale (jak zauważył Michael Conboy) młodszy parabiotyczny partner nie był już młody pod koniec eksperymentów —co, zatem, spowodowało ten wzrost jego wieku biologicznego? Gdybym miał wiedzę o tych eksperymentach, raczej nie zakładałbym odmłodzenia, ale raczej, że organy młodszego parabionta zrekompensowały zmniejszającą się funkcjonalność organów starego partnera.

Jednak nie miałem żadnego pojęcia o HP, dopóki nie przeczytałem dokumentu pochodzącego z laboratorium Irva Weismana w Stanford, którego autorami byli Conboy i in. [55] Już sam tytuł streszcza całą historię: *Odmładzanie starzejących się komórek progenitorowych poprzez ekspozycję na młode środowisko systemowe.* „Młode środowisko systemowe" było wspólnym ukrwieniem partnerów parabiotycznych. Komórki progenitorowe? To komórki macierzyste o ograniczonej sile działania, co oznacza, że w przeciwieństwie do embrionalnych komórek macierzystych (które mogą różnicować się we wszystkie tkanki ludzkiego ciała), komórki progenitorowe mogą różnicować się tylko w ograniczone rodzaje komórek. Tak więc, w przypadku komórek progenitorowych wątroby w tym narządzie jest ich kilka typów, ale tylko jeden z nich różnicuje się w hepatocyty, stanowiące większość komórek wątroby. Podobnie istnieją tak zwane „komórki satelitarne" mięśni. Znajdują się one na zewnątrz wiązek włókien mięśniowych, a po aktywacji odgrywają zasadniczą rolę w naprawie uszkodzeń mięśni lub wzroście nowych włókien, aby poradzić sobie ze zwiększonym obciążeniem fizycznym. Chociaż określa się je również jako komórki „macierzyste", ponieważ jasne jest, że tworzą one tylko komórki mięśniowe, muszą być również uważane za komórki progenitorowe. I to właśnie te dwa typy komórek progenitorowych Conboyowie i in. badali u myszy przy użyciu HP.

Kryteria molekularne wykazały funkcjonalne odmłodzenie tych typów komórek u starszego partnera parabiotycznego i widoczne starzenie się u młodego. Z wiekiem komórki progenitorowe hepatocytów proliferują w wolniejszym tempie, a komórki satelitarne mięśni są mniej zdolne do wspierania tworzenia nowych włókien mięśniowych lub gojenia ran w tkance; jednak na skutek HP, na przykład, starym komórkom satelitarnym mięśni została przywrócona prawie ich młodzieńczą zdolność do tworzenia nowej tkanki mięśniowej. Więc teraz mamy dowód, że młode środowisko systemowe wpływa na komórki progenitorowe, na poziomie komórkowym. Inne eksperymenty (w tym ich poprzednie) zasugerowały autorom (Conboy i in.), że zmiany w sygnalizacji międzykomórkowej były prawdopodobną przyczyną tych odmłodzeń, ale za chwilę zobaczymy, że wcale tak nie jest. Następne i całkowicie przekonujące badanie wyszło z Harvardu i był to jedno z najbardziej ekscytujących eksperymentów dotyczących odmładzania starego mózgu przez HP, wykonany przez Saula Villedę i Tony'ego Wyss-Coraya na Harvardzie [59].

Saul Villeda i in. podsumowują ich wyniki w następujący sposób: „Tutaj, stosując heterochroniczną parabiozę, pokazujemy, że czynniki krwiopochodne obecne w środowisku ogólnoustrojowym mogą hamować lub promować neurogenezę u dorosłych myszy, w sposób zależny od wieku" [59]. Co więcej, Villeda odkrył, że w mózgu i we krwi, występuje zwiększone stężenie pewnych chemokin (substancji chemicznych, które przyciągają białe krwinki), które, jak podejrzewał, są czynnikami sprzyjającymi starzeniu się.

W szczególności chemokina CCL11, eotaksyna — chemokina, która przyciąga do siebie białe krwinki zwane eozynofilami — wykazała znaczny wzrost stężenia, a wstrzyknięcie tej substancji do żyły ogonowej młodych myszy wywoływało objawy osłabienia funkcji poznawczych i niedoboru neurogenezy, podczas gdy HP odwróciła te stany, zbliżając neurogenezę do poziomu młodzieńczego. Wydawało się to potwierdzać fakt, że we krwi znajdują się czynniki promujące starzenie, które wywoływały te rezultaty, a ich usunięcie wystarczyło, aby stymulować odmłodzenie, w postaci poprawy kryteriów poznawczych (uczenie się przestrzenne, unikanie bólu) i zwiększoną neurogenezę (choć nie było to przyczynowo związane z uczeniem się).

Następnie, niektórzy pierwotni autorzy artykułu, tacy jak Thomas Rando, kontynuowali te badania, ostatecznie pokazując, że prawie każdy badany typ komórek macierzystych i progenitorowych, od kardiomiocytów po oligodendrocyty, został odmłodzony przez HP u starszych parabiontów i zestarzał się u młodszego partnera (chociaż Amy Wagers twierdzi, że młode parabionty nie starzeją się). Później okazało się, że zwykła transfuzja krwi, a nawet wstrzyknięcie surowicy krwi daje podobne efekty.

Państwo Conboy przeprowadzili równolegle badania in vitro, które ujawniły taki sam wpływ młodego osocza na stare komórki satelitarne mięśni i komórki progenitorowe wątroby, jak in vivo [55]. Istniały dwie możliwe przyczyny tych efektów, które nie wykluczały się wzajemnie; albo młode osocze krwi (wykluczono udział komórek) zawierało substancje odmładzające komórki, albo stare osocze krwi zawierało czynniki postarzejące je (lub oba, jak wspomniano wcześniej). Dalsze prace oryginalnej grupy ze Stanford i innych zilustrowały wpływ HP (parabioza heterochroniczna), podsumowany przez Saula Villedę, stwierdzeniem: „U starszych zwierząt ekspozycja na młodą krew poprzez heterochroniczną parabiozę poprawia funkcję komórek macierzystych w mięśniach, wątrobie, rdzeniu kręgowym i mózgu i łagodzi przerost serca [60]."

Moja odpowiedź

Po przeczytaniu pracy wydanej przez Conboyów i in., nagle zdałem sobie sprawę, że wszystko, czego mnie nauczono (i czego sam uczyłem) o starzeniu się, było fałszywe. Szybko stało się dla mnie jasne, że starzenie się komórek to mit. Podczas gdy pracowałem przez wiele tygodni rysując schematy obwodów ścieżek redoks (bardziej znam się na obwodach elektrycznych, ale przecież tu też mamy do czynienia z przepływem elektronów i ich wykorzystaniem do produkcji energii potrzebnej komórce), nie było oczywistego argumentu na to, że komórki nie są w stanie odtworzyć swoich składników przy dostarczaniu wystarczającej ilości energii (w postaci pożywienia). Teraz powód stał się jasny: starzenie się komórek było procesem nieautonomicznym komórki! Oznacza to, że starzenie się komórek nie zależało od historii komórki, ale od jej środowiska. Starzenie się ciała nie było wynikiem starzenia się komórek; raczej starzenie się komórek było spowodowane starzeniem się organizmu (jest to proces ze sprzężeniem zwrotnym, gdyż starzejące się komórki sygnalizują narządom potrzebę zmiany ich środowiska).

Wtedy przekonałem się, że starzenie się można wyleczyć i pomyślałem, że wiem już jak. Pod koniec 2009 roku, w okresie świątecznym, napisałem do jedynej znanej mi osoby, która była na tyle odważna (lub arogancka), by zapomnieć z głosie ekspertów i zaprzysiąc wyleczyć starzenie się za pośrednictwem swojej własnej Fundacji Badawczej SENS: Aubreya de Greya. Napisałem twierdząc, że wierzę, że odkryłam sposób na wyleczenie starzenia. Wysłałem e-maila bezpośrednio do Aubreya, ale jego strażnik, Michael Rae, nie pozwolił mi porozmawiać z nim osobiście bez ujawnienia mojego sekretu, w końcu zgodziłem się to zrobić, chociaż Fundacja Badań SENS nie podpisała umowy o zachowaniu poufności — ale jaki miałem wybór? Nie znałem nikogo innego, kto miałby władzę i wpływy, jakimi dysponował Aubrey.

Mój pomysł był prosty — dla mnie oczywisty. Ponieważ ustalono, że to osocze krwi (bezkomórkowe) miało działanie odmładzające, dlaczego nie zastąpić osocza osoby starszej osoczem młodej osoby? Sposób, w jaki można by to zrobić, był również oczywisty — medycznie sprawdzona i certyfikowana technika (choć stosowana częściej w Europie i Japonii) zwana wymianą osocza, formą plazmaferezy, w której osocze wyekstrahowane ze starej krwi zostanie zastąpione osoczem pozyskanym z krwi młodej osoby. Domyślałem się, że przy serii takich transfuzji, bez względu na to, czy stara krew zawiera czynniki sprzyjające starzeniu się, czy czynniki przeciwstarzeniowe znajdują się w młodej krwi, czy oba te twierdzenia są prawdziwe, to, co nazwałem Heterochroniczną Wymianą Plazmy (ang. *Heterochronic Plasma Exchange*), powinno zadziałać.

Cóż, moja rewelacja zadziałała, i kolejny e-mail, który otrzymałem od Fundacji Badawczej SENS, był od samego Aubreya (w mońcu go złapałem), a jego pierwsze zdanie brzmiało, jakoś, w stylu: „Oto dlaczego to nie zadziała". Aubrey należał do starej szkoły — starzenie się komórek wynikało z uszkodzeń molekularnych i nie ma mowy, aby młode osocze krwi mogło pomóc. Był jednak na tyle uprzejmy, że przedstawił mnie małżeństwu Conboyow — ale oni w dużym stopniu zgodzili się z Aubreyem, chociaż Irina Conboy zasugerowała, że osocze bogatopłytkowe wykazuje działanie przeciwstarzeniowe. Skontaktował mnie również z Amy Wagers, która początkowo wydawała się zainteresowana, dopóki nie odkryła, że nie mam funduszy. Jestem całkiem pewien, że dla społeczności badaczy procesu starzenia, wydawałem się wariatem. Jednak Aubrey powiedział mi, że Michael i Irina Conboy będą pracować razem z Frankiem Longo, aby wypróbować mój system, ale pomimo tajemniczego telefonu od nich, podczas którego umówiliśmy się na spotkanie w celu omówienia wyników, ostatecznie odwołali swój udział w eksperymencie i nigdy nie dowiedziałem się jakie były jego wyniki. Prawdziwy problem polega na tym, że pomimo własnych, obiecujących, wyników wydają się oni nadal wspierać teorię starzenie się pod wpływem „zużycia".

Przeczesując Internet w poszukiwaniu ludzi, którzy mogą podzielać pogląd, że starzenie się jest zaprogramowane, natknąłem się na Teda Goldsmitha, który jako inżynier systemów, przeszkolony w MIT, nie mógł zaakceptować teorii „zużycia", gdy przeanalizował to zagadnienie w oparciu o zasady inżynierii; wreszcie miałem jakieś towarzystwo o podobnych przekonaniach. To właśnie Ted zapoznał mnie z rosyjskim naukowcem Władimirem Skulaczowem, człowiekiem najbardziej odpowiedzialnym za powstanie teorii programowanego starzenia. Skulaczow, który był redaktorem *Biochemistry*, czasopisma Rosyjskiej Akademii Nauk, zaprosił mnie do przesłania artykułu do jego wydawnictwa, co zrobiłem w 2013 roku. Tekst, który zatytułowałem *Badania, które rzuciły nowe światło na starzenie się* [61], na szczęście wzbudził pewne zainteresowanie. Ale wciąż była to „teoria", a ja chciałem zobaczyć rezultaty.

To wtedy skontaktowałem się z doktorem medycyny Mitchem Harmanem, z nieistniejącego już Instytutu Badań Długowieczności Kronos, który powiedział mi wtedy, że instytut został ufundowany przez miliardera Johna

Sperlinga, założyciela Uniwersytetu w Phoenix. Uczelnia ta powstała aby zapewnić pomoc osobom pracującym (takim jak on sam, wcześniej, gdyż był marynarzem na statkach handlowym) w zdobyciu wykształcenia. Kiedy opisałem Mitchowi mój pomysł i wysłałem mu swoją pracę, był bardzo podekscytowany perspektywą przeprowadzenia heterochronicznej wymiany plazmy u pierwszego pacjenta. Udało nam się skontaktować z doktorem Dobrim Kiprovem, którego specjalnością była wymiana plazmy (okazało się, że jest to zaskakująco tania terapia) i zgodził się to dla nas zrobić. Dr Kiprov miał jednak inne pomysły i był przekonany, że albumina surowicy (główne białko osocza) jest sekretem odmładzania i wahał się przed użyciem młodego ludzkiego osocza. Poprosiłem o znalezienie młodych dawców, ale Dobri uważał, że „gotowe", dostępne w bankach krwi, osocze jest wystarczająco dobre, a jeszcze lepszy będzie roztwór albuminy w soli fizjologicznej.

Wkrótce potem zostałem zaproszony do domu Johna Sperlinga w San Francisco i spotkałem się z nim, Mitchem i zięciem Sperlinga, aby omówić procedurę. Zgodziłem się nawet na poddanie się terapii razem z Johnem, żeby rozwiać jego obawy, ale tak się nie stało. Dr Sperling, który miał wówczas 91 lat, został poinformowany przez swojego osobistego lekarza, że procedura jest niebezpieczna i stanowczo odradza jej stosowanie. John był wyraźnie przestraszony (widziałem panikę w jego oczach) i w końcu odmówił, więc nasza wielka szansa przepadła. John Sperling zmarł w następnym roku i wierzę, że jego osobisty lekarz wyrządził mu wielką krzywdę (i mnie też).

Nawet plan wymiany osocza przy użyciu roztworu soli fizjologicznej i albuminy wystarczyłby do pobudzenia odmłodzenia tkanek, jak udowodniły niedawne prace przeprowadzone przez Conboy Lab wraz z Kiprovem [14]. Najwyraźniej, rozcieńczenie osocza o połowę przez zastosowanie wymiany osocza na roztwór soli fizjologicznej i albuminy daje dobre efekty, po pewnym czasie, prawdopodobnie udowadniając, że starzenie się było spowodowane czynnikami sprzyjającymi starzeniu się znajdującymi się we krwi (choć nie negując istnienia czynników przeciwstarzeniowych w młodej krwi). Kiprov i ostatecznie Mitch Harman a także inni, których znałem, założyli własną firmę (Young Blood Institute) i całkowicie mnie opuścili. Po raz kolejny zostałem z niczym.

Na prośbę *Current Aging Science* napisałem inny artykuł, *W kierunku modelu starzenia się opartego na dowodach* [62], ale nie przyniósł on takiego zainteresowania jak artykuł „*Badania..*". Wydawało się, że nigdy nie będę w stanie sprawdzić swojej teorii.

Ta kolejna część mojej podróży była raczej krępująca. Skontaktowała się ze mną dwójka ludzi, których nazwę po prostu Fred i Jean (nie są to ich prawdziwe imiona), którzy chcieli sponsorować moje eksperymenty. Jean, bizneswoman, oraz Fred, jej pracownik i partner, chcieli otworzyć klinikę w Belize, i miała być to tylko kwestia czasu. Potem ich plany się zmieniły i Belize porzucono dla kliniki na Filipinach. Po pewnym czasie zrozumiałem, że używali tego jako podstępu, aby przyciągnąć duże pieniądze od wybitnych ludzi, bez żadnej realnej możliwości założenia kliniki w kraju, który był bardzo katolicki i miał bardzo ograniczone zaplecze medyczne. Zerwałem więc z nimi kontakt.

W tym czasie skontaktował się ze mną indyjski biznesmen Akshay Sanghavi, który był również bardzo doświadczonym blogerem na temat medycyny przeciwstarzeniowej, ze szczególną wiedzą na temat medycyny ajurwedyjskiej — ale ponieważ byłem już oddany Fredowi i Jean, musiałem przepuścić tę okazję (oczywiście, miało to miejsce zanim zdałem sobie sprawę, kim oni byli).

Dowody się umacniają

Kiedy pojawia się zjawisko radykalnie odmienne od oczekiwań — takie jak „zimna fuzja" lub „poliwoda" (idea, że cząsteczki wody tworzą polimery) — ale wyniki rok po roku, są czasami negatywne, a czasami pozytywne, to zjawisko prawdopodobnie nie ma podstaw. Jednak gdy dowody konsekwentnie się gromadzą, istnieje dobry powód, aby uważać, że fenomen ten jest prawdziwy.

Potwierdzając swoją wcześniejszą (2011) pracę, Villeda, w swojej pracy z 2014 roku [60], z powodzeniem powtórzył wcześniejsze eksperymenty, ale dodał do swoich poprzednich wyników wzrost plastyczności neuronalnej u zwierząt leczonych HP, mierzony jako wzrost transkrypcji genów zaangażowanych w plastyczność neuronalną. Zaobserwowano również wzrost liczby kolców dendrytycznych, na niektórych komórkach zakrętu zębatego podwzgórza. Podobne, do wcześniejszych, wyniki u myszy uzyskano przez proste wstrzyknięcia albo młodego osocza (pobranego od 3-miesięcznych osobników) albo starego osocza (od myszy 18-miesięcznych), pokazując, że myszy leczone młodym osoczem wykazały wzrost zdolności uczenia się i pamięci podczas testów w labiryncie wodnym w porównaniu z myszami, którym podawano stare osocze.

Villeda i in. podsumowali, że „Razem nasze dane pokazują, że ekspozycja na młodą krew przeciwdziała starzeniu się na poziomie molekularnym, strukturalnym, funkcjonalnym i poznawczym w starzejącym się hipokampie" [60]. Nastąpiło jednak odejście od wcześniejszej pracy, w której stwierdzono, że: „Ponadto, wcześniej zidentyfikowaliśmy czynniki promujące starzenie u młodych parabiontów heterochronicznych, jako negatywne regulatory neurogenezy i funkcji poznawczych; jednak czynniki te nie uległy zmianie u starszych parabiontów heterochronicznych. Odpowiednio, nasze badania sugerują dwie różne strategie odwracania starzejących się fenotypów. Jedną z możliwości jest to, że wprowadzenie czynników promujących młodość z młodej krwi może odwrócić związane z wiekiem upośledzenie mózgu, a drugą możliwością jest to, że usunięcie czynników sprzyjających starzeniu się ze starej krwi może przeciwdziałać takim upośledzeniom. Te dwie możliwości nie wykluczają się wzajemnie, wymagają dalszych badań i każda z nich może zapewnić skuteczną strategię zwalczania skutków starzenia" [60].

A więc, co jest istotą tematu, „czynniki sprzyjające młodości", „czynniki sprzyjające starzeniu się", czy obie te przyczyny? Jak zobaczymy, wymagane będą czynniki promujące młodość — chociaż usunięcie czynników sprzyjających starzeniu się, prawdopodobnie, przyspieszyłoby odmłodzenie, pewnym kosztem, ale takim, który warto ponieść.

Wydawało się więc coraz bardziej jasne, że moja heterochroniczna wymiana plazmy (omawiana w moim artykule [61] i nazwana HPE) powinna działać, gdyby te same mechanizmy starzenia i kontroli starzenia istniały u ludzi — a prawdopodobieństwo, że tak fundamentalny proces będzie się różnił między ssakami wydawało mi się odległe. Jak jednak miałem to zademonstrować?

Akshay na ratunek

Tak więc były teraz okolice 2016 roku i wydawało mi się, że nigdy nie osiągnę swojego celu. Cóż, wyobrażanie sobie, że mogę odmładzać ludzi, było dziwaczne – w całej historii ludzkości ludzie szukali tej realizacji tego pragnienia poprzez czarną magię, jak „Królowa Wampirów", Elżbieta Batory, i za pomocą dziwnych mikstur chemicznych, które częściej przynosiły zagładę niż odmłodzenie. Poza tym, na całym świecie krążyły legendy o magicznym eliksirze — Somie w Indiiach, Ambrozji u greckich bogów, Elixir

Vitae w średniowiecznej Europie. Myśl, że taka możliwość istnieje, a tym bardziej, że ją odkryję, była czystą fantazją. Jednak prace nad HP i podobne eksperymenty związane z osoczem krwi wskazały na taką szansę.

Na tym etapie czułem już swój wiek (74 lata, ale nadal nie potrzebowałem dwóch rąk do picia) i zastanawiałem się, co zrobię z resztą mojego życia. Nie żebym nie miał dość pomysłów, żeby się czymś zająć — moje umiejętności komputerowe w połączeniu ze znajomością elektroniki sprawiły, że zacząłem myśleć o różnych projektach, a potem po prostu mogłem zestarzeć się i umrzeć. Wspólny los ludzkości; jak mogłem oczekiwać czegoś lepszego? Jednak ten sen, który miałem — ten, który powiedział mi, że przyniosę człowiekowi nieśmiertelność — nigdy nie opuścił mojego umysłu. Nie osiągnąłem swoich celów, ale być może zrobią to inni, chociaż wszyscy zdawali się patrzeć w złym kierunku.

W końcu otrzymałem e-mail od Akshaya Sanghavi z pytaniem, czy nadal byłbym zainteresowany wykonaniem zaproponowanych przeze mnie eksperymentów. Jednak w przeciwieństwie do jego ostatniej oferty, złożonej podczas pracy z Jeane i Fredem — kiedy powiedział mi, że mogę przeprowadzić badania w dowolnym miejscu — tym razem musiałbym przyjechać do pracy w Bombaju w Indiach, gdzie Akshay (utalentowany biolog-amator jak również finansista), wraz z młodą adiunkt Kavitą Singh, zaczął sponsorować projekty na wydziale farmakologii Uniwersytetu NMIMS (*Narsee Monjee Institute of Management Studies*) na zachodnich przedmieściach Bombaju (nie daj się zwieść, w niczym nie przypominają one amerykańskich przedmieść — widok wrony zjadającej martwego szczura na ulicy nie był tam rzadkością — ale mieszkali tam również bogaci i sławni). To przedmieście, Juhu, jest domem dla wielu gwiazd Bollywood.

Szczerze mówiąc, byłem bardzo chory (choroba jelita drażliwego) i słaby, i na myśl o pozostawieniu mojej rodziny i wyjeździe na obcą i trudną ziemię, do pracy, której nie byłem pewien czy podołam, i nie byłem pewien, czy może przynieś ona sukces, nie było mi łatwo podjąć taką decyzję (nawiasem mówiąc, teraz czuję się znacznie młodszy niż wtedy). Ale co mógłbym zrobić innego ze swoim życiem? Jasne, mógłbym spocząć na laurach — miałem duży wkład w odkrycie pierwszego genu raka piersi, BRCA1, kiedy pracowałem w Myriad Genetics w Salt Lake City (ale odszedłem stamtąd rozgoryczony), pracowałem dla University of Maryland i zostałem awansowany na profesora zwyczajnego, a następnie na dyrektora akademickiego ds. nauk przyrodniczych, gdzie, jak sądzę, wykonałem całkiem dobrą robotę. Byłem szanowany i choć nie zarabiałem dużo, to wystarczało mi na zaspokojenie swoich potrzeb. Zaimponowanie innym nie było moim celem, ale chciałem przyczynić się do rozwoju świata, więc złożyłem wniosek o wizę indyjską.

W tamtym czasie najlepsze, co mogłem zrobić, to zdobyć dwumiesięczną tzw. e-wizę, ponieważ wszystkie transakcje były dokonywane przez Internet. W końcu wszystko było gotowe i z pomocą (również finansową) Akshaya zarezerwowałem lot do Indii. Trzeba przyznać, że po tym, jak zostałem wykorzystany przez Jean i Freda, straciłem sporo zaufania do „sponsorów". Właściwie nie znałem Akshaya, ale jaki miałem wybór, skoro chciałem spełnić swoje marzenie?

Lot do Bombaju był dla mnie horrorem (przez pierwsze 9 i pół godziny utknąłem na środkowym siedzeniu), potem przesiadka w Hamburgu, gdzie z powodu opóźnienia spóźniłem się na lot przesiadkowy i zaoferowano mi zakwaterowanie w hotelu w pobliżu lotniska. Chyba dobrze się stało, cały czas czułem, że zaraz zemdleję. Każdy ruch był bolesny i wyczerpujący. Następnego dnia wziąłem następny 10-godzinny lot do Bombaju — więc byłem w powietrzu około 20 godzin. Ale w końcu dotarłem na miejsce. Potem spędziłem godziny w kolejce, żeby podbić mój paszport i wizę, i kolejną godzinę, szukając mojego bagażu — mimo że robiłem wszystko, aby przekazać ludziom na niemieckim lotnisku, aby upewnili się, że mój bagaż podąża za mną, to jednak tak się nie stało. W końcu wyszedłem z lotniska i powitał mnie Akshay. Odniosłem wrażenie, że pomyślał, że jestem za stary, ale w tym momencie nie mógł się już wycofać ze swoich zobowiązań.

Następnego dnia linia lotnicza wysłała mój bagaż do hotelu, a na śniadanie po raz pierwszy zasmakowałem południowoindyjskiego jedzenia: idli (rodzaj gęstej bułki ze sfermentowanej mieszanki zbóż) wraz z sambarem (ostrym czerwonym sosem, bez pomidorów) i już zacząłem się przekonywać do Indii. Akshay był dobrym gospodarzem (i stał się dobrym przyjacielem i partnerem) i w ciągu kilku następnych dni zacząłem projekt, który uznał za obiecujący. Akshay, jak powiedziałem, był blogerem na temat przeciwdziałania starzeniu się, i rozumiejąc wiele objawów starzenia, opracował kombinację składników, które mają łagodzić wszystkie z nich. Wtedy poznałem Kavitę, która była naszym łącznikiem z uniwersytetem i to był początek naszej dużej rodziny.

Pierwszą rzeczą, na którą zdecydowaliśmy się, było wykorzystanie w naszym eksperymencie szczurów, a nie myszy — moim pierwotnym założeniem było to, że większe żyły szczurów umożliwią nam łatwiejszą wymianę plazmy. Następnie rozpoczęliśmy jeden z projektów Akshaya. Akshay był również ekspertem w dziedzinie medycyny ajurwedyjskiej i miał własne podejście do przeciwdziałania starzeniu się. Starał się łączyć zioła ajurwedyjskie, z nowszymi (XXI wiecznymi) pomysłami na temat starzenia się. Celem było leczenie wszystkich objawów, za pomocą wegetariańskich mieszanek ziół i olejków. Moim zadaniem było wtedy planowanie eksperymentów i chciałem objąć jak najwięcej i jak najbardziej zróżnicowanych potencjalnych markerów starzenia się, jak tylko mogliśmy z naszymi ograniczonymi funduszami i sprzętem. Ponieważ nigdy wcześniej nie miałem do czynienia ze zwierzętami, doktorant — kompetentny młody człowiek, Sagar — udzielał mi w tym pomocy.

Uniwersytet NMIMS nie był przeznaczony do badań; była to przede wszystkim szkoła biznesu, z osobnym budynkiem, w którym kształcili się studenci farmakologii, głównie na farmaceutów. Jednak Kavita prowadziła ciągły program szkolenia naukowców, zarówno magistrantów, jak i doktorantów. Ponieważ była jednym z nielicznych pracowników prowadzących aktywne badania, sprzęt, przeznaczony głównie do użytku studentów, był w dużej mierze nasz, gdy oni go nie używali. W przeciwieństwie do USA, gdzie każdy członek wydziału ma własny sprzęt laboratoryjny i przydzieloną przestrzeń, w NMIMS cały sprzęt znajdował się we wspólnych obszarach.

Później zapytałem dziekana szkoły farmaceutycznej, wspaniałą kobietę o imieniu Bala Prabhakar (która została wybrana Dziekanem Roku w całym kraju), dlaczego nie zatrudnia więcej pracowników naukowych i odpowiedziała mi, że indyjskie stypendia nie obejmują pieniędzy na uniwersytet, na którym prowadzi się badania, więc jedynym sposobem, w jaki mogli zarobić na szkołę, było nauczanie — niefortunny błąd, który zniechęca do badań. Nie będę się zbytnio rozwodził nad personelem, ale dziekan Bala sprawiła, że poczułem się mile widziany, przyznając mi biuro, żebym mógł pracować na uczelni. Nie zapomnę jej tej dobroci.

Tak więc to do mnie należało zaprojektowanie kryteriów eksperymentalnych, których użyjemy do określenia, czy ma miejsce działanie przeciwstarzeniowe. Chciałem przetestować każdy aspekt starzenia się na poziomie biochemicznym, fizjologicznym i poznawczym. Tak więc, mierząc cytokiny zapalne, zadbałem o poziom biochemiczny i fizjologiczny (dodatkowo trzeba było wykonać wiele testów „ex vivo" narządów na koniec eksperymentu). Mieliśmy możliwość (wybłaganą) korzystania z labiryntu wodnego Morrisa (zbiornika z wodą, w którym szczury muszą nauczyć się i zapamiętać położenie podwodnej platformy, gdzie mogą odpocząć, zamiast bez końca pływać w wodzie), ale to było bardzo stresujące dla naszych gryzoni.

Sagar, który właśnie kończył kwalifikację do swojego doktoratu, zbudował labirynt Barnesa. Składa się on z dużego, wysokiego, okrągłego stolu z okrągłymi otworami na obwodzie —wystarczająco dużymi, by szczur mógł przez nie przeskoczyć. Niektóre przedmioty na jego powierzchni i na otaczających ścianach działają jako wizualne wskazówki. Stół miał około tuzina okrągłych otworów, każdy o średnicy około sześciu cali i znajdował się może cztery stopy nad ziemią. Ze wszystkich tych dziur oprócz jednej, zwierzę spadało prosto na podłogę, a w tej ostatniej znajdował się miękki woreczek, który mógł trzymać szczura. W tym eksperymencie szczur został umieszczony na środku stołu, będąc w pełni odsłoniętym, stan, którego szczury nienawidzą. Jednak tym, czego jeszcze bardziej nienawidzą, jest upadek z wysokości czterech stóp na ziemię, więc jedynym rozwiązaniem było znalezienie dziury z torbą i dlatego były tam wizualne wskazówki, które miały pomóc mu w orientacji.

Szczury miały dziewięciodniowe szkolenie, a następnie pozwalano im samodzielnie odszukać dziurę. Czasy potrzebne na znalezienie właściwego otworu (ich „opóźnienie”) były rejestrowane jako wskaźniki uczenia się i pamięci (także szybkości i motywacji). Podsumowując, wyniki były takie, jakich się spodziewaliśmy; starszym szczurom (w wieku około 20 miesięcy) nauka zajmowała znacznie dłużej (dłuższe opóźnienie) niż u młodych szczurów (w wieku około trzech miesięcy).

Jedną z oznak starzenia się wszystkich kręgowców jest nasilenie stanów zapalnych — co można zmierzyć na podstawie poziomu substancji prozapalnych wytwarzanych przez organizm, zwanych „cytokinami” (są to cząsteczki sygnałowe, znajdujące się w różnym stopniu we krwi każdego człowieka). Wybrane przeze mnie cytokiny były najważniejsze w odniesieniu do stanu zapalnego (z powodu braku zasobów i personelu wybrano tylko dwie — chociaż chciałem jeszcze uwzględnić IL-1 beta).

Sagar musiał na siłę, za pomocą strzykawki, podawać szczurom mieszankę Akshaya, ponieważ nie zjadłyby jej same, i w końcu po miesiącu testów nic. Mieliśmy złożyć w ofierze szczury pod koniec miesiąca, ale pomyślałem, że warto poświęcić jeszcze dodatkowy miesiąc — ponieważ większość leków ajurwedyjskich zaczyna działać dopiero po pewnym czasie — i pod koniec następnego miesiąca szczury rzeczywiście wydawały się młodsze. W rzeczywistości ich markery stanu zapalnego powróciły do prawie młodzieńczego poziomu, a ich zdolności do rozwiązywania labiryntów również wzrosły. Jednak w przeliczeniu na ludzi, miesiąc życia szczura jest wart około 2,5 lat ludzkich (jako stosunek średniej długości życia), więc ktoś z nas musiałby jeść dość duże ilości tej mikstury przez pięć lat, aby zobaczyć jakiekolwiek efekty (a jeśli nawet szczury nie chcą tego jeść…).

Chociaż jest to z pewnością lepsze niż druga alternatywa (starzenie się w przeciągu tych samych lat), inny czynnik sprawił, że zrezygnowaliśmy z naszych wysiłków w celu opublikowania tych wyników; stare leczone szczury straciły znacznie na wadze w porównaniu ze nieleczonymi osobnikami kontrolnymi, w tym samym wieku, co przemawia za tym, że dobrze znane zjawisko ograniczenia kalorii było odpowiedzialne za to widoczne odmłodzenie. Chociaż ważyliśmy zjedzone jedzenie, nie ważyliśmy kału. Nadal jest możliwe, że formuła Akshaya działa tak, jak oczekiwał, i byłoby wspaniale mieć lek przeciwstarzeniowy (w większości) na bazie roślin, ale nasze późniejsze wyniki wskazały na inny, bardziej obiecujący kierunek.

Nie porzuciliśmy jednak wszystkich koncepcji Akshaya; w tym czasie wdrożyliśmy kolejny z jego pomysłów, związek przeciwstarzeniowy w łatwo dostępnej formie, którego sam używałem (ponieważ był powszechnie uważany za bezpieczny) z doskonałym efektem — pozbyłem się dzięki niemu okropnej „plamicy posłonecznej" (fioletowe plamy spowodowane uszkodzeniami słonecznymi w młodości) oraz, co zaskakujące, poprawiła się zarówno moją koordynację, jak i poziom energii.

Ale teraz nadszedł czas na mój projekt; idea, jak poprzednio, polegała na wymianie osocza u szczurów. O ile nam wiadomo, w Niemczech była jedyna grupa, która wykonała plazmaferezę na szczurach i obiecali nam przesłać potrzebne informacje. Jednak pomimo ciągłych zapytań nigdy tego nie zrobili. Tak więc całkowicie utknąłem, nie mając nic do roboty i niewielką lub żadną nadzieję na zrobienie tego, co chciałem zrobić. Wpadłem na pomysł: jeśli nie moglibyśmy przeprowadzić naszego eksperymentu przy użyciu niemieckiej aparatury, może moglibyśmy to zrobić ręcznie.

Plazmafereza polega w zasadzie na tym: krew jest pobierana od pacjenta i odwirowywana w celu oddzielenia części komórkowej (około połowy objętości krwi) od osocza. Upakowane komórki, głównie czerwone krwinki i płytki krwi, tworzą stałą czerwoną masę na dnie pojemnika wirówki z cienką warstwą białych krwinek nad nią (tzw. warstwa „kożuszka leukocytarnego"). Żółtawe (lub czerwonawe, jeśli masz hemolizę — rozbicie czerwonych krwinek) osocze jest następnie usuwane, a równa ilość roztworu soli z dodatkiem albuminy (w celu utrzymania osmolarności) jest następnie mieszana z warstwą komórkową i ponownie wstrzyknięta pacjentowi. Głównym celem tej procedury jest leczenie — na przykład szybkie (choć nie natychmiastowe) usuwanie substancji toksycznych z osocza krwi. Jednakże, jeśli kiedykolwiek miałbyś otrzymać osocze (często ofiarowane przez młodych ludzi za pieniądze), proces wyglądałby identycznie, za wyjątkiem ilości osocza — idealnie, w terapeutycznej wymianie osocza, prawie całe osocze zostałoby wymienione. Procedura ta (wymiana osocza) jest medycznie zatwierdzona.

Szczur ma około 30 ml krwi (stąd około 15 ml osocza). Gdybyśmy, przykładowo, mogli pobrać pięć porcji krwi, odwirować je, usunąć stare osocze i zastąpić je równymi objętościami młodego osocza, wymieszać i ponownie wstrzyknąć szczurowi, moglibyśmy uzyskać taki sam efekt, jak w przypadku normalnej automatycznej wymiany osocza wykonywanej u ludzi (z całkowitą objętością krwi — 30 ml dla szczura, 5000 ml dla człowieka). Jednak to też nie miało być wykonalne — żyły szczurów były zbyt kruche na tego rodzaju operację, więc znowu byłem w kropce. Znowu nie było nadziei na zrobienie tego, czego chciałem, więc postanowiłem zrobić coś innego.

W tym czasie był to mój trzeci dwumiesięczny pobyt w Bombaju i musiałbym naprawdę długo czekać, zanim mógłbym ubiegać się o kolejny (liczba wizyt w roku była ograniczona). Musiałem więc wymyślić coś nowego i to szybko. Mniej więcej w tym samym czasie Sagar spełnił wszystkie wymagania dotyczące doktoratu i wyjeżdżał, aby objąć stanowisko podoktoranckie w dużej firmie farmaceutycznej w USA. Musieliśmy więc znaleźć dla niego zastępcę, kogoś, kto mógłby pracować ze zwierzętami i interesował się biologią molekularną. Mieliśmy kiedyś doktorantkę, ale jej praca była słaba, a poza tym zostawiła nas dla innego, lepszego, pracodawcy (przynajmniej w jej mniemaniu).

Zamieściliśmy ogłoszenia i przeprowadziliśmy kilka rozmów, ale nikt nie wydawał się mieć umiejętności i zainteresowań, których (w tym momencie Akshay, Kavita i ja) potrzebowaliśmy. Tak było do czasu gdy pojawiła się Shraddha Khanair. Prawdę mówiąc, była dziewczyną z małego miasteczka i prawdopodobnie w domu głównie mówiła w języku marathi, więc ledwo rozumiałam jej angielski, ale jeśli się skupiłem i poprosiłam ją o powtórzenie wypowiedzi, stopniowo dowiedziałam się, że ma dobrą znajomość zagadnień biologii molekularnej i potrafi radzić sobie ze zwierzętami, więc poparłem jej kandydaturę i stała się częścią naszego zespołu. Teraz wszyscy byliśmy nierozerwalnie związani, tak jak powinno być w rodzinie, wszyscy sobie nawzajem pomagaliśmy.

Zarówno Kavita, jak i Shraddha należą do Kszatrii (kasty władców i wojowników). Shraddha jest bezpośrednim potomkiem maharadży Shivaji, który założył stan Maharasztra, w którym znajduje się Bombaj. Biznesmen Akshay to Wajśja, klasa biznesmenów (w rzeczywistości jest kimś więcej niż biznesmenem). Ja sam jestem amerykańskim Żydem.

To zabawne, nigdy nie myślałem o systemie kastowym w ten sposób, ale jeśli nikt do tego nie dąży, to nie ma konkurencji; teoretycznie życie staje się łatwiejsze dla wyższych, „szlachetnych" kast, przynajmniej tam, gdzie nikt nie stara się wznieść ponad ich „stanowisko". W tym systemie nawet ludzie ręcznie wybierający ścieki, z często zatkanych, otwartych kanałów w Bombaju wiedzieli, że to ich praca i ich los (prawdopodobnie za coś, co zrobili lub czego nie zrobili w poprzednim życiu), a to zajęcie było ich religijnym obowiązkiem. Twój los w życiu był determinowany dziedzictwem twojej rodziny, kasty w której się urodziłeś.

Amerykański Żyd nie ma kasty. Wśród bogatych Hindusów spotkałem kilku dżinistów (monoteistów, ale z bezforemnym Bogiem (a nie starcem z brodą), który jest wszędzie i pragnieniem nie skrzywdzenia żadnej żywej istoty), dyskutowaliśmy przy stole o interesach Marwari (grupa radżastańska), Gudźaratów (Akshay jest „Gugu", jak nazywa ich moja przyjaciółka Tina – podobnie jak jej były partner) lub Żydów.

Rozpoznanie różnic między narodami w kraju ze 122 językami urzędowymi (i wieloma mniejszymi dialektami) jest bardzo ważne. Należy również pamiętać, że Indie obejmują obszar wielkości 1/3 Europy i mają dwukrotnie większą populację. Odmiennymi, niezbyt chętnie akceptowanymi ludźmi są tam muzułmanie, ale to jest już wynikiem wielowiekowej inwazji Mogołów i podboju Indii. Tak więc, ci ludzie (z których niektórzy odnieśli wielkie sukcesy w Indiach i w innych miejscach) nie mają kasty (chociaż można założyć, że należą do niższej i cały czas się doskonalą), więc nie wydają się być częścią społeczeństwa i reprezentują upokorzenie z czasów starożytnych (jednak wciąż pamiętane przez wszystkich).

Dla muzułmanów Hindusi są najgorszymi bałwochwalcami, ludźmi, których muzułmanie mogliby zgodnie z prawem zabić, gdyby nie nawrócili się na al-Islam (poddanie się). Konflikty między hindusami a muzułmanami są częste i śmiertelne; oczywiście większość społeczeństwa stanowią Hindusi. Wiele innych religii i narodów zostało przyjętych przez Indie – co dziwne, Żydzi mają tam bardzo długą historię (np. rodzina Sassoonów to Żydzi wywodzący się z Indii), podobnie jak Parsowie (wyznawcy zoroastryzmu, którzy uciekli przed muzułmańskim podbojem Iranu) jak i wiele, wiele innych nacji. Po krótkiej przejażdżce poza granice miasta (nie żeby jakakolwiek droga pozwalająca na opuszczenie Bombaju była krótka) możesz wjechać na terytoria plemienne, gdzie ludzie nadal żyją jako samowystarczalni rolnicy, jak przed setkami lat.

8

Odkrycie E5

Chociaż byłam pewien, że moja procedura zadziała, mięliśmy nadal problemy, dla których nie znaleźliśmy rozwiązania. Czy było, zatem, inne podejście, które mogłoby dać mi te same efekty? Moja pierwotna myśl (wyrażona w pracach z 2013 i 2015 r.) była taka, że we krwi występują zarówno czynniki promujące starzenie jak i przeciwdziałające temu procesowi — ale które mają większe znaczenie? Podczas gdy w 2020 roku Conboyowie i in. wykazali, że samo rozcieńczenie starego osocza krwi było wystarczające, aby wywołać efekt odmłodzenia na poziomie tkanek [63], eksperymenty, takie jak te przeprowadzone przez zespół Tony'ego Wyss-Coraya, polegające na wstrzykiwanie osocza (nawet ludzkiego) myszom, również wykazały podobny efekt [60,64].

Jednakże, ponieważ te zastrzyki były zawsze znacznie mniejsze niż całkowita objętość krwi u myszy (75 µl w porównaniu do około 1500 µl, a więc pięć procent objętości krwi na wstrzyknięcie) i do czasu następnego wstrzyknięcia (podawano je co dwa tygodnie przez kilka miesięcy) wiele białek osocza podlegało wymianie, nie było takiego momentu, w którym można by powiedzieć, że przyczyną tego odmłodzenia było rozrzedzenie osocza, ponieważ jest ono cały czas produkowane przez organizm („Nie można wejść dwa razy do tej samej rzeki"). Jako, że eksperyment trwał kilka miesięcy, przyszło mi do głowy, że te odmładzające czynniki musza mieć długi okres trwałości, w przeciwnym razie ich efekty nie kumulowałyby się z czasem.

Tak więc, chociaż wciąż było dla mnie jasne, że we krwi znajdują się substancje sprzyjające starzeniu się, równie jasne było, że są tam też czynniki promujące młodość (jak zobaczymy później), skoro samo wstrzyknięcie młodego osocza do mózgów myszy wystarczyło, aby spowodować powrót plastyczności neuronalnej (wykazanej na poziomie komórkowym przez zwiększoną produkcję mRNA, specyficznego dla plastyczności neuronalnej) i pojawiły się oznaki zwiększonej pamięci i lepszego uczenia się, postulowane na podstawie analizy fragmentów hipokampu, które wykazywały zwiększone *długotrwałe wzmocnienie synaptyczne* (LTP, z ang. *Long-term potentiation*), związane z uczeniem się i pamięcią [64].

Sparowany hipokamp (część prawa i lewa) to jedno z miejsc, w których dochodzi do neurogenezy. U ludzi, drugim takim miejscem jest wyściółka (przestrzeń okołokomorowa), wypełnionych płynem mózgowo-rdzeniowym, wewnętrznych komór mózgu; Trzecim miejscem (choć być może nie u ludzi) jest opuszka węchowa, prymitywny obszar mózgu związany ze zmysłem węchu. Młoda krew zwiększyła również gęstość kolców dendrytycznych, maleńkich wypustek, które powstają przy każdym połączeniu (synapsie) z innymi neuronami. Było również jasne, że efekty te mogą być odwrócone przez czynniki obecne w starej krwi. W tym momencie wierzę, że rozumiem dlaczego tak się dzieje i wyjaśnię to później, omawiając wyniki naszych prac.

Czytałem więc tyle, ile mogłem i odkryłem, że eksperymenty, które finalnie nie wykazały odmłodzenia, choć były przeprowadzane prawie identyczne jak zabieg wstrzykiwania surowicy wykonany przez Wyss-Coraya, nauczyły mnie więcej niż te, którym się udało. Od tego czasu wiedziałem już, czego szukać i gdzie. W końcu miałem świadomość, co robić, a czego nie. Ale to było jedynie w mojej głowie; pytanie brzmiało, czy to zadziała, a czasu było coraz mniej, więc musieliśmy spróbować.

Bombaj nie jest wygodnym miastem, ruch uliczny jest okropny, a sama metropolia jest bardzo rozproszona, w związku z tym, zebranie tego, co było potrzebne, zajęło dużo czasu (a musieliśmy sprowadzać stare szczury od dystrybutora oddalonego o setki kilometrów, co oznaczało użycie transportu lotniczego). Drogi poza miastem to coś zupełnie innego niż w USA — 12 godzin zajęło nam pokonanie 300 km do Shirpur (gdzie znajduje się drugi kampus NMIMS), aby wygłosić gościnny wykład dla studentów; jednak Shirpur to wiejskie Indie, a to zupełnie inna historia.

Niemniej jednak, ostatecznie byliśmy gotowi do przeprowadzenia próby, a ja byłem gotowy do wyjazdu. Przygotowaliśmy naszą pierwszą partię E5 — i byliśmy prawie bankrutami. Akshay powiedział, że powinniśmy zwiększyć dawkę, aby przeciwdziałać pozostałym czynnikom sprzyjającym starzeniu się, a ja się zgodziłem, więc każde doświadczalne stare zwierzę otrzymało dawkę od Shraddhy (trochę pomogłem, ale głównie obserwowałem, ponieważ jest w tym bardzo dobra), która była wielokrotnością ilości E5, obecnej, jak sądziliśmy, u młodych zwierząt (oczywiście, musieliśmy poczynić wiele założeń). Po tym, jak Shraddha (która pomagała mi pod każdym względem, nawet w zamawianiu lunchu ze szkolnej stołówki, co było możliwe jedynie w języku hindi — serwowane tam południowoindyjskie jedzenie było pyszne i stosunkowo tanie) dała sześciu szczurom cztery zastrzyki wkłuwając się na mniej niż mililitr w szczurze żyły ogonowe (cztery razy, co drugi dzień), spakowałem się i rozpocząłem kolejny męczący (przynajmniej dla mnie, znam ludzi, którzy to uwielbiają) dwudziestogodzinny lot (z długim czasem oczekiwania na kolejne jego etapy).

Wróciłem do rodziny w Salt Lake City i szczerze mówiąc trochę mi ulżyło. Gdy nasz eksperyment zadziała, choćby trochę, będziemy dalej pracować nad jego udoskonaleniem, ale jeśli cała masa naszych domysłów nie była poprawna, to w ogóle nie zadziała, a ja będę mógł zostać z rodziną. Zrobiłem wszystko, co mogłem. Gdybym się mylił, nie byłbym pierwszy. Jak każdy biznesmen, Akshay będzie musiał wziąć straty na siebie (a dopiero po naszej pierwszej prawdziwej kłótni zaczynałem mu naprawdę ufać — nieufność ta była pozostałością po dawnych aktach zdrady). Nienawidziłem tej myśli, ale kiedy podejmujesz ryzyko, to musisz się liczyć z porażką. Prawdę mówiąc, nie spodziewałem się, że to zadziała, ale zrobiłem wszystko, co tylko mogłem wtedy zrobić. Tak, to było szalone — czułem się, jakbym dostał misję i zrobił, co tylko było w mojej mocy, więc cokolwiek by się nie wydarzyło, przynajmniej wiedziałem, że wykonałem swoją część jak należało.

Nie minął tydzień, zanim otrzymałem wiadomość e-mail od Kavity (Shraddha jest jej studentką) z informacją, że siła chwytu starych, podanych eksperymentowi, szczurów zmieniła się znacznie, o wiele bardziej, niż sobie to wyobrażałem. Wkrótce, poziomy mierzonych przez nas cytokin (Il-6 i TNF-alfa) zaczęły spadać do stanu młodzieńczego. Do oceny naszych wyników nie potrzeba było statystyk, chociaż Agnivesh, mąż Kavity Singh, farmakolog i niezwykle miła osoba, sporządził je dla nas. Wyniki były widoczne gołym okiem.

No cóż, przyznam się, że nie miałem już wątpliwości. Do tego czasu udało mi się otrzymać pięcioletnią wizę (z pomocą wpływowych przyjaciół Akshay'a), z nieograniczoną liczbą powrotów i wyjazdów. Znowu spakowałam walizki, pożegnałam się z cudowną i wspierającą mnie rodziną i wyruszyłam do Indii. Tym razem wydaje mi się, że to w Holandii czekałem na ostatni etap lotu, ale szczerze mówiąc, nie czułem wcale zmęczenia. Naprawdę odmłodziło mnie zabranie się za robienie czegoś wartościowego. Najwyraźniej mój ciąg nieco dziwnych domysłów okazał się słuszny. To chyba dobrze, że nie wiedziałem, że wielkie firmy farmaceutyczne wydały miliony próbując wyśledzić ekwiwalent E5 i sztuka ta im się nie udała. W każdym razie mój eksperyment był strzałem w ciemno, przeprowadzonym w oparciu o ograniczone zrozumienie tematu, ale jeśli miałem rację, to okazało się ono o wiele lepsze niż nieprawdziwe teorie prezentowane przez uznanych naukowców.

Wróciłem do Indii, ale mieszkanie, które wstępnie zarezerwowałem na serwisie Airbnb u Milana (imię mężczyzny, w hindi oznacza „spotkanie") było już zajęte, więc po poszukiwaniach trafiłem na adres w Juhu Beach, może przecznicę od oceanu (Ocean Indyjski — pływają w nim ludzie, mimo że nieoczyszczone ścieki spływają bezpośrednio do wody może milę na południe od tego miejsca).

W każdym razie gospodynią (właścicielką, z którą skontaktowałem się również przy pomocy Airbnb) była tam Tina Pandey, która powiedziała mi, że przez większość czasu będzie poza mieszkaniem, więc mam je całe dla siebie. Brzmiało to całkiem dobrze, mimo że z Tiną rozmawiało mi się ciekawie, bardzo ciekawie. W końcu wyjechała do innego miasta, gdzie miała rodzinę, więc finalnie miałam lokal do własnej dyspozycji. Gdy Tina wróciła, oboje zdaliśmy sobie sprawę, że tęskniliśmy za sobą i staliśmy się najlepszymi przyjaciółmi. Muszę przyznać, że była ona imponującą kobietą, chociaż miała znacznie mniej niż pięć stóp wzrostu (Hindusi są wysocy – ja mam 5 stóp i 9 cali wzrostu (ponad 175 cm), a w Indiach uchodzę z niskiego, przynajmniej w porównaniu do przedstawicieli wyższych kastach) i ważyła 70 kilka funtów (około 35 kg), opisanie jej naprawdę wymagałoby kolejnej książki.

Życie w Juhu sprawiło, że zacząłem ćwiczyć wraz z setkami Hindusów, którzy tłumnie spacerują po piaszczystej plaży (czasami można było tam znaleźć bardzo dziwnie wyglądające martwe ryby zjadane przez wszechobecne wrony — nie takie całkiem czarne, ale z siwymi piórami na głowie).

Przy przejściu z ulicy na plażę ustawiono szereg świątyń religijnych różnych bogów i ogromny przybytek boga „RAM" (jak po angielsku nazywany jest Pan Rama). Indie są super religijne, z dziesiątkami wyznań i większą różnorodnością ludzi i strojów, niż możesz to sobie wyobrazić. Pozostałości kwiatów użytych w piątkowej pudży (ceremonia modlitewna) znajdują się na całej plaży, ponieważ w trakcie obrzędu wyznawcy hinduizmu muszą wrzucić je do wody, do tego jest tam zawsze tłoczno – ale bieganie po plaży (w moim przypadku bardziej przypominające chodzenie) jest dobrym ćwiczeniem.

Po powrocie do laboratorium przygotowywaliśmy się do ponownego przeprowadzenia tego samego eksperymentu i znowu dużo czasu poświęciliśmy na zgromadzenie niezbędnych elementów, ale rozpoczęlismy ponowną próbę — było osiem młodych szczurów kontrolnych, osiem starych szczurów kontrolnych i osiem starych szczurów w tym samym wieku (około 20 miesięcy), które leczono E5.

Ponownie przyjęliśmy ten sam harmonogram, wykonano pomiary cytokin zapalnych i jak poprzednio, co stało się oznaką skuteczności naszego leczenia, poziomy cytokin zaczęły spadać piątego dnia od pierwszego wstrzyknięcia.

W tamtym czasie miałem jednak pomysł aby rozszerzyć obszar naszych zainteresowań; badaliśmy dodatkowo ponad trzydzieści biochemicznych, fizjologicznych i poznawczych markerów wieku (zajmowały się tym głównie Shraddha i Shivani, bardzo kompetentna technicznie młoda kobieta). Kilka z nich zostało zweryfikowanych (na podstawie poziomu ważnych substancji chemicznych w poszczególnych organach) ex vivo (po uśmierceniu zwierząt). Po trzydziestu dniach mieliśmy doskonałe powtórzenie naszych pierwszych wyników — to nie był przypadek. Wszystkie z ponad 30 biomarkerów wieku, od biochemicznych po wzrost zdolności poznawczych, wykazały znaczne obniżenie wieku biologicznego — ale żaden z nich nie był definitywnie powiązany z wiekiem, więc moim pomysłem było skontaktowanie się ze światowej sławy naukowcem, który był siłą napędową epigenetyki starzenie się, Stev'em Horvathem, człowiekiem najbardziej znanym z wynalezionego przez siebie zegara metylacji DNA, który potrafi oszacować wiek osoby na podstawie samego DNA, z dokładnością do trzech lat. Zaproponowałem, żebyśmy wspólnie pracowali nad zbudowaniem szczurzego zegara (dla szczurów Sprague Dawley), choć wtedy nie było jeszcze pewności, że taki zegar jest w ogóle wykonalny. Wymagało to wypreparowania dziesiątek zwierząt w różnym wieku, ponieważ organy musiały zostać wypreparowane, a ich DNA odseparowane i oczyszczone. Zwierzęta uśmiercano w sześciu odstępach czasu od urodzenia do starości. Naszym wyraźnym zastrzeżeniem było to, żeby Steve przeanalizował zwierzęta poddane naszej terapii (oraz te z grupy kontrolnej), aby wzbogacić nasz eksperyment o najbardziej definitywne testy wieku, będące aktualnym „złoty standardem". Ku mojemu zdziwieniu Steve się zgodził.

Szczerze mówiąc, nie miałem pojęcia, czy testy Steve'a coś wykażą — przynajmniej w momencie, kiedy wymyśliłem alternatywne (błędne) sposoby na to, w jaki sposób to widoczne odmłodzenie mogło nastąpić — ale gdyby mógł istnieć taki zegar zarówno dla szczurów jaki ludzi, to w dużym stopniu wspierałoby teorię epigenetycznego starzenia się Steve'a Horvatha. Zanim przejdę dalej, opowiem wam trochę o temacie metylacji DNA i zegarze Horvatha — czyli o współczesnych zegarach wieku biologicznego. Pozwól, że najpierw wyjaśnię, o czym mowa.

Metylacja DNA

W tym miejscu każdy ma już pewne pojęcie o tym, czym jest DNA i co robi. Poniżej znajduje się krótkie podsumowanie, podane w formie definicji dwóch kluczowych, dla tego pojęcia, słów:

1. Transkrypcja: z DNA tworzone są kopie jednoniciowego RNA, które, zawierają instrukcje jak budować cząsteczki białek (w formie „kodu genetycznego"), to one są następnie tłumaczone przez rybosom (maszynę molekularną) na nici białkowe. Te same prawa parowania zasad mają zastosowanie do RNA i DNA, różnią się one jedynie pojedynczym atomem wodoru w cząsteczkach rybozy (cukru o budowie pięciobocznego pierścienia), do których przyłączone są cztery rodzaje złożonych „zasad" zawierających azot, tworząc nukleozyd i ostatecznie trifosforan nukleozydu (trifosforan przechowuje energię potrzebną do dodania kolejnego nukleotydu do rosnącego łańcucha RNA lub DNA). Podczas gdy DNA używa tyminy jako jednej z zasad, RNA używa zamiast niej uracylu, chociaż obie te zasady mają tę samą właściwość wiązania — łączą się z adeniną, jeśli pojawia się ona na drugiej komplementarnej nici dwuniciowych polimerów kwasu nukleinowego. RNA jest zwykle jednoniciowy, podczas gdy DNA jest dwuniciowy.

Przykładowo, pojedynczą nić kwasu nukleinowego można przedstawić w następujący sposób:

pApTpCpGpApGpApApApCp… Gdzie A, T, C i G oznaczają nukleozydy oparte o poszczególne zasady: adeninę, tyminę, cytozynę i guaninę, a „p" oznacza łączące je wiązania fosforanowe — tak powstaje polimer, będący połączoną grupą podobnych związków chemicznych, głowa jednego do ogona poprzedniego (że się tak wyrażę), aby utworzyć długi łańcuch. Jednoniciowy DNA człowieka zawiera około trzech miliardów (3 000 000 000) tych połączonych razem nukleotydów, zawierają one (między innymi ważnymi rzeczami) sekwencje niezbędne do tworzenia białek; ten kod jest kopiowany do RNA i przenoszony z jądra komórki (gdzie przechowywane jest jej DNA) do cytoplazmy, w której zachodzi translacja.

Cząsteczki białka zwane „czynnikami transkrypcyjnymi" poprzez przyczepienie się do określonych miejsc na nici DNA decydują, które części bardzo długich łańcuchów DNA są transkrybowane; często kilka różnych czynników transkrypcyjnych przyłącza się do wielu regionów w pobliżu miejsca rozpoczęcia transkrypcji DNA, w tzw. regionach „promotorowych" DNA, które są niekodującymi sekwencjami regulatorowymi.

2. Translacja (tłumaczenie): niesamowite narzędzie molekularne, jakim jest rybosom, podobny pod względem struktury i działania u wszystkich organizmów od bakterii aż do nas, ludzi, „odczytuje" RNA — zwane informacyjnym RNA (mRNA), ponieważ niesie ono wiadomość, jakie białka zbuduje rybosom, dostarczając instrukcje specyficzne dla wytworzenia poszczególnych białek. MikroRNA może decydować o tym, czy łańcuch mRNA kiedykolwiek opuści jądro, aby poddać się translacji do białka, czy też zostanie zniszczony w jądrze przez makrocząsteczkowy kompleks zaprojektowany do jego krojenia.

Teraz spójrz na wzór prawdziwego krótkiego polinukleotydu, który napisałem powyżej:

pApTpCpGpApGpApApApCp…

Nawiasem mówiąc, wersja dwuniciowa to:

TpApGpCpTpCpTpTpTpCp…
pApTpCpGpApGpApApApGp…

RNA jest przeważnie jednoniciowy, ale może się układać w wiele złożonych kształtów dzięki wzajemnemu parowaniu różnych odcinków tej samej nici — część dowolnego łańcucha RNA jest komplementarna do innej części samej siebie, dzięki czemu RNA może zapętlać się i wiązać ze sobą, tworząc potencjalną nieskończoność postaci. Jak mówią biolodzy, forma podąża za funkcją (i vice versa), a więc te złożone cząsteczki mogą zrobić coś więcej niż tylko przenosić informacje, jak konformacyjnie statyczny DNA.

Cząsteczki RNA mogą działać samodzielnie, podobnie jak białka. Gdybyśmy pozbawili rybosomy wszystkich z około 80 białek (u ssaków) i pozostawili jedynie trzy misternie złożone, długie cząsteczki RNA, które tworzą serce rybosomu, mogłyby one nadal składać peptydy z mRNA (przy założeniu, że miałyby wszystkie, niezbędne, surowce). Odkryto łańcuchy RNA, które ulegają procesowi autokatalitycznego (bez udziału białek) splicingu (wycinania) intronów (zaobserwowano je pierwszy raz u orzęska *Tetrahymena thermophila*). Tego typu cząsteczki są istotnym składnikiem telomerazy, ponieważ gen TERC koduje RNA, który jest matrycą używaną przez odwrotną transkryptazę telomerazy do wydłużania telomerów.

Ponadto, jeśli chciałbyś częściowo rozdzielić tę sekwencję DNA enzymami zwanymi „egzonukleazami”, które rozrywają wiązania fosforanowe trzymające łańcuch razem, otrzymasz Ap, Tp, Cp, Gp i może kilka dinukleotydów, takich jak ApC lub GpT oraz dłuższe łańcuchy również, prawda? Biorąc pod uwagę, że wszystkie te cztery rodzaje nukleotydów są obecne w znanych proporcjach, można by pomyśleć, że dimer ApT powinien pojawiać się przez czysty przypadek tak samo często, jak TpA, i miałbyś rację ale gdybyś pomyślał, że CpG powinien pojawić się równie często jako GpC to byś się już pomylił.

Statystycznie rzecz biorąc, dinukleotyd CpG jest znacznie rzadszy niż powinien, najwyraźniej dlatego, że pełni specjalną funkcję. Chociaż miejsca występowania CpG są rozproszone w całym genomie (całość genów organizmu), są one szczególnie skoncentrowane w regionach kontrolnych ważnych zestawów genów; te regiony bogate w CpG nazywane są „wyspami CpG”. Są to po prostu odcinki około 1000 nukleotydów, w których stosunek CpG do GpC jest wyższy niż 0,6 — ale prawdziwe znaczenie tych wysp polega na tym, że leżą one na promotorach genów, a zawarta w nich informacja jest odczytywana na pierwszym etapie procesu „transkrypcji” (mRNA). Aby wyrazić się jaśniej, możemy stwierdzić, że sekwencje CpG są zlokalizowane przede wszystkim w kontrolujących regionach DNA. Możliwe jest również dodanie bardzo prostej chemicznej „grupy” (układu połączonych ze sobą atomów) — z centralny atom węgla i trzema atomami wodoru współdzielącymi elektrony wokół niego i wystającym wolnym wiązaniem. Nazywamy ją grupą metylową (rysunek 20).

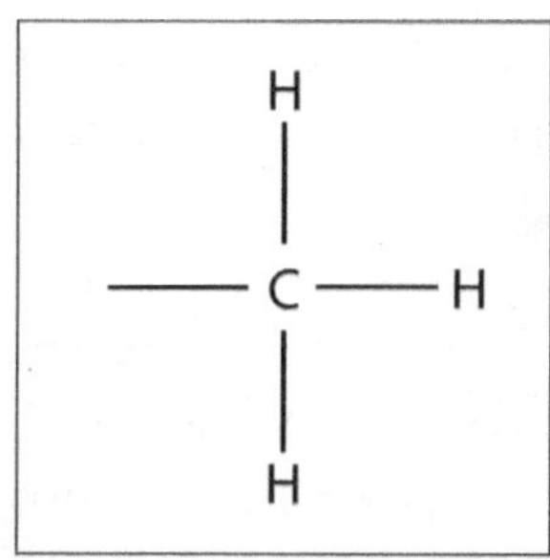

Rysunek 20: Grupa metylowa.

Istnieją specjalne enzymy, które przyłączają grupy metylowe do reszt cysteinowych (C) grup CpG i często, gdy grupa CpG w tych kontrolujących geny wyspach CpG jest metylowana (ma grupę metylową lub hipermetylowana, jeśli jest na niej kilka grup metylowych), wiąże się to ze zmianą w produkcji genu, zwykle z wyciszeniem jego ekspresji. Tak więc metylowanie grupy CpG negatywnie wpływa na transkrypcję genu, który jest przez nią „promowany".

Interesujące jest to, że niektóre geny podlegają regulacji w dół wraz z wiekiem, a część jest regulowana w górę wraz z starzeniem się organizmu (zwłaszcza te odpowiedzialne za stany zapalne). Zazwyczaj wyspy CpG z czasem ulegają hipermetylacji, a zmetylowane regiony poza tymi „wyspami" stają się mniej zmetylowane (hipometylowane). Niektóre geny zmieniają swój poziom metylacji w czasie w sposób, który ujawnia wiek organizmu, a wielu nawet uważa (w miarę odkrywania kolejnych dowodów), że te wzorce metylacji tworzą fenotyp wieku organizmu.

Stosując techniki sekwencjonowania DNA, które potrafią odróżnić „C" od „metylowanego C" oraz techniki statystyczne wraz ze sztuczną inteligencją, mogącą wykrywać wzorce w ilościach danych, które są zbyt duże, aby nasze ograniczone mózgi mogły je pomieścić (nie mówiąc o tym abyśmy, byli w stanie ocenić powiązania między wszystkimi tymi danymi), dr Horvath (ludzie mówią do niego Steve, powiedziałbym, że jest powszechnie lubiany) wyznaczył ograniczoną liczbę miejsc CpG w DNA, a procent tych miejsc, gdzie nastąpiła metylacja, stanowił główne dane wejściowymi dla AI. Następnie, odpowiednio skomplikowany algorytm, porównał ten odsetek z wieloma grupami wiekowymi i wzorcami wiekowymi metylacji DNA (DNAm) zdefiniowanymi w poszczególnych organach.

Steve wierzy, podobnie jak ja, że starzenie się jest zjawiskiem epigenetycznym; tak jak epigenom determinuje różnicowanie się komórek, tak zróżnicowany stan komórki jest determinowany kilkoma czynnikami epigenetycznymi. Pozwolę sobie to wyjaśnić: zjawiska epigenetyczne kontrolują ekspresję genów, a nawet formę produktów genów (zwykle, ale nie zawsze białek) bez zmiany sekwencji nukleotydów składających się na genomowy (i mitochondrialny) DNA. Każda komórka w naszym ciele ma dokładnie ten sam zestaw instrukcji, ale niektóre stają się komórkami wątroby, a inne neuronami. Zakładamy, że zmiany związane ze starzeniem się komórek, takie jak te, które powodują różnicowanie komórek, są kontrolowane metodami epigenetycznymi. Pozostaje otwarte pytanie, czy zmiany w metylacji DNA są przyczyną starzenia się, czy tylko kolejnym wskazaniem „zegara starzenia", skumulowanym wynikiem uszkodzeń oksydacyjnych, agregacji białek, ścierania się telomerów i ogólnie metabolizmu. Ponieważ powszechnie wiadomo, że w jądrze znajdują się enzymy metaboliczne (niektóre pełnią rolę zarówno enzymów, jak i czynników transkrypcyjnych — są to te same cząsteczki lub kompleksy molekularne pełniące kilka, jak się wydaje, często ze sobą niezwiązanych funkcji).

Podczas rozwoju, jak to się zwykle pojmuje, od zygoty (zapłodnionego jaja) do dorosłego, istnieje szereg nazwanych etapów życia, np. embrion, płód, noworodek, niemowlę, małe dziecko, dziecko w wieku szkolnym, prawie-nastolatek, nastolatek i dorosły, a dla biologów, przynajmniej tych zajmujący się starzeniem, czyli końcem rozwoju — cała reszta życia prowadzi do degradacji organizmu. Jednakże w świecie nauk społecznych istnieją etapy rozwoju po osiągnięciu dorosłości, każdy z własnymi celami i cechami. W naukach społecznych, niezwiązanych z biologią, uczeni rozumieją, że te etapy życia po osiągnięciu dorosłości przebiegają zgodnie ze stereotypowym postępem, trwającym jeszcze przez pewien okres — zaś późniejsze etapy życia to już te, w których współczynniki ryzyka wzrastają, co ostatecznie prowadzi do starzenia się, choroby i śmierci. Steve Horvath wykazał, zarówno u ludzi, jak i szczurów (a ostatnio u wszystkich ssaków [65]), że starzenie się można śledzić za pomocą tego samego zegara. Wprowadź do algorytmu Horvatha, w jakim stopniu homologiczne miejsca CpG są metylowane, a będziesz wiedział, że masz albo półtoraroczną mysz, albo 36-letniego człowieka.

To, co z tego wynika, jest bardzo podobne do podstawy teorii Neilla, z góry określone przejście przez, wstępnie ustalone fazy rozwojowe, prowadzi do śmierci. Zegar Horvatha rozpoznaje te etapy rozwoju (charakteryzują się one zmianami w metylacji DNA), ponieważ mysz w średnim wieku i człowiek w średnim wieku mają te same wzorce. Oczywistym jest, że długość życia jest cechą gatunku, która zależy od kilku czynników, ale głównie od ekologicznej roli gatunku i jego potrzeby przetrwania w naturze jako całości, a ten aspekt, jak twierdzi Robert Ricklefs, jest w dużej mierze kontrolowany przez drapieżniki. Mówi on również, o stałej relacji między okresami niedojrzałości i dojrzałości płciowej u wszystkich kręgowców lądowych (stosunek ten jest specyficzny dla każdej z gromad [ptaki, gady, ssaki, płazy]) i przyznaje, że długość rozwoju przed osiągnieciem dojrzałości jest związana z drapieżnictwem, identycznie jak czas życia osobników dojrzałych, ale przyznaje, że nie wie, jak działa ta relacja.

Ponadto, naszą podstawową ideą jest zegar oparty na zachodzących codziennie okresowych zmianach w komórkowym potencjale redoks, oraz fakcie, że cytozol komórek staje się znacznie bardziej utleniany wraz z wiekiem (czy raczej na późniejszych etapach życia). Może to jest molekularna podstawa tego, że niektóre enzymy mogą działać w młodości i być nieobecne lub działać inaczej w starszym wieku („kod redoks"), gdy w komórce zajdą zmiany redoks? Ale jak mówią, „wszystko wychodzi w praniu".

Wróćmy do E5

Wszyscy byliśmy bardzo podekscytowani naszymi wynikami po pierwszym miesiącu — wykazaliśmy, że rezultaty pierwszego eksperymentu nie były przypadkowe. Nie można nam się dziwić, u wszystkich ośmiu szczurów, które poddaliśmy terapii, wykazywała ona 100% skuteczności; nie było mowy, że to był fuks i po około 90 dniach (gdy nastąpił wzrost poziomu cytokin zapalnych do około połowy poziomu występującego u starych osobników) zamierzaliśmy uśmiercić nasze zwierzęta, aby ocenić ich organy pod kątem poziomów różnych biomarkerów związanych ze starzeniem się (które opiszę później), kiedy pomyślałem sobie - „Nie!". Z myślą o przyszłych publikacjach (i możliwości pozyskania inwestorów), powiedziałem: „poświęćmy po dwa szczury z każdej z trzech grup (kontrolnych — młodych i starych osobników — i eksperymentalnej) ośmiu zwierząt, a pozostałym sześciu szczurom doświadczalnym kontynuujmy jeszcze podawanie E5 (kolejne cztery wstrzyknięcia w żyłę ogonową), aby zobaczyć, co się stanie". Moją wielką obawą było to, że gdy ciało zostanie oszukane, by uwierzyło, że jest młode, może rozwinąć „obronę” (swego rodzaju mechanizm samobójczy) przeciwko E5. Jednak nie stwierdziliśmy, aby coś takiego miało miejsce; w rzeczywistości stało się odwrotnie, co zaraz opiszę.

Cóż, mieliśmy to, czego chcieliśmy, ponad 30 różnych biomarkerów dowiodło, że znacznie obniżyliśmy wiek starych szczurów. Czego chcieć więcej? Zostawiłem przyjaciół w Bombaju, rodzinę Nugenics Research i moją przyjaciółkę Tinę (która przywiozła mnie na lotnisko — nie była już moją gospodynią, stała się moją bratnia duszą). Wróciłem do Stanów Zjednoczonych, aby nadal wieść spokojne życie, mając nadzieję, że Akshay będzie w stanie zdobyć wystarczającą ilość pieniędzy, żebyśmy mogli potwierdzić nasze odkrycie przy pomocy zewnętrznych ekspertów i rozszerzyć eksperymenty nad E5, wprowadzić go na rynek i... Bądźmy szczerzy: zmienić świat.

Jednak najbardziej ekscytująca wiadomość była zupełnie nieoczekiwana. Otrzymaliśmy e-mail od Steve'a Horvatha, w którym dowiedzieliśmy się, że nasz eksperyment zadziałał i to nieprawdopodobnie dobrze — odmłodzenie wskazywane przez wszystkie nasze dane fizjologiczne i biochemiczne, zdające się wskazywać, że nasze stare szczury zredukowały o połowę swój wiek biologiczny w stosunku do ich wieku chronologicznego, zostało potwierdzone przez nowy, opracowany specjalnie dla szczurów, zegar Steve'a Horvatha. Ich wiek DNAm był w rzeczywistości nawet mniejszy niż połowa ich wieku chronologicznego.

Rok 2020 był prawdopodobnie najgorszym rokiem dla wielu przedsięwzięć, a Akshay prowadził wtedy ponad pięć biznesów, płacąc za to wszystko i spotykając się z nami tak często, jak pozwalał na to jego harmonogram (byliśmy wyraźnie jego faworytami). To człowiek kompetentny i inteligentny (a także „oszczędny” — przyznam się do tego samego), ale też hojny. Jesteśmy teraz zarejestrowani pod nazwą Yuvan Research, produkując E5 do walidacji przez zewnętrzne laboratorium (Contract Research Lab — CRL) i innych naukowców, w tym grupy Steve'a Horvatha i Grega Fahy'ego.

Prezentacja i omówienie wyników

Część (większość) z tych wyników została zawarta w naszym preprincie umieszczonym na serwisie bioRxiv [1], jednak kompletny artykuł nie został jeszcze opublikowany, ponieważ nie chcemy tego robić w drugorzędnych czasopismach. Oczywiste jest, że najlepsze czasopisma nie mogą publikować naszej pracy, dopóki nie ujawnimy, czym tak naprawdę jest E5. To całkowicie słuszne; eksperymenty naukowe muszą być powtarzalne, aby potwierdzić wyniki, a bez dostępu do E5 nie ma możliwości ich zweryfikowania. Nie oznacza to jednak, że możemy sobie tak wszystko zmyślać. Serwis bioRxiv przejrzał wszystkie nasze podstawowe dane i uznał je za jak najbardziej „rzetelne i wiarygodne", z czym się całkowicie zgadzamy.

Jak przystało na dobrą pracę naukową, większość z umieszczonych poniższych szczegółów może się wam wydać nudna, jednak skoro przemawiają one za obietnicą przynajmniej drugiego życia, warto się im bliżej przyjrzeć. Przedstawię więc teraz nasze dane i opowiem o tym, co to wszystko oznacza. Naprawdę, każdy z tych wykresów niesie ze sobą pewną historię; niektóre już pewnie znasz, innych może nie (chyba że jesteś także entuzjastą nauk o starzeniu się — czyli zmian zachodzących w organizmie po osiągnięciu dorosłości). Mimo wszystko są to najbardziej ekscytujące wyniki, jakie ktokolwiek do tej pory widział.

Kryterium #1

Parametrem, od którego zacznę, jest pierwsza wskazówka, że opracowany przez nas preparat, który nazywamy E5, zadziałał.

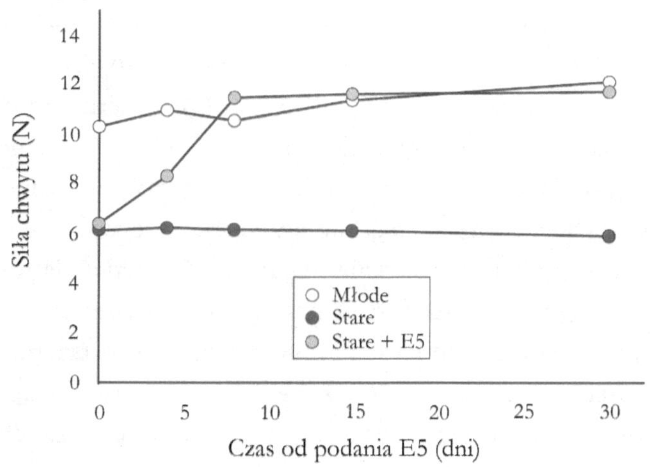

Rysunek 21: Zmienność siły chwytu w trakcie terapii za pomocą E5.

Wyniki pokazane na rysunku 21 pochodzą z naszego pierwszego eksperymentu, który, jak sądziłem, miał niewielkie szanse powodzenia, na szczęście się myliłem. Jak widać, siła chwytu młodych trzymiesięcznych gryzoni pozostała wysoka („N" oznacza Newtony, jednostkę siły, równą około jednej czwartej funta), a nawet nieco wzrosła wraz z wiekiem (białe koła). Starsze szczury (nieleczone) wykazywały nieznaczny, ale stały spadek siły nawet w przedziale 30 dni (co, zapamiętajmy, stanowi dla nich odpowiednik 2 ½ „ludzkich lat").

Ale oczywiście, najbardziej ekscytującą część stanowią jasnoszare kręgi oznaczające stare zwierzęta podane terapii E5. Osobniki z naszej starej grupy kontrolnej (ciemnoszare kółka) były w tym samym wieku i tej samej płci (samce) co grupa, którą leczyliśmy (grupa eksperymentalna). Zwierzęta z grupy eksperymentalnej (jasnoszare kółka) były równie słabe, na początku eksperymentu, w dniu pierwszego wstrzyknięcia E5 (w dniu zerowym - młode kontrolne osobniki miały trzy miesiące), ale pięć dni po wstrzyknięciu grupa eksperymentalna wykazywała już siłę plasującą się w połowie między naszymi młodymi i starymi osobnikami kontrolami. Dziesiątego dnia (dni są oznaczone na osi poziomej) faktycznie uzyskały wynik pomiaru siły przewyższający grupę młodych osobników. Pod koniec pierwszych 30 dni (a właściwie 31) poświęciliśmy szczury (azot, łatwa śmierć; prawie umarłem w ten sposób, więc znam to z własnego doświadczenia). Ich narządy zostały wysłane do niezależnych komercyjnych laboratoriów specjalizujących się w analizach z zakresu patologii i fotomikroskopii, gdzie zostały zbadane pod kątem poziomu różnych biochemicznych markerów wieku.

Co oznacza siła chwytu i jak ją zmierzyć? Urządzenie do pomiaru siły chwytu ma na jednym końcu miernik z przymocowanym do niego prętem; kiedy ten pręt jest ciągnięty, przyrząd mierzy siłę tego pociągnięcia. Na drugim końcu wystającego pręta znajduje się szereg szczebli, za które szczur może się chwycić (jak pokazano na rysunku 22). Jeden laborant trzyma szczura (duże ważą więcej niż funt – prawie pół kilograma) za ogon i pozwala mu chwycić pręty miernika siły chwytu, a następnie trzymający szczura student (lub inna osoba — w tym przypadku byłem to ja) ciągnie za ogon szczura, dopóki ten nie zostanie zmuszony do puszczenia szzcebli i rozpoczęcia spadania (test ten jest wykonywany w pewnej, niewielkiej, odległości od podłoża, gdyż szczury instynktownie boją się upadku z wysokości), podczas gdy miernik siły chwytu wyświetla i rejestruje maksymalne napięcie.

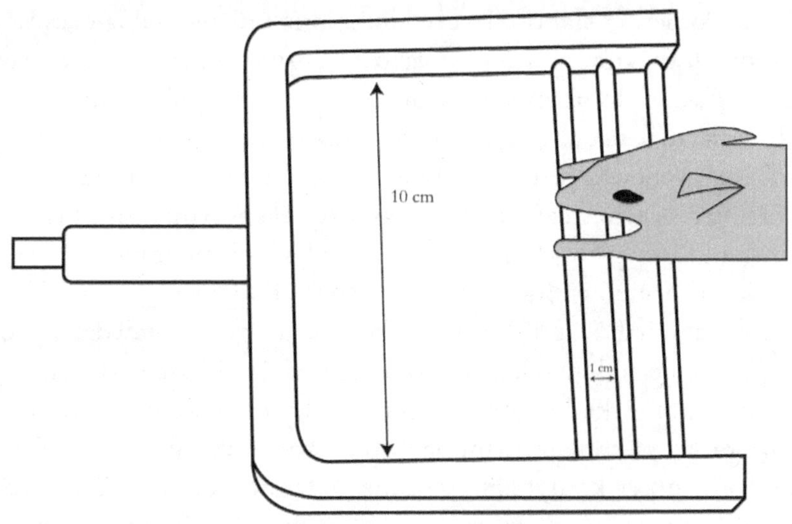

Rysunek 22: Ilustracja aparatu do pomiaru siły chwytu.

Nie powtórzyliśmy tego w następnym zestawie eksperymentów, ponieważ pomyślałem, podobnie jak Shraddha, że jest tam zbyt dużo czynnika ludzkiego, a co ważniejsze, osoba, która pożyczyła nam miernik, potrzebowała go z powrotem, a dla nas w tamtym okresie był to za duży wydatek, aby kupić własny aparat.

Jakie są zatem implikacje tego testu?

Z mojego punktu widzenia wygląda na to że: zmiana siły nastąpiła niewątpliwie przed jakimkolwiek podziałem komórek, więc przynajmniej część zmian w sile zwierzęcia zachodzących wraz z wiekiem nie jest spowodowana utratą masy mięśniowej (ponieważ komórki satelitarne mięśni, które zastępują uszkodzone włókna, nie odpowiadają na sygnalizację — sygnalizację Notch, zgodnie z artykułem Conboyów i wsp. [66] — lub robią to, wytwarzając niekurczliwe włókna, a nie w pełni użyteczne mięśnie). Masa mięśniowa zmniejsza się wraz z wiekiem, jednak my nie zaobserwowaliśmy przyrostu masy mięśniowej, ponieważ nie ważyliśmy poszczególnych mięśni; mimo to wykazaliśmy, że nastąpił wzrost siły mięśniowej, w momencie gdy stare zwierzę otrzymało młodzieńcze środowisko wewnętrzne, które przywróciło starym mięśniom fenotyp młodszego wieku.

Nie wiem, czy szczury „nabierają masy", żeby zaimponować innym szczurom? Podejrzewam, że nie (pracowaliśmy głównie z samcami) i nie wiemy, czy zaszła u nich miogeneza (tworzenie nowej tkanki mięśniowej), ale wydaje się, że zaistniała reakcja na poziomie komórkowym, która wzmacniala mięśnie. Ponieważ słabość jest nieuniknioną i nieuleczalną częścią procesu starzenia, uważamy, że E5 jest ważnym rozwiązaniem tego, wydawałoby się, niemożliwego do przezwyciężenia problemu. Kupiliśmy już nowe mierniki siły chwytu i nadal pracujemy ze szczurami w naszych laboratoriach w Bombaju, ponieważ jest wiele pytań, na które chcemy uzyskać odpowiedzi (a szczury są wdzięcznymi obiektami do eksperymentów, przynajmniej w porównaniu do psów, których użyciu w badaniach sprzeciwia się liczne środowisko obrońców praw tych zwierząt). Poddajemy również szczury „wiecznej" terapii E5, jeśli będą żyły aż tak długo, i sprawdzamy, czy siła chwytu pozostaje stała u tak leczonych osobników. Może będziemy w stanie doprowadzić komórki do fenotypu wieku, jaki miały we wczesnych stadiach życia, być może pozwalając nam na odbudowę całych narządów. Wierzymy, że odkryliśmy nowy kontynent i właśnie widzimy jego najwyższy szczyt; Jestem przekonany, że to, co kryje się niżej, oferuje możliwości, które obecnie wykraczają poza nasze wyobrażenia.

Ciągłe, trwające całe życie osobników (niezależnie od tego, jak długo by to trwało) podawanie E5 to eksperyment hojnie finansowany przez Didiera Cournelle [67], którego interesuje przedłużenie życia. Postawione przez niego pytanie brzmi: jak długo możemy przedłużyć życie szczura? Zakłada on, że nie możemy przekroczyć maksymalnego czasu życia (około czterech lat) o 50% — jestem całkiem pewien, że to jedyny zakład, który szczerze pragnąłby przegrać. Planujemy również eksperymenty z naczelnymi innymi niż człowiek — małpami — przybliżą one nas do wykorzystania E5 u ludzi, a użycie E5 na psach, poza oczywistą walidacją, pokaże, jak możemy odmłodzić naszych wiekowych czworonożnych towarzyszy. Czyż nie byłoby to wspaniałe?

Kryterium #2

Dwa wykresy widoczne na rysunku 23 przedstawiają stężenie dwóch ważnych cytokin zapalnych (tych wewnętrznie wytwarzanych chemikaliów sygnałowych, odpowiedzialnych za przewlekłe zapalenie związane ze starzeniem się zwierząt od ryb aż po człowieka) w trakcie eksperymentu z dwoma cyklami leczenia, o którym wspomniałem wcześniej (nasz drugi zestaw eksperymentów). Ponownie, ciemnoszary (pierwszy słupek w każdym zestawie trzech) reprezentuje starą grupę kontrolną, jasnoszary słupek (środkowy) grupę eksperymentalną, a biały, nasze młode grupy kontrolne (chociaż w wieku ośmiu miesięcy nie są już one takie młode). Strzałka skierowana w dół nad 95 dniem eksperymentu (właściwie 96 dniem) pokazuje, kiedy podano pierwszy zastrzyk drugiej terapii (pierwszy z czterech zastrzyków, każdy wykonywany co drugi dzień — czyli cały cykl trwał około tygodnia).

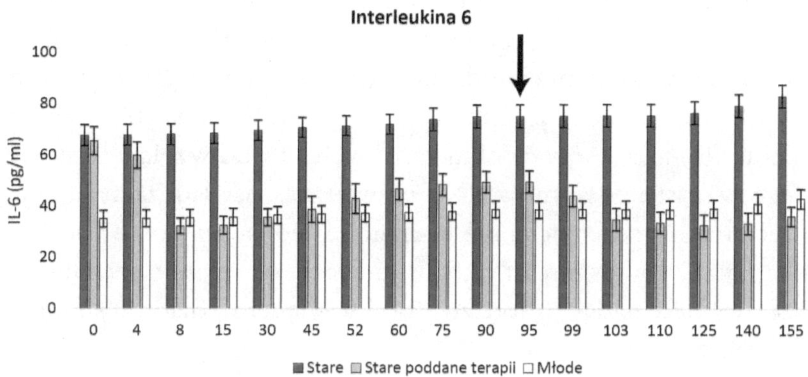

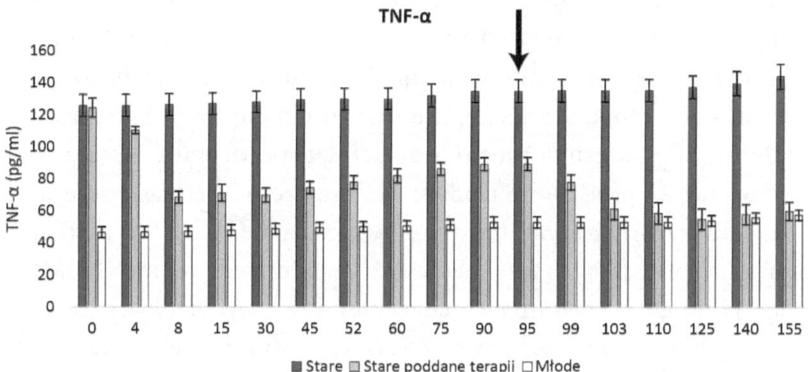

Rysunek 23: Zmiana stężenia IL-6 i TNF-alfa w grupach leczonych i kontrolnych. Na podstawie danych uzyskanych przez Steve'a Horvatha i in. [1], CC BY-ND 4.0 https://creativecommons.org/licenses/by-nd/4.0/.

Teraz przyjrzyjmy się bliżej. Zwróć uwagę, że górny wykres pokazuje poziomy cytokiny zapalnej Il-6, we krwi, a wykres dolny poziomy cytokiny zapalnej TNF-alfa (czynnik martwicy guza alfa). Ponieważ ich poziomy różnią się podobnie, spójrzmy na TNF (słowo „alfa" może być teraz uznane za „politycznie niepoprawna"). Zgodnie z oczekiwaniami, stężenie TNF we krwi zaczyna się tak samo zarówno w starych grupach kontrolnych, jak i osobników eksperymentalnych (w tym samym wieku), przy czym poziomy u obu są około trzy razy wyższe niż w młodych grupach kontrolnych. Jednak nawet cztery dni po pierwszym wstrzyknięciu E5, poziomy TNF spadły o 15% do 20% (u wszystkich zwierząt poddanych terapii). W ósmym dniu poziom tego czynnika osiągnął swój nadir (najniżej położony punkt sfery niebieskiej, przeciwieństwo zenitu) i zaczął się powoli podnosić. Do 95 dnia, czyli dnia rozpoczęcia drugiego cyklu leczenia, poziomy TNF w grupie eksperymentalnej wzrosły prawie do połowy między młodymi a starymi grupami. Widzimy, że chociaż starzenie się wydawało się szybko odwracać (w odniesieniu do poziomów cytokin zapalnych), a pod względem stosunkowo szybkiego wzrostu poziomów TNF u zwierząt doświadczalnych, wydawało się nawet przebiegać szybciej niż normalnie, jednak na koniec okresu, który dla ludzi wynosiłby osiem lat (2,5 lat ludzkich na miesiąc szczura), leczone stare szczury były nadal „młodsze" (pod względem poziomu stanu zapalnego) niż zwierzęta nieleczone.

Popatrzmy teraz na prawo od tej szarej strzałki w dół wskazującej początek identycznego drugiego cyklu leczenia E5. Widzimy tutaj, że poziomy TNF spadają do najniższego punktu zaledwie cztery dni po pierwszym wstrzyknięciu drugiego etapu i spadają do punktów niższych niż u młodych osobników kontrolnych, a następnie utrzymują się na tym poziomie nawet przez 60 dni (odpowiednik pięciu ludzkich lat) po drugim zabiegu z użyciem E5. Wydaje się, że po drugim podaniu E5 starzenie się postępuje w normalnym lub nawet obniżonym tempie. Pandemia COVID-19 zatrzymała ten eksperyment (ponieważ nasza placówka na Uniwersytecie NMIMS została zamknięta), ale jak wspomniano wcześniej, już rozpoczęliśmy nowy i, miejmy nadzieję, będzie on bardzo poszerzony (o kolejne cykle podawania E5).

Podobnie sytuacja wygląda w powyższym wykresie dotyczącym Il-6. Ponownie, potrzeba czterech dni, aby zobaczyć spadek jego poziomu we krwi, ale około ósmego dnia stężenie Il-6 jest teraz poniżej (nieco) wartości notowanej u młodych osobników z grupy kontrolnej! Po drugim zabiegu poziomy Il-6 (za które odpowiedzialny jest znany czynnik transkrypcyjny NF-kB) ponownie spadły. NF-kB jest wywoływany przez wysoki poziom ROS, a wiązanie NF-kB z DNA jest odpowiedzialne za wiele szkód wywoływanych przez starzejące się komórki, w tym produkcję cytokin zapalnych, a dalszy stres oksydacyjny sprawia, że komórki „opętane" przez NF-kB stają się odporne na komórkowe samobójstwo (apoptoza — mechanizm pozbycia się komórek, które „ulegają zepsuciu"). Widzimy, że poziomy Il-6 u leczonych szczurów są niższe od tych u młodych zwierząt kontrolnych (które rozpoczęły eksperyment w wieku trzech miesięcy i miały osiem miesięcy pod jego koniec) i nie wydają się przekraczać ich nawet 60 dni po pierwszym zastrzyku drugiego zabiegu.

Należy również zauważyć, że zarówno w młodych, jak i starych grup kontrolach, wraz z wiekiem obserwuje się stały wzrost poziomu zarówno Il-6, jak i TNF.

Jakie to ma znaczenie? Po pierwsze, teoretyczne: wiemy, że wszystkie kręgowce (przynajmniej lądowe) wykazują coraz wyższy poziom stanów zapalnych w miarę starzenia się, i podano na to wiele wyjaśnień, w tym niewyleczone do końca infekcje i wirusy ukryte w genomie, które uwalniają się od DNA gospodarza; jednak z dowodami, które już mamy, możemy definitywnie stwierdzić, że przewlekłe stany zapalne związane ze starzeniem się (*inflammaging*) są spowodowane brakiem E5! Nasze wyniki pokazują naturalny wzrost ilości tych cytokin wraz z wiekiem, a zresetowanie wieku zwierzęcia przywraca młodzieńczy poziom markerów stanu zapalnego.

Praktycznie rzecz biorąc, uważa się, że przewlekłe zapalenie jest przyczyną wielu chorób, w tym raka, chorób serca i demencji. Eliminując przewlekłe stany zapalne, związane ze starzeniem się, powinniśmy zauważyć wyraźny spadek pojawiania się wielu związanych z nimi „chorób starczych". Wzrost siły chwytu to doskonały znak, że E5 może wyeliminować słabość organizmu. Ale czy to oznacza początek nowego modelu starzenia? Jaki jest powód tego procesu? Być może zmiany związane z wiekiem nie mają innej przyczyny niż sam wiek. Tak naprawdę mówi nam o tym formuła Stroustrupa $r(t) = t/\lambda$, nie ma innej przyczyny śmiertelności starczej niż osiągnięcie przez organizm jego późniejszych etapów życia — wszystko inne następuje po tym.

Kryterium #3

Teraz przyjrzyjmy się kilku innym biomarkerom przedstawionym na rysunku 24.

Oto, co oznaczają wszystkie informacje na rysunku 24; grupa eksperymentalna (stare szczury, którym podawano E5 — każdy punkt to średnia uzyskana dla sześciu szczurów) zaczyna się na tym samym poziomie co stare szczury kontrolne, a kończy, po 155 dniach, na wartościach prawie dokładnie takich jak w młodej populacji.

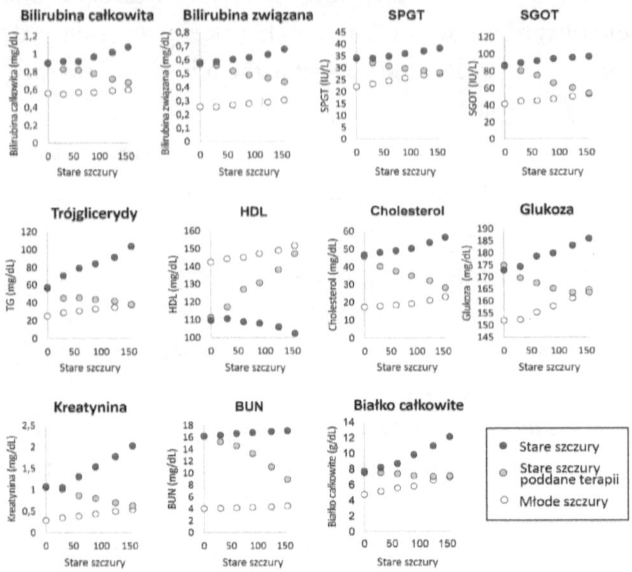

Rysunek 24: Górny rząd: czynność wątroby — SGPT to enzym, który jest uwalniany do krwi, gdy uszkodzona jest wątroba lub serce, a SGOT to enzym wątrobowy, który przenika do krwi z uszkodzeniem komórek wątroby. Rząd środkowy: trójglicerydy to normalne kwasy tłuszczowe przyłączone do gliceryny, uważa się, że korelują z chorobami serca. HDL (lipoproteiny o dużej gęstości), „dobry cholesterol" to cząsteczki, które usuwają cholesterol z komórek, podczas gdy cholesterol odnosi się do całości i jest negatywnym korelatem zdrowia serca. Dolny rząd: czynność nerek — kreatynina powinna być wydalana przez nerki; jeśli nie, gromadzi się we krwi. BUN oznacza azot mocznikowy we krwi — podobnie jak kreatynina, powinien być wydalany przez nerki; jeśli nie, można go wykryć, badając jego obecność we krwi. Na podstawie Steve'a Horvatha i in. [1], CC BY-ND 4.0 https://creativecommons.org/licenses/bynd/4.0/.

Na wykresach na rysunku 24 nie ma potrzeby zastanawiać się, jak „połączyć kropki"; oczywiste jest, jaką trajektorią podąża każda grupa. Tutaj ponownie jest ten sam zestaw kolorów: ciemnoszary (stary), jasnoszary (stary leczony) i biały (młody). I są to te same testy, które można wykonać u każdego starzejącego się człowieka, sprawdzające funkcję wątroby, lipidy we krwi (tłuszcze) i glukozę, a także funkcjonowanie nerek. Poziomy wszystkich klinicznych detektorów nieprawidłowości w starzejących się narządach wykazały, że u leczonych zwierząt zniknęły wszelkie oznaki potencjalnego uszkodzenia wątroby, nerek i serca. Czemu? Ponieważ twój wiek, twoje przejście przez poszczególne etapy życia, determinuje śmiertelność ze wszystkich przyczyn. Natura chce cię dopaść — nic osobistego, po prostu odbiera to, co no niej należy. Jednak ja jej tego nie kradnę — E5 to dar natury.

Pamiętasz, kiedy mogłeś jeść cokolwiek bez przybierania na wadze lub martwienia się o skutki dla zdrowia? Tak było kiedyś, ale może znów tak będzie. To jedynie potwierdzenie twierdzenia sformułowanego powyżej: jedynym wyznacznikiem destrukcyjnych lub dysfunkcyjnych zmian we wspomnianych organach i tkankach jest wiek, a dokładniej wiek „biologiczny", który wydaje się oznaczać, ile przydzielonych ci etapów życia masz za sobą. A co decyduje o tym w jakim tempie przez nie przechodzisz? Oczywiście, środowisko wprowadza tą różnicę, a „środowisko" (zarówno wewnętrzne, jak i zewnętrzne) łączy się z genetyką poprzez epigenetykę. Te dysfunkcyjne zmiany, takie jak wzrost cholesterolu LDL lub spadek cholesterolu HDL, są nie tyle wynikiem diety i siedzącego trybu życia, co fenotypów opisujących późniejsze etapy życia — obejmujących choroby związane ze starzeniem się.

Kryterium #4 – Pora na przejście labiryntu Barnesa (opóźnienie)

Cztery panele na rysunku 25 mogą nie wyglądać zbyt interesująco, ale każdy punkt (ten sam kod koloru) reprezentuje średni czas potrzebny sześciu szczurom, z każdej grupy, na pokonanie labiryntu Barnesa (stół z okrągłymi otworami wyciętymi wzdłuż jego obwodu, jeden z ukrytą torbą, do której szczur może uciec). Termin „opóźnienie" odnosi się do czasu potrzebnego szczurowi na znalezienie właściwej dziury. Wybiera się jeden otwór, umieszcza się w nim woreczek, a następnie umieszcza się znaczniki wzdłuż stołu i ścian otaczających pomieszczenie, aby zapewnić ślady prowadzące do celu. Szczur jest trenowany przez dziewięć dni, a następnie testowany także przez dziewięć dni. Szczur umieszczony na środku stołu z labiryntem Barnesa chce wydostać się z odsłoniętej pozycji, więc naturalnie szuka woreczka, w którym mógłby się schować. Dla każdego nowego testu wybierany jest inny otwór na woreczek i umieszczane są różne znaczniki na stole i ścianach.

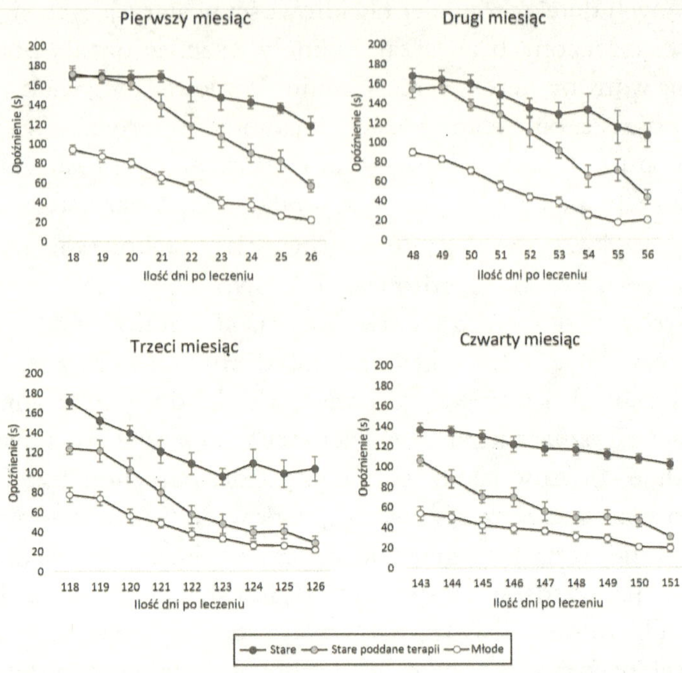

Rysunek 25: Wyniki opóźnienia. Na podstawie Steve'a Horvatha i in. [1], CC BY-ND 4.0 https://creativecommons. org/licenses/by-nd/4.0/.

Widzimy w dniu 18 po pierwszym zastrzyku pierwszego cyklu leczenia, że tak naprawdę nie ma różnicy między starą grupą i grupą kontrolną (każda grupa ośmiu zwierząt była testowana codziennie przez dziewięć dni). Jednak po 21 dniu pojawia się dysproporcja. Tak więc, zgodnie z naszymi oczekiwaniami, potrzeba więcej czasu, aby efekt odmłodzenia ujawnił się w umiejętnościach poznawczych zwierzęcia, ponieważ wymagają one głębszych zmian, począwszy od niższych poziomów biochemicznych i komórkowych, aż do zmian na poziomie narządu i układu narządów, aby koordynacja mięśni i neurony związane z aktywnością mózgu wykazały się poprawą wydajności poznawczej. Należy również zauważyć, że obu grupom starych szczurów, w trakcie pierwszych dni testowych, pokonanie labiryntu zajmuje około dwa razy więcej czasu niż młodym szczurom, jednak już po dziewiątym dniu próbnym (pierwszego miesiąca) leczone szczury miały latencje bliższe grupie osobników młodych niż starych.

W drugim eksperymencie z labiryntem Barnesa (drugi miesiąc), w którym zmieniono położenie worka i wskazówek, przeszkolone szczury wykazały niewielką zmianę na początku eksperymentów, ich latencje były nieco niższe niż u starych kontrolnych, a eksperyment zakończył się, gdy grupa eksperymentalna była jeszcze bliżej młodych osobników kontrolnych niż w pierwszym badaniu, chociaż nie podano więcej E5 — co oznacza, że odmładzanie trwało nadal (chociaż do tego czasu poziomy cytokin zapalnych zaczęły ponownie rosnąć). Tak więc, proces odmładzania wydaje się trwać dłużej, aby odmłodzić wyższe funkcje organizmu, trwa to nawet półtora miesiąca (około trzech ludzkich lat) od momentu podania E5.

Drugi rząd (trzeci i czwarty miesiąc) to wyniki uzyskane po drugim leczeniu, które rozpoczęło się w 95 dniu. Zauważysz, że już w pierwszym dniu badania eksperymentalne szczury są znacznie bardziej zdolne do rozwiązania swojego labiryntu niż stare osobniki kontrolne, chociaż nadal nie radzą sobie tak dobrze jak młode zwierzęta. Ale w miarę trwania testów, ostatniego dnia testowania na obu wykresach (miesiące trzeci i czwarty), leczone stare szczury są prawie nie do odróżnienia, w kwestii rozwiązywaniu labiryntu, od (teraz, nie tak już) młodych szczurów (stare szczury są również znacznie cięższe niż młode, co może je spowalniać).

Chodzi o to, że pamięć i rozwiązywanie problemów powracają do niemal młodzieńczych poziomów; ale ponieważ mózg jest tak ważny, planujemy poświęcić więcej czasu na odmładzanie mózgu i mamy już z tym związane pewne plany. Oczywiście, chociaż utrata pamięci związana z normalnym starzeniem się jest niepokojąca, utrata całego życia, rodziny i przyjaciół z powodu demencji (zwłaszcza choroby Alzheimera) jest dla większości ludzi najstraszniejszym losem i dowodem na to, że możliwość odmładzania mózgu jest rzeczywiście mile widzianą perspektywą — ponadto istnieją jeszcze inne podejścia do kwestii odmładzania mózgu, które można zastosować w połączeniu z leczeniem E5.

Wybacz mi, powinienem (i naprawdę „chciałbym już", bo to świetna historia) opowiedzieć ci wszystko o E5. Dopóki jednak nie będziemy zmuszeni ich ujawnić (chociażby na potrzeby objęcia ich odpowiednim patentem), nasze tajemnice są naszym największym atutem. Gdybyśmy oddali je bez odpowiedniej ochrony patentowej, zostalibyśmy z niczym. Poza tym, moją prawdziwą obawą jest to, że wielkie koncerny farmaceutyczne mogą chcieć zniszczyć E5, bo nasze odkrycie może znacznie ograniczyć ich przychody, zwłaszcza że wiele z ich najlepiej sprzedających się leków – przy tym wymagających podawanie przez całe życie, od postawienia diagnozy – jest skierowanych na choroby i stany związane ze starzeniem się. Oczywiście, w pewnym momencie będziemy musieli ujawnić nasze sekrety, ale chcemy też, abyśmy przez kolejne dwadzieścia lat mieli całkowitą kontrolę nad tym, dokąd zmierzamy, i tam też będzie zmierzać cała nowoczesna biologia (na sama myśl o tym, w mojej głowie pojawiają się obrazy z filmu *Existenz*).

Przyszedł czas na pewne wskazówki, dlaczego starzenie się zostało odwrócone (lub nawet czy zostało odwrócone), zostały one podane przez następne „kryterium”, które zawiera wiele elementów odnoszących się do stresu oksydacyjnego w trakcie starzenia się i w odmładzaniu, których weryfikacja wymagała poświęcenia zwierząt. Niezależne laboratorium podjęło się pomiarów zawartości w narządach różnych molekuł będących markerami starzenia.

Kryterium #5

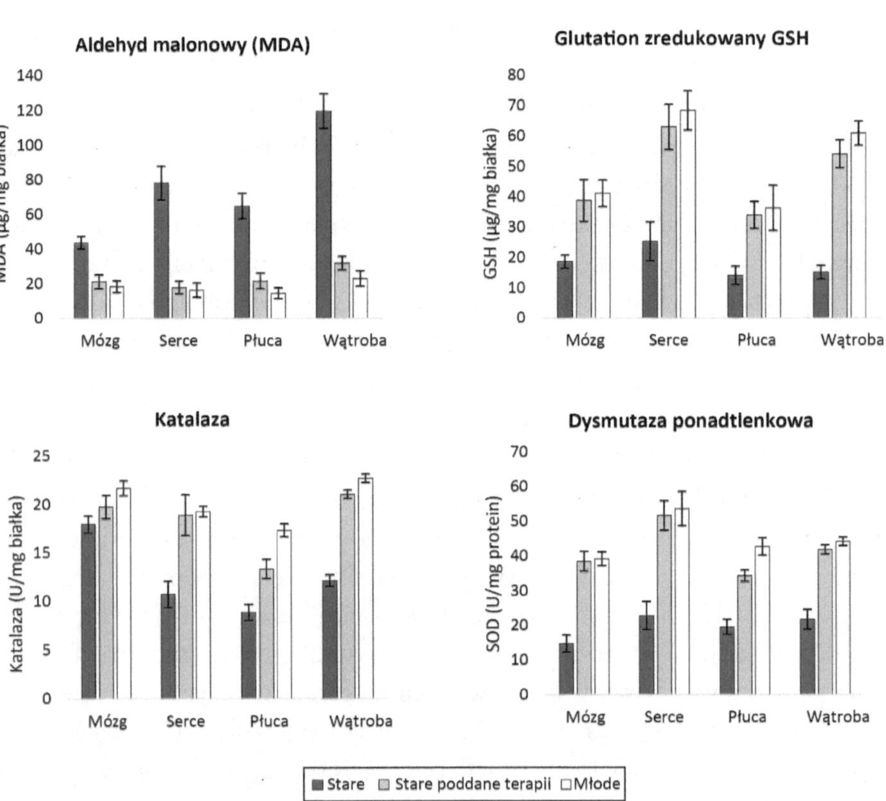

Rysunek 26: Wyniki analizy szczurów ex vivo. Na podstawie Steve'a Horvatha i in. [1], CC BY-ND 4.0 https://creativecommons.org/licenses/by-nd/4.0/.

Jak wspomniano, jedynym sposobem uzyskania odczytów pokazanych na rysunku 26 było uśmiercenie zwierząt. Poszczególne wykresy słupkowe przedstawiają zawartość różnych markerów lub enzymów związanych z potencjałem redoks zaangażowanych w neutralizację stresu oksydacyjnego w odpowiednich narządach, zgodnie z oznaczeniem. Aldehyd malonowy jest produktem utleniania tłuszczu i pośrednio pozwala zmierzyć poziomy produkcji ROS przez komórki narządu. U starych zwierząt, w porównaniu z młodym, obserwujemy niewielkie utlenianie w mózgu, a większe w wątrobie. Ale zwierzęta, którym podawano E5, wykazały znacznie większe podobieństwo do młodych szczurów kontrolnych (w wieku około ośmiu miesięcy) niż starych (22 miesiące). Oznacza to więc, że wystąpiła mniejsza nadmiarowa produkcja ROS, albo z powodu odmłodzenia mitochondriów (produkujących mniej ROS w trakcie transportu elektronów) lub zwiększenia aktywności enzymów naprawczych (ponieważ niektóre z nich ulegają deregulacji wraz ze starzeniem) lub prawdopodobnie jedno i drugie.

Wykres po prawej stronie pokazuje ilość zredukowanego glutationu w narządach, która jest głównym wyznacznikiem zdolności redukcyjnej cytoplazmy i mitochondriów komórki — jej „odporności" — ponieważ określa, czy komórka przetrwa stres oksydacyjny. Ciągłe zmniejszanie się komórkowych zapasów zredukowanego glutationu określa, jak daleko cząsteczka nadtlenku wodoru lub wysokoenergetyczne formy azotu mogą podróżować przez komórkę (ich „średnia wolna droga"), tj. jaki może być ich czas życia przed stłumieniem przez czynnik redukujący. Im ta swobodna droga jest dłuższa, tym większe prawdopodobieństwo, że taka molekuła wyrządzi szkody w komórce.

Mówi się również, że glutation jest głównym wyznacznikiem cytozolowego i mitochondrialnego potencjału redoks (czy cząsteczka otrzyma aniony wodorowe, czy je odda), a to zależy od stosunku postaci utlenionej do zredukowanej. Zwykle zredukowany glutation jest zapisywany jako GSH — gdzie „G" oznacza „glutation", a „SH" reprezentuje przyłączoną grupę tiolową (po prostu atom siarki i atom wodoru, cząsteczka GS-H, może stracić wodór z grupy tiolowej, aby stać się GS-, z tym pustym wiązaniem na prawym końcu). Działanie redukujące glutationu można opisać reakcjami 1 i 2, przedstawionymi poniżej:

$$2GSH + H_2O_2 \; GSSG + 2H_2O \quad (1)$$

w reakcji z nadtlenkiem wodoru

$$2GSH + R_2O_2 \rightarrow GSSG + 2ROH \quad (2)$$

w reakcji z nadtlenkiem związku organicznego

Glutation występuje w bardzo wysokim stężeniu wewnątrz komórki, ale nie cały glutation jest stosowany w sposób opisany w powyższych reakcjach. Na przykład S-transferazy glutationowe to enzymy, które wiążą całą cząsteczkę glutationu z białkami z uszkodzeniami redoks; glutation przyłącza się enzymatycznie do tych białek, dzięki czemu są one „leczone" (lub wydalane z komórki). Jednak twierdzenie, że zredukowany glutation (GSH) zawsze utlenia się do GSSG, jest błędne; GSH służy do neutralizacji toksycznych chemikaliów, poprzez łączenie się z nimi i to właśnie GSH jest odpowiedzialny za utrzymywanie naszych witamin C i E w stanie przeciwutleniającym.

Zatem, spadek poziomy glutationu w komórkach wraz z wiekiem (poziomy w podwzgórzu u ludzi korelują ujemnie z chorobą Alzheimera) możemy z powiedzeniem uznać za marker starzenia się, zarówno u szczurów jak i u ludzi. Tylko w przypadku niektórych guzów nowotworowych obserwujemy wzrost zredukowanego glutationu — oraz w komórkach naszych odmłodzonych zwierząt.

Wyraźnie zauważyliśmy, chociaż nie prezentuję tu tych danych, że po około 30 dniach (nasz pierwszy eksperyment) poziomy GSH osiągnęły około 70% wartości spotykanych u młodych szczurów. Na wykresach na rysunku 26 widzimy, że we wszystkich narządach badanych pod koniec 5 miesięcy eksperymentu (i dwóch cyklach terapii), poziomy zredukowanego glutationu w narządach starych szczurów leczonych E5 były prawie nie do odróżnienia od młodych z grupy kontrolnej, z nakładaniem się grup we wszystkich przypadkach, podczas gdy żaden leczony szczur nie był bliski wartości starych osobników kontrolnych. Tak więc, zamiast stopniowo tracić GSH — jasna oznaka starzenia się wielu organizmów — ilość GSH wzrosła na poziomie organów, co powinno zapewnić im większą „rezerwę narządową".

Tutaj naprawdę czułem, że starzenie się odwróciło, ale wielka niespodzianka miała dopiero nadejść: myślę o wynikach Steve'a Horvatha. Choć wydawało się, że trwało to wieczność, Steve, z naszą pomocą i dodatkową wsparciem Rudy'ego Goyi z Argentyny (Rodolfo to jego prawdziwe imię), budował swój szczurzy zegar (dla szczurów Sprague Dawley). Nadszedł więc czas na obiecany przez Steve'a wkład w nasze badania — a wydawaliśmy się nie być wysoko na jego liście priorytetów (nie mogę go za to winić), więc czekaliśmy i czekaliśmy. Próbowałem odpowiedzieć sobie na pytanie, dlaczego nasz E5 wykazał tak dramatyczne wyniki, a test Steve'a nic by nie pokazał (na wszelki wypadek), ponieważ byłem bardziej przekonany o naszych wynikach niż o znaczeniu testu Steve'a, ale jak zobaczymy, ten test wyjaśnił wszystko w najlepszy możliwy sposób. Zanim jednak do tego dojdziemy, zobaczmy, jakie dalsze informacje podaje omawiane aktualnie „kryterium" badań.

Dwa dolne wykresy słupkowe z rysunku 26 to enzymy odpowiedzialne za radzenie sobie z nadtlenkiem wodoru H_2O_2. Dysmutaza ponadtlenkowa wytwarza H_2O_2 z bardziej energetycznego i toksycznego anionorodnika ponadtlenkowego. Ma ona swoją wersje mitochondrialną i cytozolową i jest niezbędna do życia. Katalaza zamienia nadtlenek wodoru w wodę i tlen. Znajduje się wyłącznie na peroksysomach, które biorą udział w katabolizmie kwasów tłuszczowych, ale nie wytwarzają ATP (chociaż wytwarzają NADH). Co ciekawe, kiedy katalaza została przeniesiona do mitochondriów (poprzez modyfikacje genetycznie u myszy), nastąpił znaczny wzrost ich długości życia. Tak więc, jeśli zamiast wody utlenionej dostajesz osobno wodę i tlen, co wydłuża życie, wydaje się, że nadtlenek wodoru (w nadmiarze?) przyczynia się do starzenia i śmierci.

Jedną z przyczyn wzrostu poziomu przeciwutleniaczy mogą ilustrować wykresy przedstawione na rysunku 27:

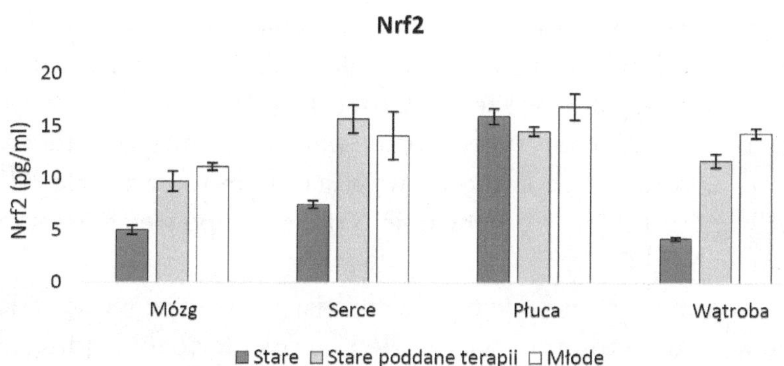

Rysunek 27: Poziomy Nrf2 uzyskane w trakcie eksperymentu. Na podstawie Steve'a Horvatha i in. [1], CC BY-ND 4.0 https://creativecommons.org/licenses/by-nd/4.0/.

Nrf2 jest czynnikiem transkrypcyjnym, który normalnie jest utrzymywany w cytoplazmie i jest stale rozkładany przez komórkę; cząsteczka ta ma okres półtrwania wynoszący dwadzieścia minut. Ale kiedy cytozol zaczyna się utleniać, kiedy następuje wybuch ROS (reaktywnych form tlenu i azotu), czynnik transkrypcyjny zostaje uwolniony od degradacji, zwiększa swój poziom i wchodzi do jądra. Tam wiąże się z określonymi sekwencjami DNA zwanymi „elementami odpowiedzi przeciwutleniającej" (ARE), które są obecne w regionach promotorowych genów i wpływają na ich transkrypcję. Wiele genów Nrf2 (tych, które ten czynnik kontroluje) jest związanych z naprawą uszkodzeń oksydacyjnych i eliminacją toksycznych produktów utleniania, przykładem mogą być geny kodujące S-transferazy glutationowe. Niektóre z genów Nrf2 są związane z produkcją glutationu, poprzez zwiększenie aktywności ligazy glutaminianowo-cysteinowej, enzymu ograniczającego jego produkcję.

Rodzina tioredoksyn, białek przeciwutleniających, działających chociażby na peroksyredoksyny, jest również kontrolowana przez ARE. Tak więc, podczas gdy w płucach nie było znaczącej różnicy między starymi szczurami poddanymi terapii, a ich nieleczonymi rówieśnikami, nie było również znaczącej różnicy w porównaniu ze szczurami młodymi. Poza tym w mózgu, sercu i wątrobie poziomy Nrf2 były na poziomie młodzieńczym lub jemu bliskim i wyraźnie różniły się od nieleczonych starych zwierząt.

Należy zauważyć, że w trakcie gdy poziom wewnątrzkomórkowych ROS wzrasta wraz z wiekiem, ilość Nrf2 w narządach znacznie spada, w miarę starzenia się organizmu. Jednym z możliwych powodów jest to, że gdy poziomy ROS stają się bardzo wysokie, czynnik transkrypcyjny „przetrwania" NF-kB przejmuje kontrolę. Kiedy tak się dzieje, komórka zaczyna wytwarzać cytokiny zapalne, w szczególności IL-6 (NF-kB wiąże się z promotorem IL-6) i czynniki antyapoptotyczne (które zapobiegają samozagładzie – jakiej od uszkodzonych komórek wymaga „komórkowa etykieta"). Inną właściwością NF-kB jest to, że hamuje Nrf2, ale odpowiedź jest wzajemna; Nrf2 hamuje NF-kB!

W pewnym momencie wymyśliłem wyjaśnienie tego, co się stało, przyjąłem, że wyglądało to mniej więcej tak: komórka (cytozol i jądro) traci potencjał redukcyjny, ponieważ jest on zużywany przez rosnące ilości ROS i innych użytkowników mocy redukującej (synteza) i nie jest uzupełniany odpowiednio szybko, aż następuje zmniejszenie podaży NADPH i GSH, a wszystko to jest spowodowane spadkiem poziomu NAD$^+$, spowodowanym z kolei wzmożoną naprawą DNA (ponieważ NAD$^+$ jest substratem dla PARP, który służy do oznaczania uszkodzenia DNA przez odkładanie długich łańcuchów poli-ADP) oraz poprzez użycie NAD$^+$ przez sirtuiny do reakcji deacetylacji (pamiętaj przy tym, że w „starych" komórkach brak jest epigenetycznej konserwacji oraz ma miejsce dysregulacja genetyczna). Ostatecznie komórka osiąga „stan krytyczny", gdy produkcja lub ekspozycja ROS (H_2O_2 przenika przez błony komórkowe) przezwycięża mechanizmy (z powodu niedoboru NADPH, GSH, NAD^+ i ATP — wszystkich składniki „odporności"), które naprawiają wyrządzone szkody, i komórka umiera.

Nie popieram już tego modelu. Musimy teraz wziąć pod uwagę, że śmiertelność organizmu zależy od etapu życia, w jakim się on obecnie znajduje (w stosunku do całkowitej długości życia — oznaczającej „typową" (średnią) lub maksymalną długość życia, ponieważ są one do siebie proporcjonalne) oraz fakt ujawniony przez grupę ze Stanford (Conboyowie, Rando, Wagers), że wiek komórki (a dokładniej fenotyp wieku — jak ona wygląda i działa) jest determinowany przez jej środowisko międzykomórkowe, czynniki pro- i przeciwstarzeniowe obecne w osoczu krwi, a nie jak długo żyje ona w ciele [14,63].

Fakt, że stare ciała zawierają staro wyglądające komórki, wynika z faktu, że ciało kontroluje fenotyp wieku komórkowego, a nie dlatego, że komórki się starzeją. Komórki stulatków, które zostały potraktowane czynnikami Yamanaki (przez Laure Lepasset [68]) i przywrócone do poziomu embrionalnych komórek macierzystych, były w stanie utworzyć dowolny typ komórek — ich telomery zostały wydłużone, ich mitochondria znów stały się sprawne, dokładnie tak jak w młodości, ich profile transkrypcyjne wróciły do wzorców młodzieńczych — i mogą ostatecznie zostać wykorzystane do tworzenia chimer (gdzie mogą być mieszane z wczesnymi embrionami innego gatunku) i być może, jeśli im na to pozwolimy, przeżyć kolejne pełne życie.

Wydaje mi się zatem, że na pytanie, jak działa nasze odmładzanie, udzielono odpowiedzi w najbardziej nieoczekiwany sposób, rzucając nowe światło na istotę tego fenomenu.

Kryterium #6

16 marca 2020 r. otrzymałem e-mail od Steve'a Horvatha z paskiem tematu zawierającym frazę „fantastyczne wyniki szczurzego zegara" i potwierdzeniem, że nasze leczenie działa; w rzeczywistości uzyskaliśmy zmniejszenie wieku epigenetycznego naszych starych leczonych szczurów o więcej niż połowę (wiek metylacji DNA). Mówiło nam o tym kilka zegarów Steve'a (w

tym zegar ogólnogatunkowy, który poniżej omówimy). Na rysunku 28 każdy rząd reprezentuje typ zegara, jak wyjaśniono w legendzie.

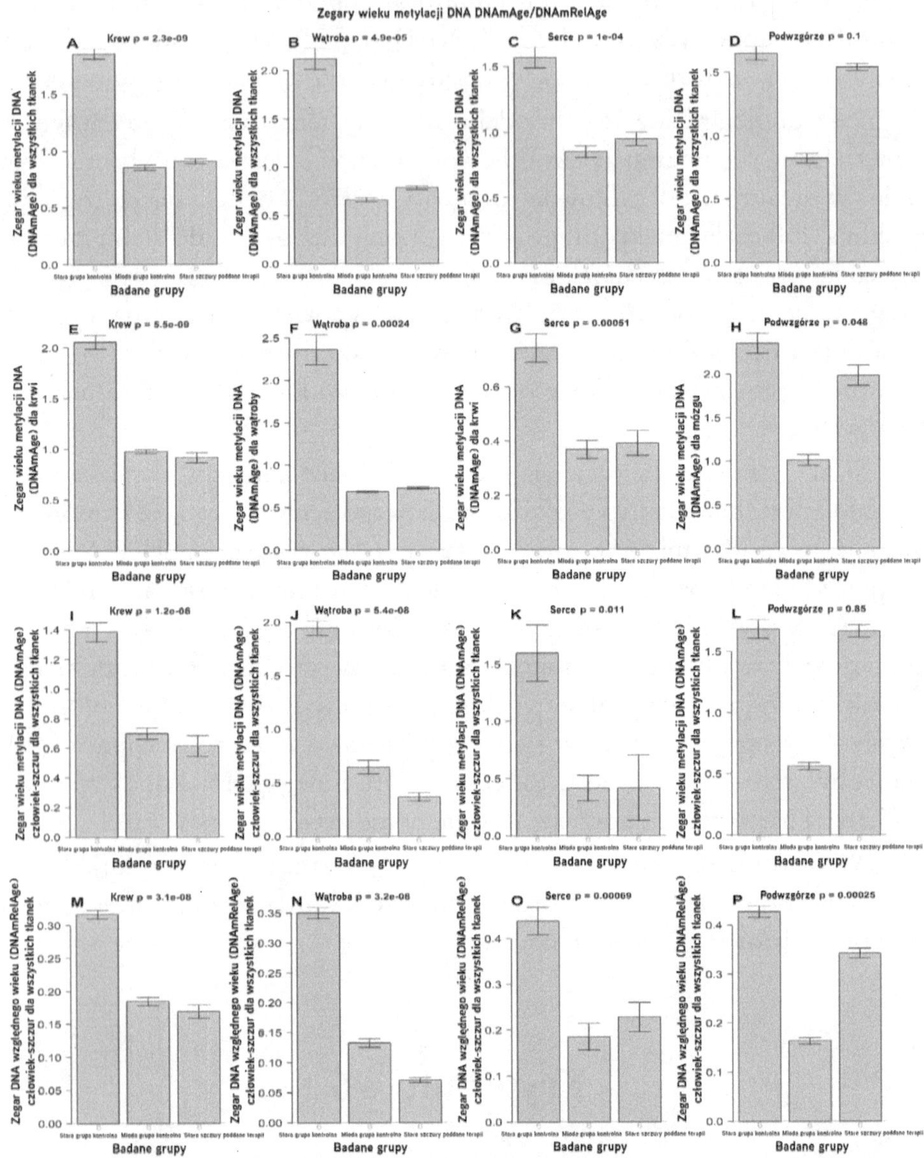

Rysunek 28: Analiza zegara epigenetycznego wykonanego na podstawie danych uzyskanych z eksperymentalnej terapii frakcją osocza. Każdy wiersz reprezentuje typ zegara (w sumie sześć), a każda kolumna reprezentuje tkankę/narząd;

od lewej krew, wątroba, serce i podwzgórze. W pierwszym rzędzie znajduje się zegar tkankowy szczura. Drugi rząd pokazuje: E) zegar krwi szczura zastosowany do krwi, F) zegar wątroby szczura zastosowany do tkanki wątroby, G) zegar krwi szczura zastosowany do serca i H) zegar mózgu szczura zastosowany do komórek podwzgórza. Trzeci rząd przedstawia wiek chronologiczny określony przez zegar człowiek-szczur (!). Czwarty rząd (wykresy M, N, O, P) pokazuje wskazania zegara względnego wieku człowiek-szczur zdefiniowanego jako wiek/maksymalna długość życia gatunku. Na każdym wykresie pierwszy słupek (od lewej do prawej) to stara grupa kontrola, drugi słupek to młode osobniki kontrolne, a trzeci słupek to stare leczone szczury. Zdjęcie: Steve Horvath i in. [1], CC BY-ND 4.0 https://creativecommons.org/licenses/by-nd/4.0/.

Oczywistym niezgodnym z pozostałymi wynikiem jest mniejszy stopień odmłodzenia w podwzgórzu, w porównaniu z innymi narządami. Jednak nauka labiryntu wykazała znaczną poprawę wydajności w porównaniu ze starymi zwierzętami kontrolami i pod koniec cyklu testowego zrównała osobniki poddane terapii z młodymi szczurami kontrolami. Tak więc znaczenie tego pozornie osłabionego odmładzania podwzgórza jest niejasne, ale wyraźnie przyjrzymy się temu dokładniej. Mam już pomysły dlaczego tak to mogło wyglądać.

W tym momencie, nawet wiedząc tak niewiele, jak my, możemy przeprogramować komórki w „naturalny" i, miejmy nadzieję, kompleksowy sposób, który rozwiąże problem starzenia się. E5 będzie pierwszym krokiem. To nie sen — testy Steve'a potwierdziły wszystkie nasze inne próby, w których zależne od wieku (i niektóre wcześniej niełączone z nim cechy) poziomy biochemiczne, fizjologiczne i poznawcze powróciły do młodzieńczych wartości. Tak więc wzrost ilości dobrego cholesterolu (HDL) w porównaniu ze złym (LDL) nie jest funkcją stylu życia, ale etapu życia.

Obserwacja Stroustrupa i wsp., że śmiertelność z jakiejkolwiek przyczyny jest zasadniczo funkcją etapu życia (jako określonej proporcji całkowitej długości życia), jest połączona z teorią życia Davida Neilla jako postępu etapów życia i Epigenetycznej Teorii Starzenia Steve'a Horvatha jak zaraz wyjaśnię — jednak ostateczny powód tego, jak i dlaczego E5 działa, jest dość prosty; osocze jest sposobem organizmu na kontrolowanie fenotypu wieku komórek, a E5 przywraca komórkom wcześniejszy stan epigenetyczny.

Odmłodzone już komórki zaczynają ponownie wypełniać zubożone tkanki (nasza kuracja wydaje się również usuwać starzejące się komórki), wzmocniona tkanka przyczynia się teraz do lepszego funkcjonowania organów, silniejszych serc, bardziej elastycznych tętnic, mniej przepuszczalnych jelit i nerek. To nas wyraźnie wzmacnia. Do tej pory wielokrotnie z powodzeniem powtarzaliśmy ten eksperyment.

9

Nowa nauka o odmładzaniu

Ogólnie rzecz biorąc, zdaniem zwolenników teorii „zużycia" się organizmu „odmłodzenie" powinno być niemożliwe. Uszkodzenia mogą mieć kluczowe znaczenie — szkody zostałyby naprawione, gdyby można je było naprawić. Starzejąca się komórka jest komórką uszkodzoną i nienaprawialną. Praca Briggsa, Kinga i JB Gurdona z lat 80. XX wieku z przeniesieniem jądra komórki somatycznej (SCNT) pokazuje, że nawet dorosłe (w niektórych przypadkach) macierzyste somatyczne komórki skóry miały jądra, które po wszczepieniu dawały całe zwierzęta, przechodzące wszystkie stopnie rozwoju, aż do postaci dorosłych. Nowsze działania związane z klonowaniem nie ograniczają się już do żab i ropuch (Gurdon użył przysadzistych i powolnych południowoafrykańskich ropuch szponiastych *Xenopus laevis* jako swoich obiektów eksperymentalnych).

Owca Dolly to kolejny przykład na to, że jądra komórek dojrzałych zwierząt są zdolne do tworzenia w pełni funkcjonalnych osobników. Ponadto, w eksperymencie, który rozpoczął się w 2000 roku, cielęta, które powstały w wyniku przeniesienia (SCNT) jąder fibroblastów krów hodowanych do replikacyjnego starzenia się in vitro (w hodowli komórkowej), stały się w pełni dorosłymi krowami, jak dotąd doskonałymi [69]. W tym eksperymencie komórki krowy hodowano in vitro, aż nie mogły się już rozmnażać (starzenie replikacyjne). To starzenie się było kiedyś uważane za zbyt degradujące, aby podtrzymywać życie, nie mówiąc już o normalnym rozwoju. Następnie, jądra komórkowe zostały wyekstrahowane z niektórych starzejących się komórek i umieszczone w krowich jajeczkach, z usuniętymi jądrami, a następnie wszczepiono je krowom i pozwolono dojrzeć.

Rysunek 29: Ropucha szponiasta południowoafrykańska, *Xenopus laevis*. Brian Gratwicke, CC BY 2.0 https://creative-commons.org/licenses/by/2.0, za pośrednictwem Wikimedia Commons

Transfer jądra komórki somatycznej wykazał, że nawet jądro komórek starzejących się zarówno in vivo, jak i in vitro może dać początek normalnemu potomstwu. To jednoznacznie pokazało, że rzekomo „zużyte" stare jądro nadal miało to, czego potrzeba (pod względem genetycznym), aby uformować całkowicie normalne zwierzę (obecnie wiele gatunków zwierząt produkuje się w ten sposób; stało się to częścią komercyjnej hodowli). Więc jeśli to nie jądro się starzało, to czy była to cytoplazma? A może cytoplazma pozbawionej jądra komórki jajowej ma silny wpływ na odbudowę starzejącego się i najwyraźniej zdegradowanego jądra?

Odpowiedź nadeszła z nieoczekiwanego kierunku — ujawniła ją zbieżność dwóch bardzo różnych metodologii. Jeśli komórka zostanie potraktowana pewnymi „pionierskimi czynnikami transkrypcyjnymi", zmieni to jej stan zróżnicowania. Chociaż tylko niewielka część komórek była „podatna" na tę zmianę, zmiana przekształciła zwykłe komórki somatyczne w coś, co wyglądało na embrionalne komórki macierzyste, zdolne do tworzenia dowolnego typu komórek (z wyjątkiem błon pozazarodkowych wczesnego zarodka – które później stają się częścią łożyska). Dzięki właściwemu ukierunkowaniu przez specyficzne tkankowo czynniki transkrypcyjne wprowadzone jako plazmidy. Te *indukowane pluripotencjalne komórki macierzyste* (iPSC), jak nazwano je po transformacji, można było przekształcić w dowolny, pożądany typ komórek (chociaż nadal nie stwierdzono ich zdolności do w pełni samodzielnego formowania całego zwierzęcia, tak jak mogą to robić komórki SCNT).

Co więcej, gdy komórki zostały przywrócone do iPSC, zostały one również cofnięte do zerowego wieku, a wszystkie cechy „starzenia się komórek" zostały odwrócone. Jednocześnie, jeśli komórki ulegają transdyferencjacji w sposób bezpośredni, czyli omijają komórki przechodzące przez stadium iPSC, nie zostaje zresetowany starzejący się „zegar", a jedynie wzorce różnicowania komórek i mechanizmy epigenetyczne, które je kontrolują.

Czy jest więc jakieś miejsce na drodze od zróżnicowanych komórek somatycznych do odróżnicowanych komórek iPSC, w którym zmienia się tylko wiek? Okazuje się, że dzięki kontrolowanemu podawaniu czynników Yamanaki te „pionierskie" czynniki transkrypcyjne pozwalają komórkom na zmianę ich stanu i cofnięcie ich wieku epigenetycznego. Oryginalne czynniki Yamanaki, znane jako OSKM (Oct 4, Sox 2, Klf4, c-Myc) powodują odmłodzenie, gdy są wyrażane w ograniczonych, sekwencyjnych okresach czasu, ale w kilku eksperymentach — w tym eksperymentach in vivo na myszach — wystąpił niefortunny efekt uboczny w postaci nowotworów z zębami (i innymi narządami lub ich częściami), zwanych potworniakami. Ostatnio David Sinclair, używając systemu in vitro z samym OSK (ponieważ M był uważany za czynnik odpowiedzialny za karcynogenezę), odbudował in vitro nerw wzrokowy ze starego oka [70].

E5 powinno mieć wszystkie te właściwości, ale powinno zmniejszać zachorowalność na raka, ponieważ rak jest chorobą wieku podeszłego, a przeprogramowane komórki powinny reagować tak, jak wtedy, gdy były młode. Być może, poza tym, że teraz komórki macierzyste będą bardziej zaangażowane w samoodnowę, aby zwiększyć swoją liczbę — a ich liczba determinuje liczbę ich zróżnicowanego potomstwa, aby rozwiązać problemy z cytopenią (utratą komórek tkankowych) starych zwierząt. Wydawałoby się, że E5 wpływa na wiele rodzajów pionierskich czynników transkrypcyjnych w tkankach: zmienia fenotyp wieku komórkowego na miejscu, poprzez proste wstrzyknięcie, bez konieczności modyfikowania siebie ani naszych dzieci. Przyznaję jednak, że niektórzy naukowcy, tacy jak David Sinclair, zaczynają dostrzegać prawdę o starzeniu się. Mam nadzieję, że pomogłem — jestem pewien, że E5 będzie początkiem nowej i poprawnej biologii, która postawi fakty przed teorią.

Nie jesteśmy więc sami w przeświadczeniu, że komórki można przeprogramować i odmłodzić. Ocampo i in. przeprowadzili najbardziej przekonujący dowód, że częściowe przeprogramowanie przy użyciu przejściowej i sekwencyjnej ekspresji genów OSKM u żywych myszy, może znacząco wydłużyć ich czas życia, a także doprowadzić do młodzieńczego poziomu wszystkie inne przebadane biologiczne markery wieku [71]. Wszystkie cztery czynniki OSKM były wymagane, ale fakt ten został udowodniony: nawet in vivo, in situ (u żywego zwierzęcia, ze wszystkim „na miejscu") nastąpiło znaczące odmłodzenie systemowe, poprzez wprowadzenie tych pionierskich czynników transkrypcyjnych — które najpierw wiążą się z DNA, co pozwala na późniejsze wiązanie innych czynników transkrypcyjnych i koaktywatorów, a tym samym na przebudowę i różnicowanie chromatyny, zdarzenie, które obniża potencjał redukcyjny komórki, i vice versa.

Czynniki krwi

W swoim podsumowaniu nowych wysiłków w dziedzinie badań nad przeciwdziałaniem starzeniu się Mahmoudi, Xu i Brunet omawiają cztery potencjalne metody leczenia starzenia [72], z pośrednim włączeniem naszych badań (nie zostało to konkretnie wymienione, ale powiedziałem Anne Brunet o naszej pracy w 2019 podczas BAAM, Bay Area Ageing Meeting w Stanford). Pierwszym z nich są czynniki krwi, do których zaliczają się zwyczajowi podejrzani: czynniki sprzyjające starzeniu się w starym osoczu krwi. Jednakże, podczas gdy Conboyowie wykazali, że rozrzedzenie starego osocza krwi ma widoczne działanie przeciwstarzeniowe, sądząc po wyglądzie tkanek przed i po leczeniu [55], E5 który składa się w 100% z krwi, ma znacznie większy i trwalszy efekt bez znaczącego rozcieńczenia (2% co drugi dzień przez cztery dni), pokazując, że czynniki promujące młodość w młodej krwi mają bardziej trwały wpływ i wydają się przeważać nad czynnikami promującymi starzenie. Po naszym drugim zastosowaniu E5 u szczurów, wiek został zresetowany, po czym nastąpiło starzenie się w normalnym tempie. Omówię dlaczego tak się stało po opisaniu pozostałych trzech możliwości wymienionych przez grupę Brunet.

Autorzy zamieszczają bardzo ładną tabelę pokazującą wpływ heterochronicznej parabiozy (HPE, jeśli zapomniałeś – to mój termin) oraz wpływ innych produktów krwiopochodnych (oksytocyna, TIMP2, gdf11) na odmłodzenie. Warto zauważyć, że już nawet proste wstrzyknięcie krwi poprawia funkcje poznawcze.

Interwencje metaboliczne

Kolejnym obszarem, o którym mówi grupa, są interwencje metaboliczne, chodzi o dietę lub środki chemiczne, takie jak rapamycyna, inhibitor kompleksu mTOR-C1. Po pierwsze, nie jest to podejście, które prowadzi do nieśmiertelności; w najlepszym przypadku, przynajmniej u ssaków, prowadzi to do ułamkowego wzrostu długości życia. Wiadomo, że ograniczenie kalorii skutkuje wydłużeniem życia, w każdej grupie kręgowców i bezkręgowców, z wyjątkiem być może naczelnych, u których testy ograniczenia kalorii nie wykazały wydłużenia życia, chociaż wykazały wydłużenie okresu zdrowia.

Pozytywne efekty ograniczania kalorii zostały pokazane w latach 30. XX wieku przez Clive'a MacKay'a (który również stosował parabiozę heterochroniczną do badania starzenia) [73]. Jednak długoterminowe badania przeprowadzone przez The National Institute on Aging (USA) na rezusach nie wykazały wydłużenia życia — podczas gdy inne badania wykazały. Rzeczywista kwestia jest tutaj bardziej oczywista: jeśli efekt zaistniał, dlaczego wymagał statystyki, aby stwierdzić, czy eksperyment się powiódł, czy nie? Jeśli potrzebne były statystyki, efekt był nieistotny. Dla mnie krytyczną częścią ograniczenia kalorii i powiązanego z nim ograniczenia spożycia metioniny jest to, że mają one na celu wydłużenie życia komórkowego poprzez zmniejszenie aktywności metabolicznej.

Uważam, że tempo „zegara" zależy od ilości wyrządzonych szkód; w wieku dorosłym wydaje się, że przez cały okres życia zachodzi sekwencyjny proces zmniejszenia ilości odpowiednich białek, zachodzący w różnych narządach w różnym czasie. Grasica zaczyna zanikać (zmniejszać się i zamieniać w tłuszcz) wcześnie, w dzieciństwie, u wszystkich ludzi, podczas gdy u kobiet jajniki starzeją się i stają się dysfunkcyjne pod koniec wieku średniego. Inne narządy starzeją się wolniej. Nawet komórki tego samego typu, które starzeją się według tych samych mechanizmów, starzeją się w różnym tempie w różnych narządach, co prowadzi do mojego przekonania (jeśli to coś warte), że stan komórki (w tym fenotyp wieku) jest określany na poziomie organicznym (poziom narządów), jak również na poziomie ogólnoustrojowym (który może działać przez narządy).

Moje przypuszczenie (właściwie konkluzja Stroustrupa) jest takie, że warunki powodujące szkody powodują przyspieszone starzenie się, a zatem są odpowiedzialne za śmierć ze wszystkich przyczyn; z kolei mój model, oparty na modelu Neilla, ale z zegarem życia wynikającym z codziennej utraty „odporności" — której miarą są stężenia GSH (zredukowanego glutationu), tioredoksyn, NADPH i NAD$^+$ — wskazuje, że chociaż nie mogą zakłócić stałego cyklu dobowego (ponieważ jest wielu zewnętrznych zeitgeberów [„dawców czasu")]), zmieniają tempo akumulacji uszkodzeń, a tym samym długość wszystkich etapów życia.

Jak wspomniano wcześniej, nawet gdy dieta z ograniczeniem kalorii rozpoczęła się we wczesnej dorosłości, może ona opóźnić rozwój („rozwój w okresie dorosłości") i może skutkować wydłużeniem życia, w tym wydłużeniem wieku średniego i starości. Jednak nawet jeśli przyniosłoby to korzyści jednostce i społeczeństwu dzięki swoim skutkom zdrowotnym, nie jest to droga do nieśmiertelności ani nawet do odmłodzenia, ponieważ jedynie opóźnia to, co nieuniknione (co i tak jest dobrym osiągnięciem), poprzez „spowalnianie zegara". W swojej publikacji Mahmoudi i in. stwierdzili, że „sposób działania" interwencji metabolicznych obejmuje „czynniki krwi" (wtedy z pewnością także E5) [72] i na pewno są czynniki krwi, które zmieniają stany metaboliczne komórek (np. hormony), ale nie sądzę, że E5 działa w ten sposób, jak omówię to dalej.

Uwaga o rapamycynie

Rapamycyna to ciekawy lek. W czasach, gdy odkrywcy odwiedzali niezbadane terytorium, zawsze pobierali próbki gleby, aby wysłać je do laboratoriów w celu przetestowania pod kątem drobnoustrojów wytwarzających nowe antybiotyki. Cóż, trafili w żyłę złota, kiedy testowali glebę na wyspie Pacyfiku słynącej z ogromnych kamiennych posągów bogów, które są ustawione wokół niej, aby chronić mieszkańców przed inwazją z morza. Wyspa Wielkanocna, leżąca u zachodnich wybrzeży Ameryki Południowej, przez swoich polinezyjskich mieszkańców nazywana jest Rapa Nui. Substancja wydzielana przez występującą tam bakterię glebową (*Streptomyces hygroscopi-*

cus) ma działanie immunosupresyjne i przeciwnowotworowe. Dalsze prace wyjaśniły że rapamycyna oddziałuje na białko mTOR (pierwotnie nazwane „ssaczym celem rapamycyny" – ang. "mammalian target of rapamycin).

Rzecz w tym, że rapamycyna jest inhibitorem enzymu, kinazy zwanej mTOR (pamiętajmy, że „kinazy" to enzymy, które przyłączają grupy fosforanowe do innych cząsteczek, w tym do białek, aktywując lub hamując, a nawet zmieniając funkcję białek, które fosforylują). Samo znaczenie nazwy mTOR zostało zmienione na „mechanistyczny cel rapamycyny", a więc rapamycyna wpływa na regulator metabolizmu komórkowego.

Naszym obszarem zainteresowań jest kompleks 1 kinazy mTOR (mTORC1 – ang. mTOR Complex 1), ponieważ ma on wpływ na wiele aspektów funkcjonowania komórki, w tym na poziom energii, aktywność syntetyczną i wzrost. Podobnie jak w symbolu yin-yang, oprócz jasnej strony — zorientowanego na wzrost, metabolizmu produkującego energię, kontrolowanego przez mTORC1 — istnieje ciemna strona, o przeciwnych funkcjach, w tym przypadku FOXO (ang. forkhead box O) rodzina czynników transkrypcyjnych z przeciwną misją spowolnienia wzrostu i produkcji energii oraz zainicjowania napraw i konserwacji.

Kiedy FOXO dominuje, inne pomocnicze czynniki transkrypcyjne związane z naprawą i konserwacją, takie jak Hsp1 i Nrf2, są również transkrybowane, każdy z własnymi, a także wspólnymi czynnościami naprawczymi i konserwacyjnymi. Wykazano, że te czynności naprawcze i konserwacyjne wydłużają życie, podobnie jak wiele mutacji, które powodują mniejsze tempo uszkodzeń oksydacyjnych (często kosztem zmniejszonego wzrostu i aktywności) lub uszkodzeń spowodowanych nieprawidłowym fałdowaniem białek (jedna z cech charakterystycznych starzenia — spowodowana częściowo, jak sądzę, z powodu redukującego stanu retikulum endoplazmatycznego, kiedy powinno być ono utleniające).

Właściwie sam spróbowałem rapamycyny w dawce, która powinna być skuteczna, ale nie doznałem żadnego znaczącego efektu, dopóki terapia rapamycyną nie weszła w interakcję z moją chorobą zapalną jelit (IBD); ten sam proces, który działa przeciwko wzrostowi większości komórek somatycznych, działa przeciwko wzrostowi komórek potrzebnych do naprawy uszkodzeń jelit spowodowanych przez IBD, więc absolutnie nie poleciłbym go osobom z tym lub jakimkolwiek stanem wymagającym wzrostu tkanki (dlatego właśnie jest lekiem przeciwnowotworowym) lub jej naprawy. Jednak leczenie rapamycyną jest w najlepszym razie tylko kolejnym sposobem na częściowe wydłużenie życia ssaków, poprzez wydłużenie starości — ale wiąże się z ryzykiem (w tym osłabieniem układu odpornościowego) — mimo to jest to i tak lepsze niż nic, jak sądzę (jeśli nie jesteś zbyt osłabiony przez starość). Jest to jednak tylko boczny szlak prowadzący do śmierci po krętej i niebezpiecznej podróży.

Usunięcie starzejących się komórek

Trzecim sposobem opisanym w artykule Mahmoudiego i wsp. jest usuwanie starzejących się komórek. Od czasu ich odkrycia, Judith Campisi intensywnie badała starzejące się komórki i wykazała, że zamiast łagodnych i prawie martwych komórek, zostały one jedynie usunięte z cyklu komórkowego (nie rozmnażają się) i nie wykonują żadnej znanej użytecznej pracy (chociaż wydają się być zaangażowane w gojenie ran), ale są faktycznie metabolicznie aktywnymi komórkami zombie, które w rzeczywistości uszkadzają organizm poprzez wytwarzanie zapalnych cytokin i pozakomórkowych proteinaz, kolagenaz i żelatynaz, które rozbijają utrzymującą nasze komórki razem macierz międzykomórkową, co ułatwia migrującym komórkom rakowych dotarcie do naczyń krwionośnych i limfatycznych, przez które się dalej rozprzestrzeniają.

Darren Baker poszukiwał, za pomocą inżynierii genetycznej, terapii, która preferencyjnie zabijałoby starzejące się komórki. Jako cel wybrał białko p16^{INK4a} (wytypowane ze względu na jego zdolność do hamowania NF-kB), markera starzenia komórkowego. Ekspresja p16^{INK4a} prowadzi komórki do starzenia, a więc jest bardzo ważnym czynnikiem supresorowym nowotworu. Baker zaprojektował transgen, INK-ATTAC, który umożliwił eliminację komórek z ekspresją p16^{INK4a}, poprzez dodanie substancji egzogennej (antybiotyk) [74].

W doświadczeniu, jednym myszom okresowo eliminowano starzejące się komórki (komórki z ekspresją p16^{INK4a}), a innym nie. Różnice w wyglądzie były zaskakujące (myszy, które miały usuwane starzejące się komórki, wyglądały na znacznie zdrowsze i młodsze). Jednak nie było znaczącej różnicy w długowieczności (był to krótko żyjący szczep z progerią). Baker przeprowadził ten sam eksperyment na myszach typu dzikiego (z normalną długością życia) i stwierdził te same efekty i niewielki wzrost długości życia [74].

Najwyraźniej usunięcie starzejących się komórek, a przynajmniej tych z ekspresją p16^{INK4a} wydłuża żywotność i zmniejsza częstość występowania chorób związanych ze starzeniem się. Jednak z pewnością jest to kolejna boczna droga, która nieuchronnie prowadzi nas z powrotem do starzenia się i śmierci, tyle, że wyglądamy i czujemy się lepiej. To i tak duże osiągnięcie; Od lat prowadzę kurs Biologii Starzenia i ciągle jestem zaskoczony, że wielu ludzi nie ma ochoty na dłuższe życie — właściwie nie dziwi mnie to aż tak bardzo; bez Nieba i ciągłej, stworzonej przez Boga rozrywki, życie może być nudne. Jest taki starożytny mit chrześcijański, o Żydzie, który gdy Jezus niósł swój krzyż na „Via Dolorosa" i zatrzymał się na odpoczynek, zapytał go: „Dlaczego się zatrzymujesz?" został za to skazany na życie aż do powrotu Jezusa. Uznano to za surową karę. To co, najczęściej słyszę w odpowiedzi na pytanie o chęć dłuższego życia, to dożycie „sędziwej starości" w dobrym zdrowiu i śmierć we śnie. Nie jest to do końca zły plan, jeśli nie możesz zrobić czegoś lepszego (lub uważasz, że jedno życie wystarczy albo jest nawet bardziej niż wystarczające — jak wielu na tej planecie).

W każdym razie, mamy pewne dowody (choć nie są one silne), że leczenie E5 eliminuje starzejące się komórki, ponieważ mieliśmy wyraźny brak barwienia beta-galaktozydazą, która jest używana do wykrywania senescencji komórkowej, jednak nie jest to ostateczny dowód — zwykle stosuje się inny marker, taki jak obecność przeciwciał $p16^{INK4a}$ (sprzężonych ze związkiem fluorescencyjnym, aby były widoczne), w celu zidentyfikowania starzejących się komórek. Mimo to, senolityki – substancje eliminujące starzejące się komórki – nie są ścieżką do nieśmiertelności, chociaż mają pewne cechy odmładzania i wydaje się, że byłyby w stanie poprawić jakość życia, zwłaszcza w podeszłym wieku, dla tych, którzy mogliby wyeliminować starzejące się komórki. Jednym z czynników, o którym zapomniałem wspomnieć są toksyczne wydzieliny starzejących się komórek. Wytwarzają one nieznaną substancję, która wydaje się przekształcać inne, sąsiednie komórki w komórki senescentne.

Reprogramowanie epigenetyczne

Ostatnią kategorią z artykułu Mahmoudiego i wsp. jest reprogramowanie epigenetyczne. Chociaż nadal jest kilka problemów do rozwiązania, prace Ocampo wyraźnie wykazują potencjał [71]. Stosowanie OSKM prowadzi do potworniaków (czego z pewnością byśmy nie chcieli), ale z tych demonstracji jasno wynika, że starzenie się jest zjawiskiem epigenetycznym, a przynajmniej kontrolowanym środkami epigenetycznymi. I to tutaj umieściłbym E5, a nie wśród wymienionych wcześniej produktów krwiopochodnych. Powód tego jest prosty. Zegary Steve'a Horvatha pokazały, że nie tylko odmłodziliśmy wiele tkanek i narządów (przyglądając się z bliska [bardzo uważnie], wykazano młodość fenotypu wszystkich komórek i narządów), ale także epigenom (przynajmniej tą jego części, która określa wiek), który zostały zmodyfikowany tak, że odpowiadał oczekiwaniom dla zwierząt, których wiek biologiczny jest mniejszy niż połowa ich wieku chronologicznego. Tak więc profile metylacji DNA potwierdziły, że komórki zostały odmłodzone, na najgłębszym poziomie — ich epigenomie. Ponieważ tak jest i ponieważ ponowna terapia wydaje się działać lepiej niż leczenie początkowe – pozostawiając starzenie się na normalnym poziomie – powinno być możliwe utrzymywanie zwierzęcia na młodym, dorosłym etapie życia przez czas nieokreślony, o ile stale dostarczany jest E5.

Czym jest życie?

W 1944 roku (rok moich urodzin) Erwin Schrödinger napisał krótką książkę *Czym jest życie?* [75], to klasyczna pozycja, która zainspirowała wielu fizyków, aby zagłębić się w nauki biologiczne. Schrödinger, wybitny fizyk, doszedł do wniosku, że życie musi być zorganizowane przez „nieokresowy" kryształ; „prawie" kryształ, z prawie identycznymi podjednostkami — składnikami molekularnymi — ułożonymi w taki sposób, aby były połączone wiązaniami kowalencyjnymi. Zostało to napisane przed odkryciem chemicznej natury DNA przez Cricka, Watsona, Paulinga i wreszcie Rosalindę Franklin, naukowca, której tak bardzo bali się „chłopcy" i której badania dyfrakcji rentgenowskiej DNA zaowocowały odkryciem podwójnej helisy i komplementarności parowania zasad — cytozyna zawsze łączy się z guaniną, a adenina jest zawsze połączona z resztą tyminy na przeciwległej nici. W szczególności Franklin niezależnie odkryła podwójną helisę na podstawie kształtu uzyskanego podczas dyfrakcji rentgenowskiej sodowej soli DNA.

Jak niewątpliwie zauważyliście, nazwa tej sekcji to „Czym **jest** życie?". Chodzi o to, aby uznać za pierwszą zasadę, że życie nie jest procesem rozwoju, który kończy się pozostawieniem żywego, dojrzałego seksualnie organizmu, który nadal żyje, dopóki nie uderzy w jakiś wybój na życiowej drodze, którego nie jest w stanie pokonać (zwykle zostaje zjedzony przez drapieżniki, gdy jest roślinożercą lub ginie z głodu, gdy jest mięsożerny — a jeśli chodzi o myszy to zimno jest ich największym naturalnym zabójcą). W przypadku pszczół robotnic długość ich życia zależy od tego, kiedy się urodziły (chodzi o porę roku), co decyduje o tym, kiedy opuszczą gniazdo. Życie pszczół (podobnie jak wirusa T4) przebiega z niewielką zmiennością, tak jakby od końca do końca odgrywana jest seria stereotypowych ról, najpierw są niańkami (wszystkie pszczoły robotnice są dziewczętami), a następnie przechodzą poprzez różne etapy życia, które determinują ich funkcję w ulu — naprawianie zniszczeń, budowanie lub, w przypadku pszczół w zimie, wściekłe bicie skrzydłami, aby ogrzać powietrze w ulu, by było ono komfortowe dla królowej i jej świty. Ale w końcu, pod koniec życia, pszczoły wchodzą w stan zwany „zbieraczkami", ze znacznie wyższą wewnętrzną śmiertelnością, a zbieraczki giną w ciągu kilku dni.

Chodzi o to, że organizmom dane jest życie — a nie proces życia, który może się zakończyć, jeśli napotka więcej, niż jest w stanie udźwignąć, lub plan życia określony przez przypadek; istoty żywe są obiektami czterowymiarowymi, ograniczonymi w czasie i przestrzeni, z wieloma mechanizmami zaprojektowanymi tak, aby zapewnić, że długość życia nie przekroczy maksymalnej długości życia gatunku, ponieważ długość życia jest cechą gatunku, taką jak wielkość lub ubarwienie, która jest determinowana przez niszę i siedlisko ekologiczne oraz wiele innych fizycznych i biologicznych „faktów życia". Kiedy to sobie uświadomimy, „tajemnica" starzenia się znika; dlaczego „rzeczy się rozpadają"? Zostały stworzone w ten sposób — wbudowane starzenie się to sztuczka, którą producenci przemysłowi podpatrzyli w naturze i, co dziwne, używają jej z tych samych powodów, aby promować popyt i innowacyjność, ponieważ konsumenci zawsze szukają „nowego i ulepszonego" produktu.

Najważniejszą kwestią, którą muszę poruszyć, i która wszystko zmienia (ale to tylko początek), jest to, że „starzenie się komórek" jest mitem; o wieku komórki decyduje jej środowisko komórkowe, a nie historia. Starzenie się organizmu nie jest determinowane przez starzenie się jego komórek — fenotyp wiekowy jego komórek jest determinowany przez biologiczny wiek organizmu.

Dowiedzieliśmy się od Alberta Einsteina, że czas nie jest stałą, która płynie wszędzie w tym samym tempie, ale w organizmach upływ czasu, a tym samym przejście przez poszczególne etapy życie, jest determinowany czynnikami innymi niż masa i gęstość. Wykazaliśmy, że czas — będący sekwencyjnym porządkiem wydarzeń w środowisku lokalnym — ma zupełnie inne znaczenie w systemach biologicznych, gdzie czas, a tym samym przejście przez ich życie, zależy od niszy ekologicznej organizmu.

Tak więc, systemy biologiczne bardzo różnią się od systemów fizycznych, ponieważ „czas biologiczny" można spowolnić, zatrzymać, a nawet odwrócić bez jakiejkolwiek sprzeczności z prawami fizyki. Druga zasada termodynamiki, „entropia", „nie dotyczy" żywych systemów, ponieważ z czasem zyskują one negentropię *; systemy biologiczne są systemami otwartymi — odbierają i przekazują zarówno energię, jak i masę. Wyobrażenie sobie, że taki system musiałby przestrzegać praw entropii, jakby był systemem zamkniętym, byłoby równoznaczne z stwierdzeniem, że klimatyzacja nie będzie działać, ponieważ ciepło przepływa do zimniejszych obszarów. Jednak podobnie jak w przypadku istot żywych, zastosowanie energii może odwrócić skutki entropii.

Zatem, starzenie się organizmu zgodnie z długością życia gatunku wydaje się być bardzo podobne do modelu Davida Neilla, czyli ustalonej kolejności etapów życia mierzonej zegarem reakcji redoks opartej na cyklu dobowym i odpowiadającym mu cyklem snu i czuwania. Osocze krwi (przynajmniej u ssaków) określa fenotyp wieku na poziomie komórkowym, który jednak okazał się być odwracalny, a po odwróceniu na poziomie komórkowym zmiany te wpływają na całą hierarchię biologiczną, od komórek do tkanek, narządów , układów narządów, a ostatecznie na całe ciało, co daje odmłodzony organizm.

Mój ostateczny wniosek jest taki, że długość życia to kontrolowane następstwo etapów życia, trwające poprzez całe dorosłe życie i kończące się śmiercią, nie jest to jednak prawo fizyczne, ale biologiczne, wzmocnione przez siły ewolucyjne (w tym dobór grupowy), w odpowiedzi na rolę w ekosystemie, którego częścią jest organizm. Podstawową tezą jest to, że długość życia jest cechą dziedziczną gatunku, podatną na niewielkie modyfikacje lub znacznie większe w taki sam sposób, jak waga lub ubarwienie skóry, i kontrolowaną przez genetyczną sieć regulacyjną o pierwotnym pochodzeniu, z mechanizmami homologicznymi u większości typów zwierząt na świecie.

Jedno unikalne badanie przeprowadzone na Madagaskarskim „lemurze myszym", *Microcebus murinus*, bardzo małym lemurze o dużej wrażliwości na sezonowe zmiany w nasłonecznieniu, wykazało, że po wystawieniu na

---

* W teorii informacji i statystyce negentropia jest używana jako miara dystansu od rozkładu normalnego. Pojęcie i wyrażenie „ujemna entropia" zostało wprowadzone przez Erwina Schrödingera, w jego popularnonaukowej książce „Czym jest życie?". Później wyrażenie to zostało skrócone do formy negentropia.

zmienione cykle dzień-noc (w zamkniętym środowisku), lemury zareagowały na cykle o 2 ½-krotności normalnej częstotliwości poprzez starzenie się w szybszym tempie, wykazując przynajmniej u tych zwierząt zgodność między starzeniem się a rytmami okołodobowymi [76]. To również, z niespotykaną dotąd dokładnością, wyjaśnia wyniki eksperymentów Stroustrupa i Fontany na dużej liczbie *C. elegans* [41]. Lmury zareagowały na przyspieszony cykl dzień-noc, przyspieszając przejście do późniejszych etapów życia.

Co teraz?

Oczywiście jest wiele, wiele więcej pytań niż odpowiedzi i możesz zapytać, jak możemy wykorzystać to odkrycie, kiedy nie mamy najmniejszego pojęcia, jak działa (chociaż wiem w przybliżeniu, co to JEST). Odpowiedź jest taka, że technologia elektryczna, silniki i telegrafy, a nawet oświetlenie (w lampach łukowych) były używane, zanim dowiedzieliśmy się, czym są elektrony. Terapia E5 może być stosowana w każdym wieku, ale będzie zarezerwowana dla osób starszych, dopóki dostawy nie przekroczą zapotrzebowania tej grupy.

Są podstawowe pytania, które wymagają odpowiedzi. Na przykład, czy istnieje po prostu jeden rodzaj E5? Ponieważ z ostatnich eksperymentów Conboyów i Kiprova, o których wcześniej wspomniałem, jasno wynika, że we krwi starszych zwierząt występują czynniki sprzyjające starzeniu się [14] (chociaż obecne dowody wspierają twierdzenie Kiprova, że to młoda albumina surowicy jest składnikiem promującym młodość) [15]. Czy zatem ta kombinacja czynników sprzyjających starzeniu się i przeciwdziałających mu skutkuje określonymi oznakami wieku różnych tkanek? Tak właśnie się dzieje i jasne jest, że skład osocza krwi determinuje fenotyp wieku komórek w tkankach, ale nie mamy pojęcia, w jaki sposób.

Ponieważ wiemy, że wiek metylacji DNA (DNAm) zmienia się wraz z wiekiem metrykalnym osoby dorosłej (który jest podstawą wszystkich zegarów DNAm), wiemy już, że stare osocze działa starzejąco na komórki organizmu i chociaż nie zostało to jeszcze potwierdzone (zrobimy to), stare osocze powinno zmienić (zwiększyć) wiek DNAm komórek potraktowanego nim młodego organizmu. Już samo to może być najbardziej przerażającą torturą w historii — wziąć młodego człowieka i postarzeć go, co już jest tematem kilku filmów science fiction, które widziałem. Jednak pocieszające jest to, że wydaje się, że nie ma powodu, aby osoba nie mogła ponownie stać się młoda dzięki leczeniu E5, ponieważ wykazano już, że E5 działa w obecności starej plazmy, więc tak drastyczna operacja jak wymiana całej plazma nie musi nastąpić (chociaż może być przydatna, aby przyspieszyć odmładzanie) — może jakaś technika hybrydowa będzie tutaj najlepszym wyborem.

Jeśli więc E5 działa równie dobrze na ludzi, jak na szczury, powinniśmy być w stanie w ciągu kilku lat odmłodzić wszystkie nasze ważne komórki, tkanki, organy i ostatecznie cały organizm. Jeśli zabraknie jakichś czynników, znajdziemy je. Wierzę, że nasze odkrycie pomoże wyjaśnić rozwój zarówno przed, jak i po dojrzałości. Sposób, w jaki widzę przyszłość, przynajmniej na początku, polega na tym, aby ci, którzy zechcą, używali tej terapii – jednak wielu może sprzeciwiać się z powodów religijnych (przynajmniej jeden papież wygłosił sprzeciw wobec przedłużania życia sztucznymi środkami, a to z pewnością jest sztuczny sposób).

Dla mnie jednak, cytując wielkiego Galileusza, „Biblia pokazuje drogę do nieba, a nie sposób w jaki niebo działa". A prawdziwa księga Bożego stworzenia jest, jak powiedział nam Galileusz, „napisana językiem matematyki". Ale matematyka jest narzędziem do jasnego myślenia o konkretnych problemach, podczas gdy biologia jest zbiorem złożoności przekraczających nasze możliwości poznawcze, lecz tylko pozornie. Wkrótce pozwolimy światu ujrzeć złożoność ukrytą przed naszymi oczami, nieznany świat, który może dać nam więcej niż całe złoto, srebro i diamenty razem wzięte: życie.

Jakie będą konsekwencje terapii E5 dla społeczeństwa ludzkiego? To pytanie powyżej moich kompetencji. Proces odmładzania wydaje się trwać miesiące, jeśli nie lata. Będzie to jednorazowa iniekcja lub infuzja E5 — która w przeszłości była podawana przez tydzień, ale jedynie z przyczyn technicznych związanych z wstrzykiwaniem szczurom preparatu w ich delikatne żyły ogonowe i nie ma powodu by u człowieka, cała ilość nie mogła być podana podczas jednej lub dwóch (dla bezpieczeństwa) wizyt w gabinecie. Wpływ na siłę fizyczną, bystrość umysłu i poziom stanów zapalnych powinien mieć miejsce niemal natychmiast, wraz ze spadkiem poziomu czynników sprzyjających starzeniu się i wzrostem poziomu czynników przeciwstarzeniowych pochodzących z osocza młodych osób. Ponieważ dowiadujemy się, że efektem E5 jest zmiana fenotypu wieku komórkowego, czynniki sprzyjające starzeniu się komórek z późniejszym fenotypem wieku nie będą już wytwarzane i ostatecznie odmłodzenie zostanie zakończone — przynajmniej odmłodzenie głównych ważnych narządów, w tym mózgu, serca, płuc, wątroby i nerek, pod względem biochemii i wydajności. Nie mamy informacji o nowotworach, ale ponieważ wiek jest odwrotnie proporcjonalny do liczby zachorowań na raka, E5 powinien zapobiegać występowaniu raka, ale jak będzie działać na komórki rakowe (czy „odmłodzi” je?) to dopiero się okaże.

Z pewnością mamy już docelowe choroby związane ze starzeniem się, są to dla nas „nisko wiszące owoce” – łatwa zdobycz, gdzie nie mamy żadnej konkurencji, ale finalnie to starzenie się samo w sobie jest naszym celem. Wierzę w ostateczną wizję opisaną w Biblii (w której nie ma ani wzmianki, ani przekonania o „nieśmiertelności duszy”): widzę ludzkość nieśmiertelną w Niebiosach, choć w sposób, którego starożytni nie mogliby sobie nawet wyobrazić.

Przypisy

1. **Reversing age: dual species measurement of epigenetic age with a single clock**
Steve Horvath, Kavita Singh, (…) Harold L. Katcher
bioRxiv 2020.05.07.082917.

2. **The serial cultivation of human diploid cell strains**
L. Hayflick i P.S. Moorhead
1961 Experimental Cell Research 25(3): 585-621.

3. **Ending Aging: The Rejuvenation Breakthroughs That Could Reverse Human Aging in Our Lifetime**
Aubrey de Grey i Michael Rae
2008 Griffin.

4. **The Holy Bible, New International Version®**, NIV® Copyright © 1973, 1978, 1984, 2011 by *Biblica, Inc.*® Wykorzystane za zgodą właściciela. Wszelkie prawa zastrzeżone na całym świecie.

5. **Death and Grief in the Greek Culture**
Kyriaki Mystakidou, Eleni Tsilika, et al.
2005 OMEGA - Journal of Death and Dying 50(1): 23–34.

6 **Entropy Explains Aging, Genetic Determinism Explains Longevity, and Undefined Terminology Explains Misunderstanding Both**
Leonard Hayflick
2007 PLOS Genetics 3(12): e220.

7. **The RNA World: molecular cooperation at the origins of life**
Paul G Higgs i Niles Lehman
2015 Nature Reviews Genetics 16: 7–17.

8. **Complex archaea that bridge the gap between prokaryotes and eukaryotes**
Anja Spang, Jimmy H Saw, et al.
2015 Nature 521:173–179.

9. **Isolation of an archaeon at the prokaryote–eukaryote interface**
Hiroyuki Imachi, Masaru K. Nobu, et al.
2020 Nature 577: 519–525.

10. **The Concept of Evolution to 1872**
Phillip Sloan
The Stanford Encyclopedia of Philosophy (Fall 2018 Edition), Edward N. Zalta (ed.) https://plato.stanford.edu/archives/fall2018/entries/evolution-to-1872/

11. **The Soul of Culture Vol. 1**
William Anderson Gittens
2019 Devgro Media Arts Services.

12. **Descartes' Myth**
Gilbert Ryle
1949 In The Concept of Mind. London: Hutchinson, 11-24.

13. **How Islam changed medicine**
Azeem Majeed
2005 BMJ 331(7531): 1486–1487.

14. **Rejuvenation of three germ layers tissues by exchanging old blood plasma with saline-albumin**
Melod Mehdipour, Colin Skinner, et al.
2020 Aging (Albany NY), 12: 8790-8819.

15. **Young and Undamaged rMSA Improves the Longevity of Mice**
Jiaze Tang, Anji Ju, et al.
2021 bioRxiv 2021.02.21.432135.

16. **The origin and early evolution of eukaryotes in the light of phylogenomics**
Eugene V Koonin
2010 Genome Biology 11: 209.

17. **Leaf Senescence in Wheat: A Drought Tolerance Measure**
Hafsi Miloud i Guendouz Ali
Plant Science - Structure, Anatomy and Physiology in Plants Cultured in Vivo and in Vitro
Ana Gonzalez, María Rodriguez and Nihal Gören Sağlam
IntechOpen.89500. Available at: https://www.intechopen.com/chapters/71539

18. **The Naked Sun**
Isaac Asimov
1972 New York: Fawcett Crest.

19. **Ciliate Genome Sequence Reveals Unique Features of a Model Eukaryote**
Richard Robinson
2006 PLoS Biol 4(9): e304.

20. **An amicronucleate mutant of *Tetrahymena thermophila***
Anthony R Kaney i Virginia J Speare
1983 Experimental Cell Research, 143(2): 461-467.

21. **Siliceous deep-sea sponge *Monorhaphis chuni*: A potential paleoclimate archive in ancient animals**
Klaus Peter Jochum, Xiaohong Wang, et al.
2012 Chemical Geology 300–301: 143-151.

22. **Age induced mutations in Paramecium**
T M Sonneborn i M Schneller
1960 The biology of aging, Waverly Press Baltimore.

23. **Age-correlated changes in expression of micronuclear damage and repair in *Paramecium tetraurelia***
Steven R Rodermel i Joan Smith-Sonneborn
1977 Genetics 87(2): 259-274. PMID: 924139, PMCID: PMC1213739.

24. **DNA repair and longevity assurance in Paramecium tetraurelia**
Joan Smith-Sonneborn
1979 Science 203: 1115-1117.

25. **The Descent of Man, and Selection in Relation to Sex**
Charles Darwin
1871, 1st ed. London: John Murray.

26. **The Selfish Gene**
Richard Dawkins
1976 New York: Oxford University Press.

27. **Evolution of lifespan**
David Neill
2014 Journal of Theoretical Biology 358: 232-45.

28. **Life-history connections to rates of aging in terrestrial vertebrates**
Robert E Ricklefs
2010 Proceedings of the National Academy of Sciences of the United States of
America 107(22): 10314-9.

29. **Evolutionary theories of aging: confirmation of a fundamental
prediction, with implications for the genetic basis and evolution of life
span**
Robert E Ricklefs
1998 Am Naturalist, 152(1): 24-44.

30. **An unsolved problem of biology**
Peter B Medawar
1952 HK Lewis and Co.

31. **The Essence of Aging**
Jan Vijg i Brian K Kennedy
2016 Gerontology, 62(4): 381-5.

32. **From rapalogs to anti-aging formula**
Mikhail V Blagosklonny
2017 Oncotarget 8(22): 35492–507.

33. **Epigenetic clocks reveal a rejuvenation event during embryogenesis followed by aging**
Csaba Kerepesi, Bohan Zhang, et al.
2021 Science Advances 7(26): eabg6082.

34. **Beta-carotene and lung cancer in smokers: review of hypotheses and status of research**
Regina Goralczyk
2009 Nutr Cancer 61(6): 767-74.

35. **A proposal in relation to a genetic control of lifespan in mammals**
David Neill
2010 Ageing Research Reviews 9: 437–446.

36. . **A *C. elegans* mutant that lives twice as long as wild type**
Cynthia Kenyon, Jean Chang, et al.
1993 Nature 366: 461-464.

37. **Comparison of mitochondrial pro-oxidant generation and anti-oxidant defenses between rat and pigeon: possible basis of variation in longevity and metabolic potential**
Hung-Hai Ku i R S Sohal
1993 Mechanisms of Ageing and Development 72(1): 67-76.

38. **Evolutionary Theories of Aging: Confirmation of a Fundamental Prediction, with Implications for the Genetic Basis and Evolution of Life Span**
Robert E Ricklefs
1998 The American Naturalist 152(1): 24-44.

39. **An Analysis of the Relationship Between Metabolism, Developmental Schedules, and Longevity Using Phylogenetic Independent Contrasts**
João Pedro de Magalhães, Joana Costa and George M Church
2007 The Journals of Gerontology: Series A 62(2): 149-160.

40. **The physiology/life-history nexus**
Robert E Ricklefs i Martin Wikelski
2002 Trends in Ecology & Evolution 17(10): 462-468.

41. **The temporal scaling of *Caenorhabditis elegans* ageing**
Nicholas Stroustrup, Winston E Anthony, et al.
2016 Nature 530: 103–107.

42. **The Hallmarks of Aging**
Carlos López-Otín, Maria A Blasco, et al.
2013 Cell 153: 1194-1217.

43. **The Hallmarks of Cancer**
Douglas Hanahan i Robert A Weinberg
2000 Cell 100(1): 57-70

44. **Increased Wnt Signaling During Aging Alters Muscle Stem Cell Fate and Increases Fibrosis**
Andrew S Brack, Michael J Conboy, et al.
2007 Science 317(5839): 807-810.

45. **Cytoplasmic and Mitochondrial NADPH-Coupled Redox Systems in the Regulation of Aging**
Patrick C Bradshaw
2019 Nutrients 11(3): 504.

46. **Age-related changes in the glutathione redox system**
Mine Erden-İnal, Emine Sunal i Güngör Kanbak
2002 Cell Biochemistry and Function 20: 61-66.

47. **Aging effects on DNA methylation modules in human brain and blood tissue**
Steve Horvath, Yafeng Zhang, et al.
2012 Genome Biology 13: R97.

48. **Hypothalamic programming of systemic ageing involving IKK-β, NF-ϰB and GnRH**
Guo Zhang, Juxue Li, et al.
2013 Nature 497: 211-216.

49. **Cross-talk between circadian clocks, sleep-wake cycles, and metabolic networks: Dispelling the darkness**
Sandipan Ray i Akhilesh B. Reddy
2016 Bioessays 38: 394–405.

50. **Redox characteristics of the eukaryotic cytosol**
H Reynaldo López-Mirabal i Jakob R Winther
2008 Biochimica et Biophysica Acta (BBA) - Molecular Cell Research 1783(4): 629-640.

51. **Circadian Rhythms and Sleep in *Drosophila melanogaster***
Christine Dubowy i Amita Sehgal
2017 Genetics 205(4): 1373–1397.

52. **Role of Nicotinamide Adenine Dinucleotide and Related Precursors as Therapeutic Targets for Age-Related Degenerative Diseases: Rationale, Biochemistry, Pharmacokinetics, and Outcomes**
Nady Braidy, Jade Berg, et al.
2019 Antioxidants & Redox Signaling 30(2): 251-294.

53. **SIRT2 induces the checkpoint kinase BubR1 to increase lifespan**
Brian J North, Michael A Rosenberg, et al.
2014 The EMBO Journal 33(13): 1438-53.

54. **NAD$^+$ and sirtuins in aging and disease**
Shin-ichiro Imai i Leonard Guarente
2014 Trends in Cell Biology 24(8): 464-471.

55. **Rejuvenation of aged progenitor cells by exposure to a young systemic environment**
Irina M Conboy, Michael J Conboy, et al.
2005 Nature 433: 760–764.

56. **Heterochronic parabiosis: historical perspective and methodological considerations for studies of aging and longevity**
Michael J Conboy, Irina M Conboy i Thomas A Rando
2013 Aging Cell 12(3): 525-30.

57. **Parabiosis between Old and Young Rats**
Clive M McCay, Frank Pope, et al.
1957 Gerontologia 1: 7–17.

58. **Mortality in Syngeneic Rat Parabionts of Different Chronological Age**
Frederic C Ludwig i Robert M Elashoff
1972 Transactions of The New York Academy of Sciences 34(7): 582-587.

59. **The ageing systemic milieu negatively regulates neurogenesis and cognitive function**
Saul A Villeda, Jian Luo, et al.
2011 Nature 477: 90-94.

60. **Young blood reverses age-related impairments in cognitive function and synaptic plasticity in mice**
Saul A Villeda, Kristopher E Plambeck, et al.
2014 Nature Medicine 20: 659-663.

61. **Studies that shed new light on aging**
Harold L Katcher
2013 Biochemistry Moscow 38: 1061-70.

62. **Towards an evidence-based model of aging**
Harold L Katcher
2015 Current Aging Science 8(1): 46-55.

63. **Plasma dilution improves cognition and attenuates neuroinflammation in old mice**
Melod Mehdipour, Taha Mehdipour, et al.
2021 GeroScience 43: 1–18.

64. **Human umbilical cord plasma proteins revitalize hippocampal function in aged mice**
Joseph M Castellano, Kira I Mosher, et al.
2017 Nature 544: 488–492.

65. **Universal DNA methylation age across mammalian tissues**
Mammalian Methylation Consortium: Ake T Lu, Zhe Fei, Amin Haghani, et al.
2021 bioRxiv 2021.01.18.426733.

66. **Notch-mediated restoration of regenerative potential to aged muscle**
Irina M Conboy, Michael J Conboy, et al.
2003 Science 302(5650): 1575-1577.

67. **Studies Financed by Heales: Effect of Young Rat Plasma on The Lifespan of Aging Rats**
https://heales.org/2020/12/22/studies-financed-by-heales-effect-of-young-rat-plasma-on-the-lifespan-of-aging-rats-21-december-2020/

68. **Rejuvenating senescent and centenarian human cells by reprogramming through the pluripotent state**
Laure Lapasset, Ollivier Milhavet, et al.
2011 Genes & Development 25(21): 2248–2253.

69. **In Contrast to Dolly, Cloning Resets Telomere Clock in Cattle**
Gretchen Vogel
2000 Science 288(5466): 586-587.

70. **Reprogramming to recover youthful epigenetic information and restore vision**
Yuancheng Lu, Benedikt Brommer, et al.
2020 Nature 588:124-129.

71. **In Vivo Amelioration of Age-Associated Hallmarks by Partial Reprogramming**
Alejandro Ocampo, Pradeep Reddy, et al.
2016 Cell 167: 1719–1733.

72. **Turning back time with emerging rejuvenation strategies**
Salah Mahmoudi, Lucy Xu i Anne Brunet
2019 Nature Cell Biology 21: 32–43.

73. **The effect of retarded growth upon the length of life span and upon the ultimate body size**
C M McCay, M F Crowell i L A Maynard
1935 The Journal of Nutrition 10(1): 63–79.

74. **Clearance of p16^{Ink4a}-positive senescent cells delays ageing-associated disorders**
Darren J. Baker, Tobias Wijshake, et al.
2011 Nature volume 479: 232–236.

75. **What is Life? With Mind and Matter and Autobiographical Sketches**
Erwin Schrödinger
2012 Cambridge University Press; Reprint edition.

76. **The Biological Clock in Gray Mouse Lemur: Adaptive, Evolutionary and Aging Considerations in an Emerging Non-human Primate Model**
Clara Hozer, Fabien Pifferi, Fabienne Aujard i Martine Perret
2019 Frontiers in Physiology 10, article 1033.